KB242819

리튬이온 배터리의 리사이클링

리튬이온 배터리의 리사이클링

2024년 9월 9일 초판 1쇄 발행

지은이	샤오 린·수에 왕·강펑 리우·궈빈 장
옮긴이	길의진
편집	이만옥
디자인	강보람
펴낸이	이문수
펴낸곳	바오출판사

등록	2004년 1월 9일 제313-2004-000004호
주소	고양시 일산동구 일산로 205, 204-402
전화	031)819-3283/문서전송 02)6455-3283
전자우편	baobooks@naver.com

ISBN 978-89-91428-70-6 93550

리튬이온 배터리의 리사이클링

Recycling of Power Lithium-Ion Batteries
-Technology, Equipment, and Policies

샤오 린 · 수에 왕 · 강펑 리우 · 궈빈 장 지음

길의진 옮김

배터리는 어떻게 현실이 되었는가

잊는다는 것, 잊혀진다는 것은 유한한 사람들이 갖는 믿음과 그 믿음이 만들어내는 권력(사람의 믿음은 그것이 소박하거나, 아름답거나, 순수하거나 아니면 탐욕스럽거나를 막론하고 스스로를 그리고 다른 사람들을 구속하는 속성을 지닌다)에서 자유롭게 하려는 신의 은총인지도 모른다. 그리고 돌이킨다는 것, 되살리는 것은 시간이 지나 자유로워진 기억을 다시 재해석하여 다르게 도전해보라는 (유한하다고 해서 무릎 꿇지 말고, 설사 신의 영역이라 할지라도 기꺼이 도전해보라는), 신이 우리에게 주는 더 고마운 은총인지도 모른다.

우리에게 신재생 에너지는 망각과 회상이라는 사회적 성찰과, 현실 사회에서는 우연적인 것들이 포함한 여러 요소들이 얽힌 복잡한 과정을 통해 새로운 모습으로 문제를 제기하고 있다. 불과 얼마 전만 하더라도 태양, 바람, 바닷물, 나무, 쓰레기처럼 우리가 일상에서 언제나 얻을 수 있는 자원을 에너지원으로 전환할 수 있다는 생각이 큰 흐름을 이루던 때가 있었다. 실제로 이런 자원을 활동해 전기 에너지를 생산하고, 이를 신재생산업이라는 사업적 실체로 현실화함으로써 기후 환경 변화와 탄소 배출 문제로 인한 지구 생태의 문제를 해결할 수 있다는 구상이었다. 이런 구상은 우리의 미래 에너지 문제를 해결할 수 있는 유일한 방법이라는 확신으로까지 이어졌다. 그래서 정부는 서둘러 신재생 에너지 사업을 지원하는 다양한 정책을 만들어서 한창 불붙기 시작한 태양광과 바이오매스를 포함한 신재생에너지 사업을 지원하였다. 이러한 정부의 지원 정책은 석유 한 방울 나지 않는 한국의 에너지 문제와, 인류가 당면한 화석 에너지 자원 고갈 문제를 단번에 해결할 것으로 기대를 모았다.

돌이켜보면, 이런 정부 정책은 "화석 에너지는 언젠가 고갈된다"는 당위론적 미래 전망에서 느끼는 대중들의 위기의식에 대응한 것이었다. 그리고 거기에 당면한 환경 문제까지 얹어졌기 때문에 정부로서는 대중의 호응을 얻으면서 적극적으로 정책을 추진할 수 있었다. 그렇지만 이는 위로부터 만들어진 자발성과 계몽성에 따른 것이었다. 게다가 선동적인 이미지를 동원해서 대중의 도덕적·윤리적인 감성을 자극했는데, 여기에는 이 문제를 해결하지 못하면 우리의 미래 사회가 매우 암울해질 것이라고 주장하는 과학자와 인류학자, 미래학자들까지 동원되었다. 그렇게 프로파간다와 다름없는 일정한 정치적인 경향을 만들어내었고, 급기야는 '신에너지 레짐'(New Energy régime, '새로운 에너지를 가진 자가 세상을 지배한다')이라는 새로운 용어까지 등장하기에 이르렀다. 마치 세상을 뒤흔들 대단한 권력이 등장한 것처럼 보였다.

이런 권력의 등장은 실체적인 현상으로 나타났다. 영국을 예로 들면, 가뜩이나 경제성이 문제가 되었던 일부 석탄 광산을 서둘러 폐쇄하고, 그로 인한 사회적인 문제와 비용을 효율적으로 해소하기 위한 여러 과도기적인 정책이 시행되었다. 즉 목재를 이용한 바이오매스 발전소의 건설과 원료 기지 건설, 그리고 태양광 발전소 건설을 통해 지역사회와 관련 산업이 급변하는 환경 속에서 연착륙할 수 있도록 하는 조치가 바로 그런 것이었다.

하지만 전 지구적으로 이 시기에 등장한 그 어떤 정책이나 조치도 100년을 넘는 시간 동안 구축된 화석 에너지 중심의 세상을 대체할 만한 완성도 있는 대안을 제시하지 못했다. 폭발적인 에너지를 만들어낼 수 있는 화석에너지를 대체할 수 있는 기술과 사업적인 운영 경험이 부족했던 것이다. 이는 화석에너지의 대안으로 등장한 신재생에너지의 본질적인 특징에 기인하는 것이라고 할 수 있다. 가장 큰 문제는 청정에너지의 생산을 위한 새로운 발전소를 건설하는 과정에서 발생하는 엄청난 환경 파괴는 물론이고, 발전소 건설 후에 생산한 전기 에너지의 운반과 분배 과정에서도 지속적인 환경 파괴가 이루어진다는 것이다. 발전소를 건설하게 되면, 건설 과정을 포함해 새로운 발전 설비가 생길 때마다 구리, 시멘트, 철강 등 여러 자원을 더 많이 계속해서 사용할 수밖에 없으며, 철탑과 변전소 같은 새로운 자원 공급망 건설 과정에서도 환경 파괴가 이루어질 수밖에 없다.

그리고 화석 에너지를 중심으로 만들어진 전기 에너지용 대형 주 선로(매트로 그리드)에 신재생 에너지 발전소용 소형 선로(마이크로 그리드)를 얹어야 하는 기술적인 문제도 있었다. 이로 인해 생산의 효율성을 아무리 극대화하더라도 에너지가 이동·분배되는 과정에서 많은 손실이 나타나는 현실적인 문제가 발생했다.

당연한 이야기지만 결코 무시할 수 없는 가성비의 문제도 있었다. 화석 에너지 생산 설비에서 창출되는 수익은, 환경부담금을 지불한다 하더라도 새로운 청정에너지 생산비용보다 훨씬 경제성이 있었다. 그렇기 때문에 청정에너지는 기존의 에너지 분배 시스템에 효율적으로 올라타지 못한 천덕꾸러기 신세가 되어버리고 말았다. 결국 청정에너지는 미래 가치 창출을 위한 시도로서 새로운 가능성을 보여주었지만 화석 에너지를 대체하는 인류의 새로운 에너지원이 되겠다는 원래의 목적에서 멀어지면서 이를 부양·지원해주던 정책적인 배려도 점차 시들해졌다. 모든 역사 과정이 그러했듯이, 한때나마 세상을 뜨겁게 달구었던 신재생에너지에 대한 기대의 불길도 점차 사그라들고 말았다.

시간은 무한하지만 인간의 시간은 유한하다. 사람들은 그리 길지 않았던 재생에너지의 역사를 되짚어보기 시작했다. 문제의 원인과 과정, 결과를 놓고 다양한 각도에서 질문을 던졌다. 그 과정에서 기술적인 부족함에 대한 지적과 더불어 우리가 살아가는 지구라는 행성을 이제와는 전혀 다른 시각으로 바라보게 되었다. 단순히 사랑하고 보존해야 한다는 당위론이 아니라 그 당위론을 이루기 위해 '무엇을 어떻게 해야 하는가' 하는 본질적이고 실천적인 차원으로 문제의 전환이 이루어졌던 것이다.

우선 에너지 문제의 영속성과 지속성을 유지하기 위한 경영·경제학적 이론과 시도가 기존의 선형이론을 뛰어넘은 '순환 경제 이론'과 '지속 가능한 발전 이론' 등과 결합하면서 에너지의 재사용(Re Use)과 재생(Recycling)이라는 분야가 사업적 실천 가능의 영역으로 가시권에 들어왔다. 그리고 그 비슷한 시기에 '에너지 생산' 문제뿐만 아니라 '에너지 분배' 같은 신재생에너지와 관련한 여러 개념에 대한 정리도 이루어졌다. 그중에서 특별히 주목할 것은 'EU가 정의한 신재생에너지 개념'으로, 이른바 3D 정책이다. 즉 Digitalization(디지털화), Decentralization(분산화), Decarbonaziation(탈탄소화)라는 명확한 실천강령에 기반을 둔 개념으로 신재생에너지의 미래를 정의한 것이었다. 옮긴이는 신재생에너지의 확산을 위해 노력하는 여러 사회단체와 운동가들, 그리고 정책과 사업에 대해 고민하는 사람들에게 이 정의를 깊이 고민하고, 곱씹어보기를 원한다. 이 정의는 미래 에너지에 대한 로드맵을 담고 있을뿐더러 구체적인 실천강령을 다양하게 만들어낼 수 있는 최고의 개념이기 때문이다.

이 개념은 신재생에너지 사업을 위한 EU의 개념 규정에서 출발하였지만, 개념의 이론적·실천적 확산 과정을 거치면서 미래 사회의 정치, 경제, 문화뿐만 아니라 현재 운영되고 있는 에너지원을 중심으로 한 전 사회적인 발전 과정에 대한 로드맵을 포함시킬 수 있는 매우 훌륭한 실천강령이다.

앞서 언급한 '망각'과 '되짚어보기'라는 사회적인 성찰 과정을 통해 '에너지 생산' 문제를 뛰어넘어 '에너지 분배'라는 문제의식을 갖고, 그것을 실현하기 위해 '에너지를 저장'해야 한다는 결론에 이른 것은 지극히 당연한 귀결이었다. 그렇다면 '어디에 어떻게'라는 문제가 뒤따른다. 하나는, 전기 에너지를 수소로 변환·저장할 수 있다는 점에 착안한 '수소에너지'이고, 다른 하나는, 전기 에너지를 필요할 때마다 충전해서 사용할 수 있는 '재충전이 가능한 배터리'라는 것이다.

이러한 시점에 자동차 산업은 내연기관을 중심으로 한 기존의 자동차 사업 모델에서 벗어나 이모빌리티(e-mobility)로 새로운 사업 방향을 잡았고, 그에 수반되는 AI를 비롯한 디지털 기술은 더 많은 전기 에너지를 필요로 하게 되었다. 탈탄소 정책에서 자유롭지 못했던 내연기반 자동차 산업 주체들은 무인자동주행을 포함한 이모빌리티 기술을 도입하여 전기자동차 시대를 열어젖힘으로써 새로운 활로를 모색하고자 하였다. 에너지의 활용 방안이 복잡하게 얽혀 있기는 하지만, 선박이나 비행기, 자동차 같은 여러 운송 수단 중에서 대중의 접근이 쉬울 뿐 공감도 얻을 수 있는 것이 바로 전기자동차였던 것이다. 이제는 전기로 가는 자동차를 수소로 할 것인가 배터리로 할 것인가의 선택만 남아 있고, 이 두 가지는 전기 에너지를 저장할 수 있는 방법으로서 앞으로도 그런 방향으로 나아갈 것이다.

군이 디지털이나 AI를 이야기하지 않더라도 막대한 에너지를 필요로 하는 현대 자본주의 산업구조와 미래 사회를 운영하기 위해서는 지속가능한 자원을 확보하고, 영속적으로 에너지를 공급할 수 있는 체인망이 구축되어야 한다. 그리고 이를 뒷받침하기 위한 기술은 물론 정치경제적 실천 지침도 필요하다 할 것이다. 전기자동차의 출현은 이러한 뒷받침을 통해 맺은 결실이라 하지 않을 수 없다.

돌이켜보면, 이런 결실을 맺기까지는 지난한 준비 과정이 있었다. 북극곰이나 아마존 원시림으로 상징되는 환경 문제에 대한 다분히 선정적이고 도발적인 문제 제기와 그에 대응한 인류의 생태적·도덕적 각성, 화석 에너지의 문제와 기후 환경 변화에 대한 논쟁과 정책적 대안 마련, 신재생에너지의 출현 등 이러한 과정을 거쳐 결국 당위와 현실을 결합한 구체적인 실천 지침이 만들어지면서 전기자동차가 출현하였고, 그것은 결국 배터리의 자기 권력 확보로 이어지게 되었다.

배터리는 자동차 산업과의 연계가 무엇보다 중요하다고 할 수 있다. 그렇지만 그보다는 배터리가 가지고 있는 본질적인 특성, 즉 생산기술 자체가 화학 공정, 장비, 환경, 개별 중간 제품의 구조 및 최종 셀의 특성 간의 복잡한 상호 의존성이라는 특징이 있다. 이렇게 밀접하게 연결된 프로세스 체인으로 인한 상호 의존성은 처리량 및 에너지 소비와 같은 생산의 경제적·환경적 측면에 큰 영향을 미친다는 점에서 그 반향성이 같은 시기에 부각된 수소에너지보다 큰 장점을 지니고 있다. 그렇지만 배터리 생산 공정 및 생산 효율성 등 배터리 자체가 가진 잠재력에도 불구하고 기술적인 완성도는 아직도 갈 길이 멀다고 할 수 있다. 아직은 현실에서 구현되지 않는 미개척성이 도전을 통해 극복해야 할 잠재적인 과제로 남아 있는 것이다.

이러한 잠재력은 현대 자본주의 산업의 근간을 이루고 있는, 예를 들면 인더스트리 4.0 접근 방식(디지털화, 연결성, 프로세스 및 생산의 지능형 제어)과 쉽게 결합할 수 있고, 현실 경제 운영 면에서도 그 영향력이 다른 산업과의 연계 고리를 크게 만들어낼 수 있는 장점이 있기 때문에 이 분야의 사업 주체들에게 이 또한 연계를 모색하여야 할 매력 포인트로 보이게 된 것이다. 그리고 배터리는 그 구성 소재의 다양성(일부 학자는 광산, 금속, 플라스틱, 양극재, 음극재, 전고체 등 배터리 소재와 관련하여 192개 정도의 물질과 사업 분야가 있다고 사례 발표를 할 만큼 다양하다)만으로도 확산성이 매우 크다는 장점을 가지고 있다.

현존하는 배터리는 소재의 희소성 때문에 희귀 금속의 의존에서 탈피하려는 연구와 도전이 끊임없이 이어지고 있다. 현실적으로 배터리는 반드시 재사용(Reuse)하고 재생(Recycling)하지 않으면 사업을 영속할 수 없다는 현실적인 절박성이 있는데다, 때마침 등장한 환경에 대한 대중적인 정서와 또 그에 발맞추어 진행되고 있는 순환경제 이론에 근거한 산업 및 사업을 바로 적용하여야 한다는 현실적인 필요성 또한 있다는 장점이 있다.

물론 소재를 쉽게 구하지 못한다는 단점 때문에 리튬 중심 배터리 사업에는 일정한 한계가 존재한다는 일각의 주장도 있다. 하지만 오히려 이런 문제가 현재 배터리를 재사용하고, 재생사업과 긴밀하게 연계하면서 발전할 수 있는 근간이 되고, 탈 희귀금속을 위한 연구 개발에도 박차를 가하여 미래 에너지 사업으로 발전할 수 있는 모멘텀으로 작용하는 것이다.

결론적으로 현 시점에서 배터리에 대한 우리 사회의 상당한 주목도는 한 마디로 정리하기 쉽지 않은 현대 자본주의 사회의 정치적·경제적인 기본적인 욕구와 사회문화적인 정서, 앞서 언급한 배터리 기술과 사업의 특징이 결합한 결과물이다. 그렇게 해서 배터리라는 에너지 영역은 아직은 불안해 보이는 면이 있음에도 불구하고 상당한 권력의 위치에 올라 있다는 것을 무시해서는 안 될 것이다.

배터리 관련 기술은 전기, 화학, 전자, 기계, 공정 공학, 생산 공학 등의 다양한 분야에 대한 높은 수준의 이해를 필요로 한다. 특히 배터리 셀 생산에서 프로세스 체인의 상호 의존성에 대한 광범위한 지식이 부족할 경우, 낮은 생산 효율의 문제와 대량 생산을 위한 과제를 해결해야 하는 매우 길고 고통스러운 램프 업 단계에 머무를 수밖에 없다. 따라서 이런 기술적 난이도와 실제 생산 과정을 무시한 채 단순히 미래 가치만을 보고 통설에 근거해서 기술적 혹은 사업적으로 접근하는 것은 매우 큰 위험에 노출될 수밖에 없다.

그리고 실제 현장에서 활동하면서 안타깝게 생각하는 것은, 옮긴이가 생각하는 로드맵, 즉 경제가 움직이는 실제 산업 현장에서 배터리 사업이 전기자동차(좀 더 큰 의미에서 보면 이모빌리티)와 결합을 하면서 그 발전의 근간을 이루고 있다는 공동체의 합의에 따라 배터리를 조망하는 곳을 찾아보기 힘들다는 것이다. 좀 더 구체적으로는 이 글을 쓰는 2024년 현재, 전 지구 차원에서 두 곳에서만 그러한 사업을 유지하고 있다. 그 중 한 곳이 유럽공동체(EU)인데, 이들은 매우 성숙한 사회문화적인 여건을 기반으로 전기자동차와 배터리에 대한 깊이 있는 논의를 통해 미래를 준비하고 있다. 이에 부응하여 유럽의 자동차 회사는 일찌감치 내연기관 자동차 생산을 축소·포기하고 오래 전부터 전기자동차 생산에 집중하고 있다. 그리고 또 한 곳은, 국가 주도(State Driven) 경제 정책을 강력하게 펼치고 있는 중국이다. 중국은 배터리와 전기자동차를 미래 산업의 근본이라고 공식적으로 발표하고 경제적·사회적·기술적 자원을 모두 동원하여 관련 기술과 산업, 사업을 현실화 하고 있다. 이 두 곳은 막강한 재원과 천연자원, 그리고 인적 자원을 기반으로 미래 에너지, 더 나아가 미래 권력의 주도권을 잡기 위한 패권적인 도전을 범국가적 차원에서 전개하고 있다.

독자들의 이해를 돕기 위해 배터리 사업의 등장과 당장의 사회적 주목도에 대해 앞에서 비교적 단순화해서 언급한 것에 비해 현실의 배터리 기술과 사업은 매우 복잡한 연계 구조를 형성하면서 진행된다. 그런 점에 주목하면서 이 책의 본문 앞머리에서 언급한 1990년 일본 소니에서 개발된 배터리 기술이 한국을 경유하여 중국에 정착하는 과정에 대한 코멘트를 상기해주기 바란다. 당시 소니는 리튬이온 배터리 기술을 발명하였음에도 불구하고 미래 비전을 보지 못해서 사업 일선에서 물러섰던 것일까. 이 문제에 대한 미시적인 관찰과 논의가 필요할 테지만, 옮긴이는 당시 배터리 사업의 포기와 유지를 둘러싼 소니의 고민이 향후 배터리 사업의 미래를 보여주는 하나의 근거점이 될 수 있을 것으로 확신한다.

소니의 사례에서 볼 수 있는 것은, 배터리 기술과 사업은 그 본질적인 특성으로 인해 단순히 몇몇 기업 혹은 엔지니어의 노력에서 비롯된 공정과 설비, 운영 기술에 따라 발전할 수 있는 사업이 아니라는 점이다. 즉 배터리 사업의 복잡한 연계 구조는 그 발전 과정에서도 매우 복잡하게 나타나기 때문에 이를 단순화하거나 기존의 사업처럼 일방적으로 생각하는 것은 매우 위험한 발상이라는 점을 애써 강조하고 싶다.

배터리 사업 현장에서 직접 발로 뛰는 옮긴이의 입장에서 배터리에 관한 정보는 그 어떤 것이든 소중할 수밖에 없다. 그런 정보를 둘러싼 만남과 확인의 과정에서 중국 보트리사(Botree)의 샤오린 박사(Dr. Lin Xiao)를 만난 것은 큰 기쁨이었다. 옮긴이가 아는 한, 린 박사보다 시장에 대한 분석과 기술의 현 단계, 그리고 미래 가능성을 정확하게 예측한 사람은 없다고 할 수 있다. 무엇보다도 옮긴이의 이러저런 견해에 매우 큰 공감을 해준 고마운 사람이었다.

지난해에 책 출간 소식을 듣고 번역을 결심한 계기도, 이러한 배터리 관련 기술과 시장에 대한 정보를 개론적으로 설명한 자료를 우선 소개하고 싶었기 때문이다. 이 책은 에너지를 둘러싼 다양한 논의 속에서 미래 지향적인 사회, 문화, 기술적인 로드맵을 구상하고 그것을 위해 노력하고 있는 많은 사람들에게 도움을 줄 수 있을 것으로 생각한다. 특히 강조하고 싶은 것은, 이 책이 배터리의 리사이클링 관련 기술 개론이라는 것이다. 배터리 리사이클링은 배터리 기술과 사업의 작은 한 분야라고 할 수 있지만, 배터리 시장과 기술을 좀 더 선명하게 볼 수 있는 축약판이기 때문에 이 책이 시사하는 바를 '볼 수 있는 사람들'에게는 매우 유용한 책이 될 것으로 확신한다.

옮긴이는 많은 사람들이 이 책을 읽고 스스로 전기자동차, 배터리, 에너지를 중심으로 미래 사회에 대한 로드맵을 상상하고 그려보기를 원한다. 특히 배터리 사업에 깊게 관여하고 있는 엔지니어들이 현재 처한 문제점을 해결하는 과정에서 필수적인 혁신과 매니지먼트를 위한 전략적인 구상을 완성하는 유일한 방법이 기술에 대한 로드맵을 그려보는 것이라고 굳게 믿고 직접 로드맵을 그려보기를 희망한다.

이 책을 통해 시장과 기술 개괄을 이해하고, 자신의 영역에서 기술적인 요구 사항(know-what), 사용할 기술(know-how), 필요한 연구·개발 시기 및 기간(know-when), 예측된 미래의 메가트렌드 및 시장에 대한 정의(know-why) 등을 정의하고, 이를 성공적으로 수행할 수 있는 사람이 되기를 희망한다. 그리하여 우리 사회가 미래 비전을 상실한 채 표류하고 있다는 패배

의식에서 벗어나 새롭게 도전하는 활기찬 사회로 거듭나기를 희망한다.

일상적인 삶의 과정이 밋밋하기 않게 40년 넘는 세월 동안 꾸준히 격려해준, 함께 살아가는 세상을 새롭게 해석하고 자유로운 삶을 살아가라고 격려해준 모든 사람들에게 깊이 감사드립니다. 그들이 지금의 나를 만들었다.

멀리 떠나버린 친구 기정이, 후배 윤경이, 훈구형, 선택형, 모두 "그래 수고했다"고 격려해주기를 희망한다. 30년 동안 세상과 후손들을 위하여 한결 같은 마음과 삶을 살 수 있도록 기도해준 나섬교회 공동체 식구들에게 감사를 드린다. 철들고 나서 한순간도 오빠로서 따뜻하게 보듬어주지 못해 항상 미안한 마음밖에 없는 사랑하는 동생 미혜에게도 고마움을 전한다.

30년 넘는 세월을 묵묵하게 내 곁에 지켜준 귀여운 뚱뚱보 은옥이, 그리고 이제는 다 커서 친구가 되어버린 두 딸 소영과 혜영에게 사랑의 마음을 전한다.

2024년 뜨거운 여름의 한가운데에서, 곧 다가올 가을을 기다리며 부개동에서 마음을 담다.

길의진

머리말

글로벌 신에너지 자동차 산업은 빠르게 발전하고 있으며, 신에너지 자동차의 글로벌 판매량도 해마다 증가하고 있다. 2016년부터 새로운 에너지 혁명이 전 세계를 휩쓸고 있다. 2020년까지 누적 판매량이 1천만 대가 넘는 전기차가 시장에 출시될 것으로 예상된다. 가장 핵심적인 기술인 리튬이온 파워 배터리의 교통수단의 점진적인 전기화와 함께 생산 및 판매량이 폭발적으로 성장했다. 2021년 전력용 리튬이온 배터리의 설치 용량은 약 300GWh로 전년 대비 115% 증가했다. 신에너지 자동차의 최초 출고 이후 8년 동안 사용됨에 따라 2021년 누적 용량이 30만 톤(35GWh) 이상인 리튬이온 파워 배터리 폐기량의 작은 정점이 도래했다. 따라서 사용한 리튬이온 배터리의 리사이클링은 새로운 에너지 산업 체인에서 중요한 역할을 할 것으로 전망되고 있다.

리튬이온 배터리의 리사이클링에는 안전, 환경, 자원, 지역성 등 여러 가지 특성이 있다. 안전 측면에서 폐전지를 부적절하게 폐기하면 감전, 폭발, 불화수소 부식 등의 잠재적 위험이 있다. 환경적 측면에서는 니켈, 코발트, 구리, 망간으로 인한 중금속 오염과 전해액 및 바인더로 인한 유기물 오염이 있다. 또한 리사이클링 과정에서 발생하는 먼지, 폐가스, 폐수 및 폐기물 잔류물도 환경을 위협할 수 있다. 자원 측면에서 보면 리튬, 니켈, 코발트, 망간 등과 같은 주요 자원이 포함되어 있다. 마지막으로 지리적 관점에서 보면 환경 보호 정책, 리사이클링 채널 시스템, 배터리 유형 및 재고 크기뿐만 아니라 지역별로 리사이클링 기술에도 큰 차이가 있다. 이 책에서는 리튬이온 파워 배터리의 산업 현황과 발전을 바탕으로 하면서 주로 리사이클링 기술 및 장비, 산업계의 대표적인 사례, 전체 수명 주기 분석, 리사이클링 규정, 새로운 응용 시나리오 등을 중심으로 폐 리튬이온 파워 배터리의 글로벌 리사이클링 산업의 현재 상황과 향후 발전 방향을 보여줄 것이다.

이 책은 총 7장으로 구성되어 있다.

1장에서는 신에너지 자동차 및 전력용 리튬이온 배터리의 시장 역학 관계와 전력용 배터리의 주요 소재 현황 및 개발 동향을 살펴본다. 전력용 리튬이온 배터리의 핵심 금속을 포함하는 원자재의 리튬이온 배터리에 사용되는 주요 금속의 공급 및 수요 분석은 전력 배터리용 중요 금속의 리사이클링을 고려한 경우와 고려하지 않은 경우를 표시한다. 2장에서는 전처리, 하이드로메탈러지, 고온 제련, 직접 리사이클링 기술 등 배터리 리사이클링에 관한 연구와 기술을 주로 소개한다. 또한 리사이클링 공정과 관련된 대표적인 장비도 자세히 소개한다. 이어서 3장에서는 중국, 유럽, 미국의 대표적인 산업 사례를 살펴본다.

4장에서는 전력용 리튬이온 배터리 최적의 리사이클링 기술을 제안하기 위해 전 과정 평가를 통해 파이로메탈러지 공정, 하이드로메탈러지, 직접 리사이클링 공정에서 발생하는 탄소 배출량을 비교한다. 5장에서는 배터리 리사이클링 산업에 대한 각국의 관련 관리 규정, 기술 기준, 지원 정책을 정리하였다. 6장에서는 전기자동차의 주요 응용 분야 외에도 이륜 전기자전거, 전기 보트, 에너지 저장 장치 등 리튬이온 파워 배터리의 새로운 응용 분야와 그 가능성을 조명한다. 배터리 교환, 플랫폼 기반 비즈니스 모델의 발전, 소비자의 사용 빈도와 배터리 일상 관리의 차이를 고려할 때 리튬이온 파워 배터리는 더욱 세분되고 분산된 응용 분야로 확장될 것이다. 이에 따라 향후 보다 다양한 기술적 경로가 요구되고 있다. 7장에서는 전 과정 평가의 관점에서 친환경성과 경제성을 균형 있게 고려하고, 리사이클링을 위한 유망한 그린 배터리 설계를 제안한다.

이 책은 신에너지 자동차 산업의 지속 가능한 발전을 지원하기 위해 리튬이온 파워 배터리 리사이클링 개발을 위한 로드맵을 형성하고 제시하는 것을 목표로 한다.

이 책은 구수 연구소와 보트리 사이클링(Gusu Laboratory of Materials and Botree Cycling)의 G2116 프로젝트 연구팀의 문헌조사와 연구를 바탕으로 한 것이다. 저자들은 빈 우(Bin Wu), 춘웨이 리우(Chunwei Liu), 첸리 첸(Chenri Chen), 펑 장(Feng Zhang), 후이 양(Hui Yang), 후이 샤(Huiyu Sha), 하오 우(Hao Wu), 준이 션(Junyi Shen), 진펑 자오(Jinfeng Zhao), 지안웬 리우(Jianwen Liu), 지아웨이 웬(Jiawei Wen), 징 펑(Jing Peng), 지안닝 리(Jianning Li), 지아 푸(Jia Fu), 민 리(Min Li), 멍팅 우(Mengting Wu), 나나 창(Nana Chang), 난 바이(Nan Bai)에게 감사의 인사를 전한다. 이 책의 수정에 대한 제안과 조언을 해준 펑 첸(Peng Chen), 렌웬 짜이(Renwen Zhai), 롱 왕(Rong Wang), 펑 리(Shunfeng Li), 쉥란 다이(Shengran Dai), 웬펑 리(Wenfeng Li), 샤오 양(Xiao Yang), 샤오링 구오(Xiaoling Guo), 시주 양(Xizu Yang), 샤오얀 황(Xiaoyan Huang), 이 등(Yi Deng), 잉잉 왕(Yingying Wang), 지후아 장(Zhihua Zhang), 지 순(Zhi Sun)에게 감사의 말씀을 전한다.

또한 저자들은 특히 이 책의 원고를 읽고 가르침을 준 홍빈 카오(Hongbin Cao) 교수와 이 장(Yi Zhang) 교수에게 감사를 표한다. 마지막으로, 저자들은 이 책의 출판을 위해 큰 노력과 조언을 아끼지 않은 리펜 양(Lifen Yang) 박사, 카트리나 마세다(Katrina Maceda) 씨를 비롯한 편집팀원들에게 진심으로 감사드린다. 그럼에도 시간 제약으로 인해 불가피하게 빠진 부분이 있을 것이다. 전문가와 독자들의 제언과 비판을 부탁드린다.

2022년 5월 6일
샤오 린(Xiao Lin)
중국의 쑤저우에서

차례

2   배터리 리사이클링 기술 및 장비 /77

1

리튬이온 파워 배터리 및 주요 소재의 현황과 개발

1.1 리튬이온 파워 배터리 시장 현황

리튬이온 배터리(LIB)는 1990년 일본의 소니사가 발명하고, 1991년 상용화를 위해 시장에 출시하면서 리튬이온 배터리의 급속한 발전이 시작되었다. 초기(2000년 이전)에는 전 세계 리튬 배터리의 대부분이 일본에서 생산되었다[1-3]. 그러나 1997년에 한국의 리튬 이차 배터리 시장이 성장하기 시작했고, 휴대용 모바일 전자기기 분야에서 한때 일본을 능가했다. 1996년 중국 전자 기술 그룹은 대량 생산이 가능한 18650 배터리를 성공적으로 개발하여 중국 리튬 배터리 산업의 시작을 알렸다. 첨단 에너지 저장 기술인 리튬 배터리는 신에너지 전기자동차에 널리 사용되어 현재 온실가스 배출량 감축에 중요한 지원을 제공하고 있다.

국제에너지기구(IEA)에 따르면 2021년 말까지 전 세계 전기자동차는 1,650만 대에 달할 것으로 예상된다. 2016년부터 2021년까지 세계 주요 국가 및 지역의 전기차 등록 대수 및 판매 점유율은 그림 1.1에 나와 있다. 2030년에는 전 세계 전기자동차의 총 대수가 약 2억 대에 달해 전 세계 총 차량 대수의 20%를 차지할 것으로 예상된다. 전기자동차의 급

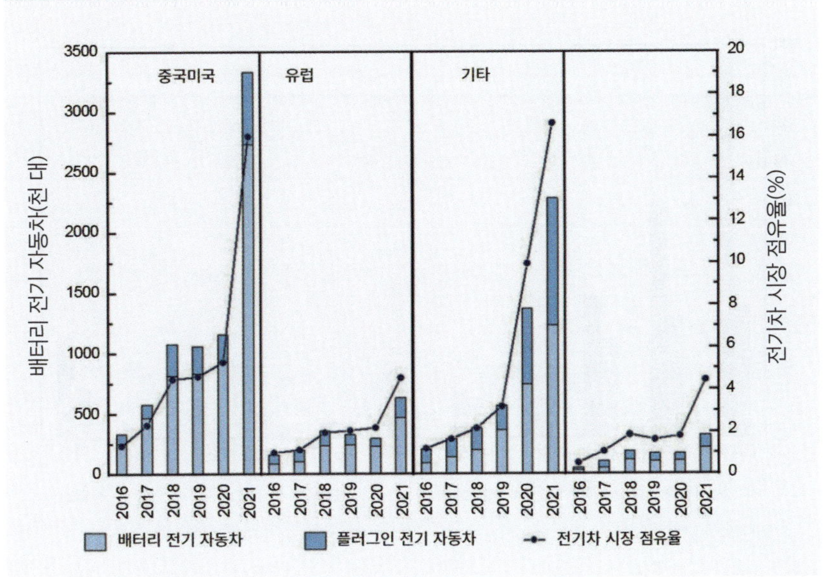

격한 발전은 전력 LIB에 대한 수요를 기하급수적으로 증가시킬 것이다.

SNE 리서치 데이터에 따르면, 2021년 전 세계 전력 LIB 설치 용량은 약 296.8GWh로 매년 115%씩 증가할 것으로 예상된다. 리튬이온 파워 배터리 산업의 거대한 시장 전망[4]을 고려하여 각국의 관련 기업은 파워 배터리 산업 개발 계획을 발표했다. 세계 10대 배터리 기업(그림 1.2) 중 5개가 중국 기업이며, 그 중 컨템포러리 암페렉스 테크놀로지(Contemporary Amperex Technology Co., Ltd., CATL), 비야디(BYD), 중국 항공 리튬 배터리(CALB), 구오쒄 하이테크(Guoxuan Hightech, GOTION), 엔비전 에이아이에스시(Envision AESC) 등 5개 기업이 총 47.6%의 시장 점유율을 차지하고 있으며, 한국의 LG화학과 삼성SDI, SKI의 시장 점유율은 30.4%, 파나소닉(일본)의 세계 시장 점유율은 12.2%에 달한다.

국가 수준의 기반을 바탕으로 현재 리튬이온 파워 배터리 산업은 기본적으로 '3개 나라(한중일)의 기업이 떠받치는' 패턴으로 발전했으며, 각

그림 1.2 글로벌 리튬이온 파워 배터리 상위 10개 기업과 설치 용량.

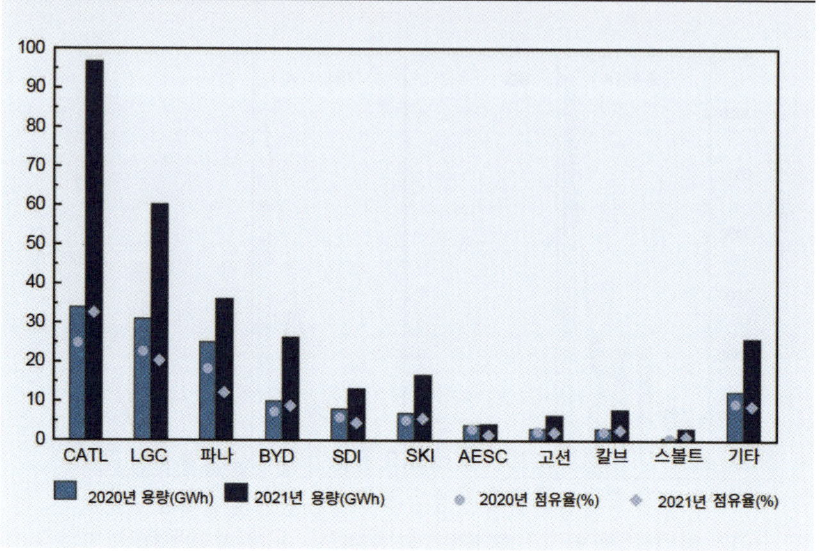

각 업계에서 선도적인 기업을 보유하고 있다.

중국 기업인 CATL은 2017년[5] 이후 중국 리튬 배터리 산업의 선두 주자이자 세계 최대 전력 LIB 공급업체가 되었으며, GAC와 BMW가 성공적으로 선택한 NCM811 정사각형 배터리의 대량 생산을 실현한 최초의 기업이다. 기술 경로 관점에서 CATL은 NCM523에서 NCM811로의 전환도 성공적으로 실현했다.

한국 기업 중 LG화학(LGC)은 1996년 리튬 배터리를 연구하기 시작했으며[6], 2020년에는 GM 쉐보레 볼트 전기자동차의 유일한 공급업체가 되었다. LG화학의 장점은 소프트 팩 배터리에 대한 앞선 이론적 기술력을 보유하고 있다는 것이다. 또 세계 최초로 라미네이트 스택형 소프트 팩에 능숙한 회사이기도 하다. 그러나 NCM811의 적용면에서는 CATL에 뒤져 있다.

일본 기업 파나소닉은 1994년 초에 리튬 배터리 개발을 시작했으며,

표 1.1 세계 주요 리튬 배터리 생산업체의 주요 재료 생산 능력

나라	양극재- 3000 kilotons	음극재 1200 kilotons	전해질 339 kilotons	분리막 1987백만m2
중국	42%	65%	65%	43%
일본	33%	19%	12%	21%
대한민국	15%	6%	4%	28%
US	—	10%	2%	6%
기타	10%	—	17%	2%

출처: Eddy 외. [7]의 데이터

스미토모 컨소시엄의 지원을 받았다. 2008년부터는 세계 최대 전기자동차 회사인 테슬라와 협력하기 시작했고, 2014년에는 슈퍼 배터리 공장을 건설했다. 파나소닉은 세계 최초로 NCA18650+실리콘-탄소 음극재 원통형 배터리의 대량 생산을 실현한 기업이며, 전기 화학 시스템, 생산 수율 및 일관성 측면에서도 선도적인 위치를 점하고 있다.

중국은 이미 전력 LIB의 핵심 소재 제조 분야에서 강력한 선도적 입지를 구축했다(표 1.1). 『전기 이동성의 지평에 대한 금속 채굴의 제약 조건』 보고서에 따르면 중국의 양극재, 음극재, 전해질, 분리막 생산 능력은 각각 세계 총생산 능력의 42%, 65%, 65%, 43%로 다른 국가나 여타 지역보다 훨씬 앞서 있다. 반면 일본은 양극재 제조에서 약간의 우위를 점하고 있지만, 한국은 분리막 제조에서 우위를 점하고 있다. 또한 미국 및 유럽 연합과 같은 다른 국가 및 지역은 리튬 배터리용 재료의 생산 및 제조에서 상대적으로 작은 시장을 점유하고 있다. 이 보고서는 서구 국가의 배터리 생산 및 제조 시장 공간이 여전히 큰 잠재력을 가지고 있음을 보여준다.

1.2 주요 소재 및 전원 배터리 개발

리튬이온 파워 배터리는 주로 양극재, 음극재, 분리막, 전해질 바인더, 전류 집합체로 구성된다. 양극재는 리튬 배터리 전체 원가의 40% 이상을 차지하며, 그 특성이 리튬 배터리의 다양한 성능 지표에 직접적인 영향을 미친다. 따라서 양극 소재는 리튬 배터리 산업에서 핵심적인 위치를 차지하고 있다[7,8]. 현재 상용화된 리튬 배터리용 양극재에는 리튬 코발트 산화물(LCO), 리튬 망간 산화물(LMO), 리튬 철 인산염(LFP) 및 삼원계 소재가 있다. 모든 양극재에서 LFP와 삼원계 소재의 비율은 90%에 달한다.

1.2.1 주요 음극 재료

1.2.1.1 리튬 니켈 코발트 망간 산화물

리튬 니켈 코발트 망간 산화물(NCM) 삼원계 양극재의 분자식은 $LiNi_aCo_bMn_cO_2$이고, 여기서 $a+b+c=1$이다. 특정 재료의 명명 규칙은 일반적으로 세 원소의 상대적 함량을 기반으로 한다(예: $LiNi_{0.8}Co_{0.1}Mn_{0.1}O_2$ 줄여서 NCM811이라고 한다). 세 가지 요소의 서로 다른 비율은 NCM 양극재에 다양한 특성을 부여하여 다양한 응용 분야의 요구를 충족시킬 수 있다. NCM 소재는 다음과 같이 세 가지 유형의 소재의 장점을 결합한다: 리튬 코발트 산화물(LCO), 리튬 니켈 산화물(LNO), 리튬 망간 산화물(LMO). 전이 금속 원소의 비율을 조정함으로써 양극재의 성능을 효과적으로 조절할 수 있고 양극재 비용을 절감할 수 있다. 그중 Ni 원소는 양극재의 용량 밀도(specific capacity)를 높이는 데 유리하지만 열 안정성에는 해롭고[9], Co 원소는 소재의 전기 전도도 및 속도 성능을 향상시키는 데 유리하지만 가격이 비싸고, Mn의 존재는 다결정의 결정 구조를 안정화하는 역할을 하지만 과도한 함량을 사용하면 양극재의 용량 밀도를 감소시킨다.

　NCM 양극재의 주요 제조 방법에는 고온 고상, 졸-겔, 동시 침전, 열

수 합성 및 기타 방법이 포함된다. 현재 상업용 NCM 재료는 일반적으로 침전 방법에 따라 수산화 NCM으로 제조되었다. NCM 전구체를 리튬 소스와 혼합하고 소성하여 완성된 NCM 양극재를 준비한다. NCM 전구체의 생산은 일반적으로 수산화물 공침법, 즉 니켈, 코발트 및 망간의 혼합 염 용액, 침전제, 착화제 등을 동시에 반응기에 첨가하고, 특정 조건에서 NCM 전구체를 합성하는 방법을 채택한다.

반응기의 내부 구조와 합성 공정의 제어는 매우 까다롭다. 따라서 산업 체인에서 중요한 위치를 차지하고 있으며 기술 장벽이 높다. 그러나 NCM 양극재의 품질에 큰 영향을 미친다. 실제 적용 관점에서 볼 때 형태, 입자 크기 분포, 비표면적 및 탭 밀도와 같은 재료 입자의 특성은 배터리 전극의 처리 성능과 에너지 밀도, 속도 성능 및 사이클 수명과 같은 리튬 배터리의 핵심 전기화학적 성능에 큰 영향을 미친다. 따라서 고밀도 및 균일한 입자 크기 분포를 가진 구형 NCM 양극재는 현재 업계

그림 1.3 2020년과 2021년 중국 NCM 소재의 제품 구조 비교.

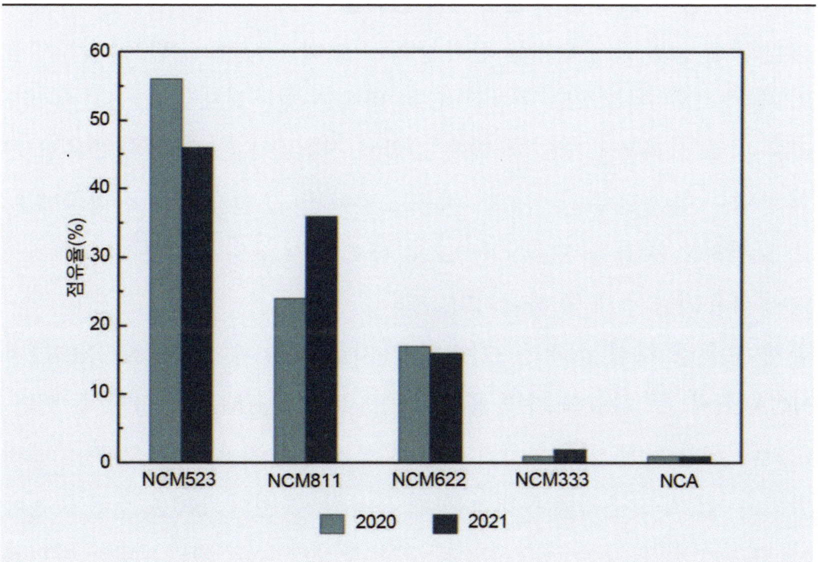

출처: SMM.

에서 추구하는 목표가 되었다.

　상하이 금속 시장(SMM)의 생산 구조에 따른 결과 분석에 따르면, NCM 소재는 여전히 NCM523이 주를 이루지만 저코발트, 고용량 니켈의 사용 추세가 매우 뚜렷하다. NCM811의 비율은 2021년 24%에서 36%로 증가했다(그림 1.3). 중국 파우더 네트워크에 따르면, GEM은 니켈 금속의 몰 비율이 90% 이상인 NCM 전구체 소재를 개발했으며, 연간 10만 톤의 NCM 전구체 생산 능력을 구축했다. 고용량 니켈과 단결정의 판매량은 전체 매출의 80% 이상을 차지한다. 한국의 또 다른 전력 배터리 대기업인 SKI는 초고용량 니켈 배터리 배치에 앞서 있으며, 2021년 말 이전에 새로운 NCM 배터리를 출시할 계획이다. 이 배터리의 니켈 함량은 88%, 코발트 함량은 6%이다. 또 다른 한국 기업인 배터리 LGC는 2022년에 니켈 함량 90%, 코발트 5%, 망간과 알루미늄이 1~2% 함유된 리튬 니켈 코발트 망간 알루미늄 산화물(NCMA) 배터리를 출시할 계획이다.

1.2.1.2 리튬 니켈 코발트 알루미늄 산화물

리튬 니켈 코발트 알루미늄 산화물(NCA) 소재는 니켈, 코발트, 알루미늄의 세 가지 주요 원소로 구성되며, 몰 비율은 일반적으로 8:1.5:0.5이다. 리튬 니켈 산화물 $LiNiO_2$과 리튬 코발트 산화물 $LiCoO_2$을 결합하면 가역 용량이 높아질 뿐만 아니라 비용도 낮아진다. 현재 금속 산화물에 Al을 도핑하고 망간을 Al(전이 금속)으로 대체하는 것은 상업용 양극재에서 많이 사용되는 추세 중 하나이다.

현재 고용량 니켈 소재는 크게 두 가지로 나눌 수 있다: NCM811과 NCA 소재. 두 재료의 가역 용량은 약 190~200mAh/g에 달할 수 있다. 그러나 Al은 양쪽성 금속이기 때문에 침전이 쉽지 않으며, 기존의 침전 방법은 NCA 전구체를 준비하는 데 사용할 수 없다. NCA 소결 공정에는 순수 산소 환경이 필요하므로 생산 장비의 높은 기밀성뿐만 아니라 가마 장비 내부 구성 요소의 내산화성이 필요하다. 위에서 언급한 대량 생산 요구사항으로 인해 NCA 재료의 제조공정에는 특정 임계값이 있다. 경로 선택 측면에서 일본은 주로 NCA 경로를 기반으로 하지만 한국은 NCM과 NCA 경로를 함께 사용하려고 한다. 중국의 현재 NCA 생산량은 상대적으로 적고 NCM 경로가 주류를 이루고 있다.

현재 가장 주류적인 제조 방법은 다음과 같다. 니켈, 코발트 및 수산화알루미늄의 침전물은 먼저 황산 금속을 원료로 하고 수산화나트륨 또는 착화제를 침전제로 사용해서 준비한다. 그런 다음 형성된 침전물을 수산화리튬과 혼합한 다음 소성하여 산화물 생성물을 만든다. 이 공정의 장점은 생산 비용이 저렴하고 공정이 간단하며 대규모 생산에 적합하다는 것이다. 예를 들어 일본의 스미토모(Sumitomo)와 일본의 토다(Toda)가 대량 생산 단계에 진입했다. 국제적으로 NCA의 업스트림과 다운스트림은 상호 보완적인 산업 체인과 비교적 안정적이고 성숙한 공급망을 형성했다. 그러나 중국 국내 시장은 아직 개발 초기 단계에 있다.

1.2.1.3 인산철 리튬

LFP의 화학식은 $LiFePO_4$이며, 이론적 용량 밀도는 170mAh/g이다. 제품의 실제 용량 밀도는 160mAh/g(0.2°C, 약 25°C, 전압 플랫폼은 3.2~3.5V, 탭 밀도는 1.2g/cm3)를 초과할 수 있다. $LiFePO_4$ 구조에서는 O와 P 사이에 강한 공유 결합이 있어 사면체(tetrahedral) $(PO_4)^{3-}$ 폴리 이온을 형성하므로 O는 탈 칼슘화가 어렵고 과충전 후 산소가 빠져나가지 않는다. $LiFePO_4$를 양극재로 사용하면 배터리 안전성을 보장할 수 있다.

고체상 합성은 LFP 생산에 가장 널리 사용될뿐더러 가장 성숙한 합성 방법이다. 이 방법에 사용되는 철 공급원은 일반적으로 옥살산철 산화철, 인산철 등이며, 리튬 공급원은 일반적으로 탄산 리튬, 수산화 리튬, 아세트산 리튬 등이며, 인 공급원은 일반적으로 인산 이수소 암모늄 및 인산 수소 이암모늄이다. 고체상 합성법의 단점은 환경을 오염시키는 암모니아를 생산하기 쉽다는 것이다. 대표적인 제조업체로는 A123 시스템, 천진 스트랜드(Tianjin Strand), 후난 루이 샹(Hunan Rui Xiang), 베이징 대학교 퍼스트(Peking University First), 디팡 나노(Defang Nano) 등이 있다.

현재 중국에서 대부분의 합성 방법은 페로인(ferrophosphorus) 공정을 채택하고 있다. 이 공정은 일반적으로 인산철을 철 공급원으로 사용하며, 먼저 나노 스케일에서 리튬 공급원과 혼합된다. 그 후 입자를 질소 환경에서 분무 건조 및 소성하여 입자 크기를 제어할 수 있는 고품질 LFP 재료로 전환할 수 있다. 대표적인 제조업체로는 캐나다의 포스텍, 산동 펑 위엔 리닝 테크놀로지(Shandong Feng Yuan Lineng Technology Co., Ltd.), 쓰촨 유닝 신에너지 배터리 소재(Sichuan Yuneng New Energy Battery Materials Co., Ltd.)가 있다.

LFP의 등장은 LIB 양극 소재의 획기적인 발전이다. 저렴한 가격, 환경 친화성, 높은 성능, 높은 에너지 효율과 같은 LFP의 장점은 안전 성능, 구조적 안정성 및 사이클 성능이 향상됨에 따라 시장 적용 분야가 더욱 넓어졌다: 에너지 저장 장비, 전동 공구, 경전기, 대형 전기자동차, 소형 장비, 모바일 전원 등 다양한 분야에 적용되고 있으며, 그중 신에너지 전기 자동차용 LFP가 전체 생산량의 약 45%를 차지한다. 중국 내 LFP의 시장 점유율은 그림 1.4에 나와 있다.

LFP 배터리의 구조적 개편, 에너지 밀도 증가, 신에너지 자동차 보조금 감소, 충전 파일 대중화, 가격 상승, 높은 안전성 이점으로 인해 중국 내 LFP 배터리 설치 용량이 빠르게 증가했다. 따라서 리튬 배터리 연구 고급 산업 연구소(이하 GGII)의 조사 데이터에 따르면 2021년까지 중국 내 LFP 양극재 출하량은 47만 톤으로 전년 대비 277% 증가했다.

1.2.1.4 리튬 니켈 망간 산화물

리튬 니켈 망간 산화물(LNM)의 분자식은 $LiNi_{0.5}Mn_{1.5}O_4$, 스피넬 구조 (spinel structure)에 속한다. 전압 플랫폼은 약 4.7V, 이론적 용량 밀도는 146.7mAh/g, 실제 용량 밀도는 약 130mAh/g이며, LNM은 높은 작동 전

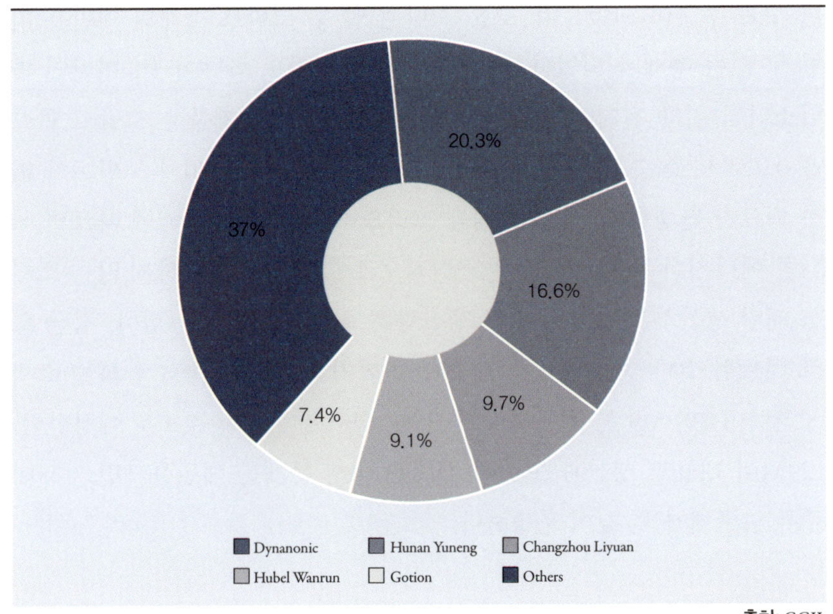

압, 높은 에너지 밀도 및 낮은 생산 비용을 가지고 있다. 이는 차세대 양극재의 목표인 NCM 소재와 LFP 소재의 장점을 결합한 것이다. 고체 상, 공동 침전, 졸-겔, 용액 연소 합성, 열수(hydrothermal), 용매열(solvothermal), 분무 증착 방법 등 LNM의 준비 방법에는 여러 가지가 있다. 공개된 정보에 따르면 허니콤 에너지는 주로 양이온 도핑, 단결정 기술, 나노 네트워크 코팅의 세 가지 방법을 통해 LNM의 성능을 개선한다.

도핑 기술은 산소와 화학 결합 에너지가 높은 양이온을 사용하여 결정 구조에 도핑하는 것으로, 고전압에서 석회화 제거 후 구조의 안정성에 도움이 된다. 단결정 기술은 기존의 구형 다결정 입자보다 입자 강도가 높아 안전성과 사이클링 성능을 향상하는 데 유리하다. 나노 네트워크 코팅을 사용하면 소재를 더 균일하게 만들고 전해질과의 부반응을 줄여 사이클 수명을 증가시킬 수 있다.

코발트 함량을 줄이는 것은 NCA 또는 NCM 양극재 원가 절감을 위한 주요 수단이 되었으며, 고용량 니켈 및 무 코발트 소재의 개발은 피할 수 없는 추세가 되었다. 테슬라는 항상 코발트 함량이 3% 미만인 파나소닉의 이차 전지(NCA)를 사용해왔으며, 차세대 제품은 코발트 함량을 0으로 낮출 수 있다. 그 이후로 코발트가 없는 배터리와 코발트가 없는 재료가 탄생했다. 가오공 리튬 그리드(Gaogong Lithium Grid)에 따르면 허니콤 에너지의 창저우 공장은 공식적으로 코발트를 함유하지 않는 소재를 대량 생산하고 있으며 연간 생산량은 최대 5천 톤에 달한다. 광산 도로 네트워크(Mine Road Network)는 2025년까지 전 세계 LNM 산화물 소재 생산량이 8만 5천 톤에 달하고 수요는 10만 톤에 달할 것으로 예상한다. LNM이 대규모 생산과 고전위 전해질 내성 문제를 해결한다면 차세대 주류 양극재가 될 것이 분명하다.

1.2.2 음극 재료

음극재는 보조 배터리를 충전할 때 리튬을 저장하는 본체로, 배터리 원가의 약 10%를 차지한다. 음극재는 일반적으로 탄소 소재와 비탄소 소재 두 가지 범주로 나눌 수 있다. 탄소 소재에는 인조 흑연, 천연 흑연, 중상 카본 마이크로스피어, 석유 코크스, 탄소 섬유 및 열분해 수지 탄소가 포함된다. 비탄소 소재에는 티타늄 기반 소재, 실리콘 기반 소재, 주석 기반 소재, 질화물 등이 있다.

1.2.2.1 흑연

흑연 재료는 높은 전자 전도도, 높은 용량 밀도, 안정적인 구조 및 저렴한 비용 등의 장점을 가지고 있어서 가장 널리 사용될뿐더러 성숙한 음극 재료가 되었으며, 음극 산업에서 절대적인 주류 경로로 전체 금액의 95%를 차지한다. 흑연은 천연 흑연과 인조 흑연으로 나눌 수 있다. 원료 및 공정 특성으로 인해 인조 흑연 음극 재료의 내부 구조는 천연 흑연 제품보다 더 안정적이다. 인공 흑연은 일반적으로 분쇄, 과립화, 흑연화 및 체질의 네 가지 주요 공정으로 나뉜다. 그중에서도 기술적 한계점으로 음극재 산업의 생산 수준은 주로 과립화와 흑연화의 두 가지 지점에서 반영된다. 과립화는 흑연의 입자 크기, 입자 크기 분포 및 형태를 제어해야 하며, 이러한 물리적 매개변수는 음극 재료의 성능 지표에 직접적인 영향을 미친다. 예를 들어 입자가 작을수록 속도 성능과 사이클 수명은 좋아지지만, 초기 효율과 압축 밀도는 나빠지므로 재현할 수 있는 입자 크기 분포가 필요하다.

글로벌 관점에서 볼 때 일본과 중국 기업이 음극재 시장을 항상 지배해왔다(그림 1.5). 버터리(Berterry, BTR), 샨산(Shanshan), 푸타이라이(Putailai, Jiangxi Zichen), 카이진(Kaijin), 샹 펑화(Xiang Fenghua) 등 상위 5개 중국 기업이 전 세계 시장의 절반 이상을 차지하고 있다. EVTank의 데이터에 따르면 전 세계 다양한 분야에서 LIB에 대한 수요가 많이 증가함에 따

그림 1.5 2020-2021년 글로벌 음극재 제조업체의 시장 점유율.

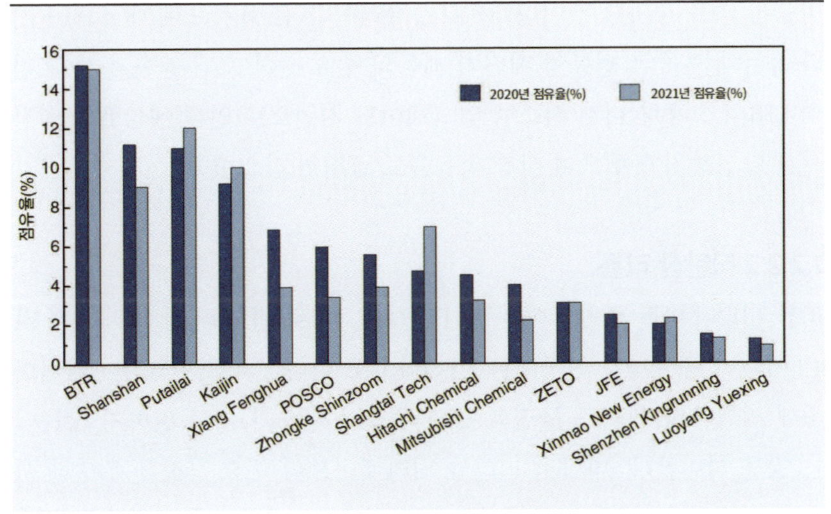

출처: 글로벌 리튬이온 배터리 산업 백서, Starting Point Research.

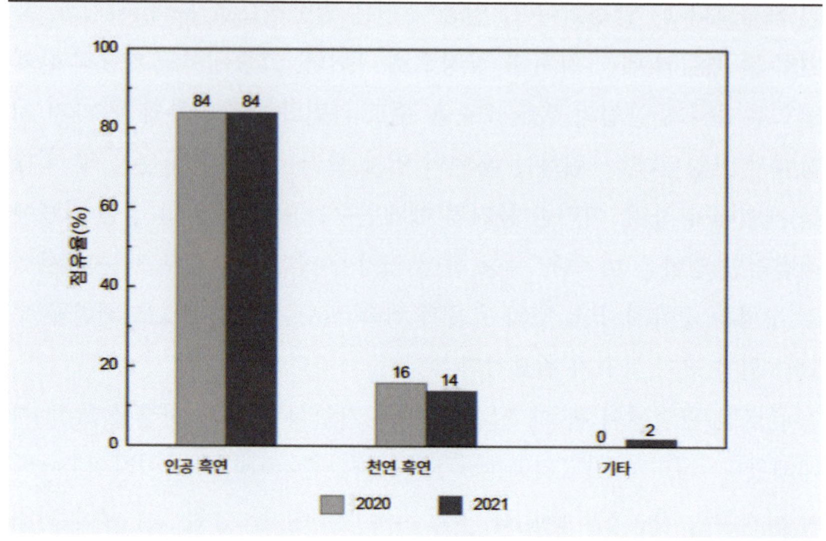

출처: GGII.

라 2021년 전 세계 음극재 출하량은 90만 5천 톤에 달하며 전년 대비 68.2% 증가했다. 음극재 제품 구조의 관점에서 볼 때 인조 흑연 제품의 비중은 더욱 증가할 것이다(그림 1.6). 실리콘 기반 음극으로 대표되는 기타 음극재는 중국 원통형 배터리 제품의 주요 출하 모델 전환과 사각 전력 LIB의 고용량 니켈 시스템 업그레이드 지연으로 인해 예상했던 성장치를 달성하지 못했으며 시장 점유율도 급격히 감소했다.

1.2.2.2 티탄산 리튬

리튬 티타네이트의 화학식은 $Li_4Ti_5O_{12}$로, '제로 변형'의 장점 때문에 많은 에너지 종사자가 연구해온 LTO라고도 한다. "제로 변형"은 상 변화 중에 리튬 티타네이트 물질의 부피와 격자 상수가 거의 변하지 않는다는 것을 의미한다. 따라서 티타늄 티타네이트의 주요 장점은 우수한 사이클 성능이다. 리튬 티타네이트 에너지 저장 배터리의 사이클 수명은

1만 5천 회 이상이며 충전 속도가 우수하다.

　리튬 티타네이트는 저온 성능도 우수하여 -50°C의 극저온 환경에서도 70%의 용량을 유지한다. 리튬 티타네이트 소재는 에너지 밀도가 낮고 이론적 용량은 175mAh/g이다. 최근 알려진 상업용 리튬 티타네이트는 170mAh/g까지 개발되었으며, 첫 번째 효과는 99.5%까지 높을 수 있다. 티타네이트 리튬의 산업 생산 방법은 여전히 고온 고체 상 방법을 채택하고 있다. 일반적으로 배터리 등급 TiO_2 및 리튬 염 $LiOH \cdot H_2O$ 또는 Li_2CO_3는 특정 화학량론적 비율에 따라 물 또는 유기 용매에 분산되어 균일하게 혼합된다. 나노 크기로 고에너지 볼 밀링, 분무 건조 과립화, 고온 소성 과정을 거쳐 최종 제품인 티타네이트 리튬을 얻는다.

　산업화 측면에서 선도적인 기업으로는 미국 아오 티타늄 나노 기술 회사(Ao Titanium Nano Technology Company, 현재는 인롱 뉴 에너지Yinlong New Energy에 인수됨), 일본 이시하라 산업 주식회사(Ishihara Industry Co., Ltd.), 영국 존슨 매티 코퍼레이션(Johnson Matthey Corporation) 등이 있다. 중국에는 쓰촨 싱녕 신소재 유한공사(Sichuan Xingneng New Material Co., Ltd.)와 후저우 웨이홍 전력 유한공사(Huzhou Weihong Power Co., Ltd.)가 있다. 동 밍주(Dong Mingzhu)의 '인롱 티타늄'에 대한 집념은 인롱의 리튬 티타네이트 배터리를 단기간에 유명하게 만들었다. 고속 충전, 저온 특성 및 안전 특성으로 인해 리튬 티타네이트는 장거리 주행이 필요하지 않은 대중교통 버스 및 물류 차량에 널리 사용된다. 리튬 티타네이트 배터리의 시장 규모는 기다릴 만한 가치가 있는 것으로 판단된다.

1.2.2.3 실리콘 카본

실리콘은 지금까지 발견된 음극 소재 중 이론상 용량이 가장 높은 소재이다. 이론적 용량 밀도는 4200mAh/g으로 흑연보다 10배 더 높다. 실리콘과 흑연을 혼합하여 실리콘-탄소 기반 복합체를 형성한다.

　음극 재료는 우수한 탄소 전도성과 높은 실리콘 용량 밀도의 특성을 결합할 뿐만 아니라 실리콘의 팽창을 효과적으로 완충할 수 있어 재료의 전체 전기화학적 사이클 성능을 크게 향상시킬 수 있다. 상용화 경로에서 실리콘-탄소 결합체는 실리콘-탄소 양극과 산소-실리콘-탄소 양극 재료로 나눌 수 있다.

실리콘-탄소 음극 재료는 먼저 과립화 공정을 통해 나노 실리콘과 매트릭스 흑연 재료의 전구체를 형성하여 제조한 다음 표면 처리, 소결, 분쇄, 스크리닝, 자화 및 기타 공정을 통해 전구체를 제조한다. 현재 실리콘-탄소 음극의 상업적 적용 용량은 약 450mAh/g이다.

실리콘-산소 음극 재료는 순수한 실리콘과 이산화규소를 일산화규소로 합성하여 실리콘 산소 음극 재료 전구체를 형성하고, 전구체는 분쇄, 분류, 표면 처리, 소결, 선별, 자화 등의 과정을 통해 변형된 SiOX/C로 제조된다. 그런 다음 음극의 필요한 용량에 따라 개질된 SiOX/C를 흑연과 혼합하여 새로운 유형의 산소-실리콘 흑연 음극 재료를 얻을 수 있는데, 새로운 산소-실리콘 흑연 음극 재료의 용량은 주로 두 가지 유형에 집중되어 있다: 420 및 450mAh/g, 소량 500 및 600mAh/g.

중국 파우더 네트워크에 따르면, BTR의 실리콘 기반 음극 제품이 업계에서 선두자리를 차지하고 있다. 실리콘-탄소 음극 재료 개발에 새로운 돌파구를 마련했으며, 용량 밀도는 1,500mAh/g로 증가했다. BTR은 다양한 기술 개발과 서브 실리콘 제품의 대량 생산을 완료했는데, 일부 제품의 용량 밀도는 1,600mAh/g 이상에 달하는 것으로 알려져 있다. 스노우(Snow)의 SiO 제품은 그램 용량이 500mAh/g 이상이고, 첫 번째 쿨롱 효율은 89% 이상으로 800주 사이클 유지율 80% 이상을 달성할 수 있다. 현재 소규모 개발을 완료하고 파일럿 및 양산을 준비하는 단계에 있다.

글로벌 배터리 제조업체들의 실리콘 기반 음극 배터리 산업화는 꾸준히 발전하고 있다. 이미 2012년부터 일본의 파나소닉이 리튬 배터리에 실리콘 탄소 음극을 적용했고, 세계 최대 실리콘 탄소 소재 공급업체인 히타치 케미컬(Hitachi Chemical)을 비롯한 일본의 신-에쓰(Shin-Etsu), 우유 케미컬(Wu Yu Chemical), 미국의 앰프리스(Ampris) 등이 실리콘 탄소 음극 소재를 적용하고 있다. 중국에서 실리콘 탄소 음극의 산업 적용은 아직 초기 단계에 있다. 현재 CATL, BYD, GOTION, BAK, 천진 리셴(Tianjin Lishen)은 모두 실리콘 탄소 소재 분야에서 기술 발전을 위해 노력하고 있으며, BTR은 대량 생산에 성공했다. 하이테크 리튬 전력망은 실리콘 기반 음극에 대한 시장 수요가 2022년에 3만 톤을 초과할 것으로 예측하며 향후 시장 규모는 35억 달러를 초과할 것으로 예상된다.

1.2.3 전해질

전해질은 음극과 양극 전극 사이에서 전하를 전달하는 역할을 한다. 전해질의 물리적 형태에 따라 다음과 같이 나눌 수 있다. 액체 전해질, 고체 전해질, 고체-액체 복합 전해질로 나뉜다. 고체 전해질을 사용하는 배터리를 전고체 배터리라고 한다.

1.2.3.1 액체 전해질

전해질의 기능은 양극과 음극 사이에서 리튬이온을 전달하는 것이며, 이때 전자는 전달되지 않는데 그러면서 충전과 방전이 원활하게 진행되도록 한다. 전해질은 리튬 배터리의 성능에 매우 중요하며 LIB의 "혈액"으로 알려져 있다. 화징 산업 연구소(Huajing Industrial Research Institute)의 통계에 따르면, 전해질은 일반적으로 배터리 비용의 약 7~12%를 차지한다. 일반적인 구성은 용매, 리튬 염 및 첨가제이다. 가장 자주 사용되는 리튬 염은 리튬 육불화인산(hexafluorophosphate)이다. 용매는 주로 탄산염, 에테르 및 카복실산염이다. 기능에 따라 첨가제는 필름 첨가제, 전도성 첨가제 및 난연성 첨가제로 나눌 수 있다. 전해질의 준비는 주로 용매 합성, 재료 혼합 및 후처리의 세 부분으로 나뉜다. 그중 기술적 장벽은 재료 혼합 단계에서 공식의 구성이다. 배터리 유형에 따라 전해질의 위치가 약간 다르다. 공식은 기본적으로 다운스트림 리튬 배터리 회사가 지배하는 반면, 고급 소비자 제품 또는 고용량 니켈 전력 제품으로 세분된 일부 전해질은 일반적으로 리튬 배터리 회사와 전해질 회사가 공동으로 개발한다. 전해질의 핵심 재료인 육불화인산 리튬은 매우 용해성이 있으며 무수 불화수소 및 저 알킬 에테르와 같은 비수성 용매에서 합성해야 하며 생산 조건은 매우 가혹하다.

2010년 이전에는 육불화인산리튬의 생산 능력이 주로 스텔라(Stella), 간토 덴카(Kanto Denka), 모리타 화학(Morita Chemical) 등 일본 기업과 한국 기업 호세이(Hosei)에 집중되어 있었다. 2011년 중국 기업의 육불화탄소 생산 능력은 15% 미만에 불과했다. 2011년 이후 티엔치 하이테크(Tianci High-tech, TINCI), 신저우방(Xinzhoubang) 등의 기업이 기술 혁신을 이루면서 생산량이 크게 증가하기 시작했다. 2021년 중국 기업의 시장 점유율은 80% 이상으로 증가했다(그림 1.7).

EVTank가 발표한 '중국 리튬이온 배터리 전해액 산업 발전 백서(2022년)'에 따르면 2021년 중국 전해액 시장은 전년 대비 88.5% 증가한 50만 7천 톤이 출하될 것으로 예상하고 있다. 구오하이 증권의 예측에 따르면, 2025년까지 전 세계 리튬 배터리 수요는 약 1,200GWh에 달할 것으로 예상되며, 이는 약 132만 톤의 전해질 수요에 해당한다. 이런 예상에 따르면 이 기간에 연평균 35%의 성장률을 기록할 것으로 전망된다. 전해질 시장은 거대한 시장이다.

1.2.3.2 고체 전해질

액체 전해질은 휘발성 유기 용제, 고온 인화성 등 숨겨진 위험성이 있어 리튬 배터리 분야에서 개발이 매우 제한적이다. 고체 전해질은 고온에서 분해되기 어려울 뿐만 아니라 리튬 수상 돌기의 생성을 억제하여 리튬 배터리의 안전성과 내구성을 효과적으로 완화할 수 있다. 전고체 전

그림 1.7 2021년 중국 전해질 시장 점유율.

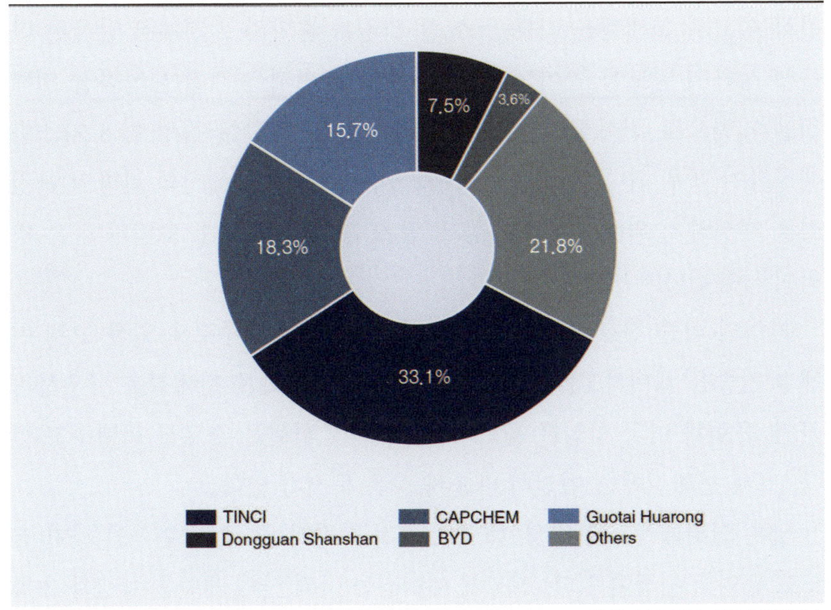

출처: 신주 정보, 화징산업연구소

해질은 전고체 리튬 배터리의 핵심 구성 요소이자 전고체 배터리 개발의 기술적 초점이다.

현재 고체 전해질은 크게 고분자 고체 전해질, 산화물 고체 전해질, 황화물 고체 전해질의 세 가지 범주로 나뉜다. 고분자 고체 전해질은 고분자 매트릭스와 리튬 염에 의해 복합화된다. 일반적으로 사용되는 리튬 염에는 $LiPF_6$, $LiClO_4$, $LiAsF_4$ 등이 있다. 매트릭스에는 폴리프로필렌 옥사이드(polypropylene oxide, PPO), 염화 폴리비닐리덴(polyvinylidene chloride, PVDC), 폴리에틸렌 옥사이드(polyethylene oxide, PEO), 폴리아크릴로니트릴(polyacrylonitrile, PAN), 폴리비닐리덴 플루오르화물(polyvinylidene fluoride, PVDF)이 포함된다. 산화물 전해질의 대표적인 유형으로는 리튬 란탄 지르코늄 산화물(lithium lanthanum zirconium oxide, LLZO), 리튬 알루미늄 게르마늄 인산염(lithium aluminum germanium phosphate, LAGP), 리튬 알루미늄 티타늄 인산염

(lithium aluminum titanium phosphate, LATP) 등이 있다. 일반적인 공정은 원하는 산화물 고체 전해질을 리튬 소스 볼 밀링과 혼합하고 정제로 압축한 다음 소성하여 밀도를 높이는 것이다. 황화물 고체 전해질은 산화물 전해질을 기반으로 진화했지만, 황화물은 물과 반응하여 독성 H_2S 가스를 생성하기 매우 쉽다. 생산 조건도 가혹하다. 현재 물에서의 화학적 안정성을 개선하기 위해 할로겐화물 도핑 또는 새로운 원소 도입과 같은 방법이 사용된다(표 1.2).

기업의 기술 경로 관점에서 일본과 한국 기업은 주로 황화물 고체 전해질 기술을 채택하고[10], 중국 기업은 주로 산화물 전해질을 사용하는 반면, 유럽과 미국 기업은 폴리머, 산화물 및 황화물 경로를 선택하고 있다. 고체 전해질에는 여전히 다음과 같은 문제가 있다.

낮은 인터페이스 안정성, 대규모 결정립 경계, 공극, 국부적인 전기 전도도 등의 문제점이 있다. 전고체 배터리는 아직 산업 체인을 형성하지 못하고 있다. '신에너지 자동차 산업 발전 계획(2021~2035년)'은 전고체 배터리의 연구개발 및 산업화를 강화하기 위한 요구사항을 제시하고 있다. 처음으로 전고체 배터리가 국가 수준으로 올라갔으며 고체 전해질과 전고체

표 1.2 세 가지 고체 전해질 비교

분류	세분화	대표 기업	장점	단점
유기 전해질	폴리머	Bollore, SolidEnergy	저밀도, 우수한 점탄성, 가장 성숙한 기술로 소규모 양산에앞장서고 있다.	실온 이온 전도도가 낮음. 낮은 이론적 에너지 밀도 상한
무기 전해질	산화물	Sakti3,ProLogium,QingTaoDevelopment,Beijing WeLion,Ganfeng Lithium Group	뛰어난 배터리 속도와 사이클 성능, 상용 제품이 이미 출시되어 있다.	기계적으로 단단하고, 고체-고체 인터페이스가 잘 접촉되지 않으며, 대량 생산할 경우 비용이 많이 든다.
	황화물	Toyota, Samsung, Panasonic, CALT	이온 전도성이 가장 높아 대규모 배터리에 사용될 가능성이 가장 높다.	불안정하고 생산환경에 대한 높은요구사항으로 개발이 어려운 환경

출처: 에버그란데 연구소와 중치 컨설팅 자료 정리

배터리가 획기적으로 개선될 것으로 예상된다. 산업 체인 연구에 따르면 전고체 배터리는 2025년에 상용화되고 2030년에 파워 배터리의의 주요 기술 경로가 될 것으로 전망된다. 중국은행 국제증권에 따르면 2030년까지 전 세계 전고체 리튬 배터리 수요는 494.9GWh에 달할 것으로 예상되며, 시장 규모는 1천 500억 위안이 넘을 것으로 전망된다.

1.2.4 분리막

분리막은 배터리 시스템의 안전성을 보장하고 성능에 영향을 미치는 핵심 소재이다. 분리막은 전극을 분리하는 장치로 음극과 양극 사이에 배치된다. 따라서 분리막은 음극과 양극 전극의 단락 또는 거스러미, 파편 같은 이물질, 수상 돌기로 인한 단락을 방지하기 위해 절연성이 우수해야 한다. 또한 분리막은 충전 및 방전 기능과 속도 성능을 갖춘 미세 다공성 채널이다. 따라서 분리막은 일정한 인장 강도, 천공 강도, 높은 다공성 및 균일한 분포를 해야 한다.

분리막의 기공 크기는 일반적으로 0.03~0.05 또는 0.09~0.12μm이며, 두께는 일반적으로 25μm 미만이다. 기계적 강도를 보장함으로써 분리막이 얇을수록 배터리 성능이 향상된다. 현재 전력 시장의 주류 습식 베이스 필름 제품은 주로 9 및 12μm 필드에 집중되어 있다. 5μm 분리기는 주로 소비자 배터리 분야에서 사용된다. 분리막의 주류 재료는 폴리프로필렌(PP) 미세 다공성 필름과 폴리에틸렌(PE) 미세 다공성 필름이다.

분리막은 리튬 배터리 소재 중 기술 장벽이 가장 높은 소재이다. 미세 다공성 제조 기술은 분리막 제조공정의 핵심이다. 분리막 공정은 건식 공정과 습식 공정으로 나눌 수 있다. 건식 공정의 원료는 일반적으로 PP이며, 공정이 간단하고 비용이 저렴하다. 습식 공정의 원료는 일반적으로 PE로, 고전력 배터리에 더 많은 장점이 있고 상대적으로 강도가 높다.

최근 몇 년 동안 중국 습식 공정 분리막 제조업체의 생산량과 성능은

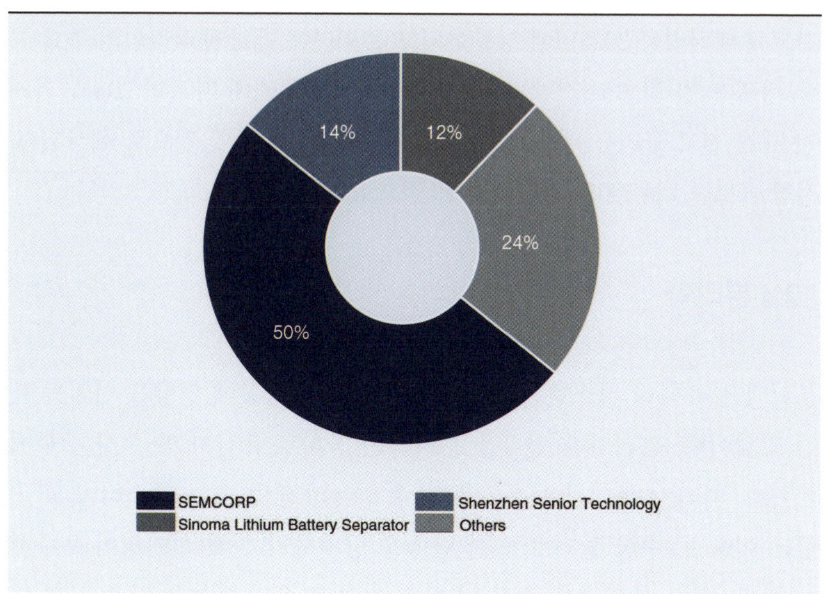

외국 기업에 가까워졌으며, 분리막 생산은 기본적으로 현지화를 달성했을 뿐만 아니라 시장 점유율도 계속 상승하고 있다(그림 1.8). 그러나 아사히 카세이, 토넨 등 일본 및 미국 기업과 비교하면 지표, 생산 기술 및 장비 기술에서 여전히 격차가 있다. 분리막 업체인 W-Scope는 글로벌 리튬 배터리 시장의 분리막 수요가 2025년에는 200억 제곱미터, 2030년에는 2020년의 5.3배인 320억 제곱미터에 육박할 것으로 예상하고 있다.

1.2.5. 바인더

바인더는 LIB에 없어서는 안 될 필수 요소이며, 그 양이 매우 적어 활성 재료 구성 요소의 약 1-10%를 차지한다. 바인더의 주요 기능은 극 조각의 다양한 구성 요소(활성 물질 및 전도제)와 전류 집합체를 함께 결합하여 안정적인 극 조각 구조를 형성하고, 충방전 과정에서 전극 재료의 부피

변화를 완화하며, 슬러리의 분산 효과를 조절하는 것이다. 따라서 바인더는 전해질의 팽창 및 부식과 충방전 과정의 전기화학적 영향을 견딜 수 있어야 한다. 현재 상용 바인더에는 유성 바인더 시스템(주로 PVDF 및 PAN), 수성 바인더 시스템(sodium carboxymethyl cellulose, CMC), 스티렌 부타디엔 고무(styrene butadiene rubber, SBR), 알긴산 나트륨(sodium alginate, ALG), 폴리아크릴 산(polyacrylic acid, PAA), 폴리비닐 알코올(polyvinyl alcohol, PVA) 등 다양한 바인더가 있다. 현재 배터리의 음극 전극은 주로 PVDF 바인더이며, 용매로는 N-메틸피롤리돈(N-methylpyrrolidone, NMP)이 사용되며 최대 90%를 차지한다. 음극 재료는 일반적으로 SBR을 바인더로, CMC를 증점제로, 물을 용매로 사용한다.

벨기에의 솔베이 그룹(Solvay Group), 일본의 쿠레하 주식회사(Kureha Co., Ltd.), 프랑스의 아르케마 그룹(Arkema Group), 중국의 상하이 사나이푸 신소재(Shanghai Sanaifu New Materials), 산동 화샤 심저우 신소재(Shandong Huaxia Shenzhou New Materials), 시노켐 란텐(Sinochem Lantian) 등이 전 세계 리튬 배터리 양극 바인더 PVDF 시장을 점유하고 있다. 그리고 일본의 제온(Zeon Co., Ltd.), 재팬 페이퍼(Japan Paper), 중국의 블루오션 블랙스톤 테크놀로지(Blue Ocean Blackstone Technology)가 수성 바인더 분야를 점유하고 있다. 통계 자료에 따르면 중국의 리튬 배터리 바인더 생산량은 지난 5년 동안 매년 증가한 것으로 나타났다. 2021년 현재 연간 34.5% 증가하여 4만 8천 톤에 달했다. 리튬 배터리 수요 증가에 힘입어 중국의 리튬 배터리 바인더도 향후 5년 동안 빠른 성장세를 유지할 것으로 전망된다. 2025년까지 중국의 리튬 배터리 바인더 시장 규모는 100억 위안에 육박할 것으로 예상된다.

1.2.6 집전기

집전기는 배터리의 음극과 양극 전극 외부에 결합하여 배터리의 활물질에서 발생하는 전류를 모으는 부품이다. LIB에 없어서는 안 될 부품 중 하나다. 리튬 배터리의 집전기로 사용할 수 있는 소재는 알루미늄, 구리, 니켈, 스테인리스 스틸 같은 금속 도체 소재이다. 리튬 배터리 기술이 지속적으로 발전함에 따라 집전기의 두께와 무게를 줄여 새로운 에너지를 확보하는 것이 집전기의 추세이다.

1.2.6.1 구리 포일(동박銅薄)

구리는 우수한 전기 전도성, 우수한 연성, 풍부한 자원 등 많은 장점을 가지고 있다. 높은 전위에서 쉽게 산화되며, 흑연, 실리콘, 주석, 코발트-주석 합금 같은 음극 활물질의 집전기로 자주 사용된다. 동박의 품질과 비용은 일반적인 리튬 배터리의 총질량과 총비용에서 각각 약 13%와 8%를 차지한다[11]. 동박에는 주로 압연 동박과 전해 동박 두 가지 유형이 있다. 압연 동박은 동판을 여러 번 반복적으로 말아서 만든 원판 동박으로, 요구사항에 따라 거칠게 처리한다. 전해 동박은 특수한 용액에 구리 용액을 전기 증착하여 만든다. 황산구리 전해질로 직류의 작용으로 용기를 용해한 다음 일련의 표면 처리를 거쳐 매끄럽고 거친 표면을 가진 구리 포일을 얻는다. 동박을 집전기로 사용하면서 두께가 $12\mu m$에서 $10\mu m$로 감소한 다음 $8\mu m$로 감소했다. 지금까지 대부분 배터리 제조업체는 대량 생산에 $6\mu m$를 사용했다.

화징 산업 연구소의 통계에 따르면 2020년 전 세계 리튬 배터리 동박 생산 능력은 총 43만 5천 톤이 될 것으로 전망된다. 중국과 한국은 주요 리튬 배터리 동박 생산국이며, 생산 능력 면에서 상위 3개 기업은 노르디스크(Nordisk), 링바오 화신(Lingbao Huaxin), 지우장 더 블레싱(Jiujiang De Blessing)이다. 업스트림 전력 배터리에 대한 수요 증가의 영향을 받아 리튬 배터리의 동박 회사는 적극적으로 생산을 확대했다. 가오공 리튬 배터리에 따르면 2021년 리튬 배터리용 동박의 전 세계 수요는 연간 52% 증가한 38만 톤이며, 그중 파워 배터리 수요는 24만 톤(연간 75% 증가)이며,

2025년 리튬 배터리용 동박의 전 세계 총수요는 1만 톤, 그리고 리튬 배터리용 동박 수요는 향후 5년 동안 3배 확대될 것으로 전망된다.

1.2.6.2 알루미늄 포일

알루미늄 포일은 현재 LIB의 주요 음극 집전기이다. 전도성이 좋고 가볍고 비용이 저렴하다는 장점이 있으며, 표면의 수동화 층은 충전 및 방전 과정에서 전해질 부식을 방지할 수 있다. 알루미늄 포일은 구성 및 불순물에 따라 각각 순수 알루미늄, 알루미늄 망간 시리즈 및 기타 알루미늄 합금 시리즈에 해당하는 1시리즈, 3시리즈 및 8시리즈로 나눌 수 있다. 알루미늄 포일은 지난 몇 년 동안 16μm에서 14μm로 줄었다가 12μm로 줄었다. 현재 많은 배터리 제조업체는 10μm 및 심지어 8μm의 알루미늄 포일을 대량 생산하고 있다.

알루미늄 포일 생산은 알루미늄 포일 블랭크를 여러 번의 압연 및 열처리를 통해 필요한 두께로 압연하는 것이다. 거친 압연과 마무리 압연의 두 가지 공정을 거친 후 알루미늄 포일을 표면 처리하고 마지막으로 알루미늄 포일을 리튬 배터리 제조업체에서 요구하는 폭과 길이로 절단한다. 최근에는 배터리 성능을 최적화하기 위해 일반 알루미늄 포일 표면의 전도성 탄소층을 얇게 코팅하는 탄소 코팅 알루미늄 포일에 관한 연구가 더 많이 이루어지고 있다. 리튬 배터리의 알루미늄 포일은 전원 배터리 포일, 소비자 배터리 포일 및 에너지 저장 배터리 포일로 나눌 수 있다. 그중 전원 배터리 포일은 현재 수요가 가장 많으며 50% 이상을 차지한다. 리튬 배터리용 알루미늄 포일의 해외 공급업체는 주로 도요 알루미늄(Toyo Aluminum)과 히타치 금속(Hitachi Metals) 등 일본에 집중되어 있다. 중국 내에는 딩성 신소재(Dingsheng New Materials), 완쉰 신소재(Wanshun New Materials), 화시 알루미늄(Huaxi Aluminum), 난난 알루미늄(Nannan Aluminum), 시팡다(Sifangda) 등이 있다.

파워 배터리 및 에너지 저장 배터리의 높은 수요 증가에 힘입어 주요

리튬 배터리는 생산을 확대했다. 화안증권에 따르면 GWh 리튬 배터리
당 400~600톤의 알루미늄 포일 소비량을 기준으로 2025년 전 세계 리
튬 배터리 알루미늄 포일 소비량은 45만 4천 톤~68만 1천 톤에 달할 것
으로 예상된다. CATL의 나트륨 이온 프레스 컨퍼런스는 2023년에 산
업 체인이 실현될 것으로 예상한다. 나트륨 이온 배터리의 양극과 음극
은 알루미늄 포일로 만들어진다. 그때까지 리튬이온 알루미늄 포일의
시장 공간이 확대될 것이다.

1.2.6.3 기타

니켈은 상대적으로 저렴하고 전기 전도성이 좋으며 산성 및 알칼리성 용
액에서 비교적 안정적이다. 니켈은 음극 집전기와 음성 집전기로 모두 사
용할 수 있다. 니켈은 양극 활물질인 LFP와 음극 활물질인 산화니켈, 황,
탄소-실리콘 복합 재료와 같은 양쪽의 활물질과 모두 어울린다. 니켈 집전
기의 모양은 일반적으로 발포 니켈과 니켈 포일의 두 가지 유형이 있다. 발
포 니켈의 잘 발달한 기공으로 인해 활성 물질과의 접촉 면적이 커서 활성
물질과 집전기 사이의 접촉저항이 감소한다. 그러나 니켈 포일을 전극 집
전기로 사용하는 경우 충방전 공정 횟수가 증가함에 따라 활성 물질이 떨
어질 가능성이 높아 배터리 성능에 큰 영향을 미친다.

스테인리스강은 니켈, 몰리브덴, 티타늄, 규소, 구리, 철 및 기타 원소
를 함유한 합금강을 말하며 전기 전도성이 우수하다. 공기, 증기, 물, 산,
알칼리, 염분과 같은 부식성 매체에 저항할 수 있을 만큼 안정적이다.
스테인리스 스틸의 표면은 또한 패시브 필름을 형성하기 쉬워 표면을
부식으로부터 보호할 수 있다. 동시에 스테인리스 스틸은 구리보다 얇
게 가공할 수 있어 비용이 저렴하고 공정이 간단하며 대량 생산이 가능
하다는 장점이 있다.

탄소나노튜브(CNT)는 새로운 유형의 1차원 나노 소재이다. CNT의
독특한 흑연화 구조와 최고로 높은 종횡비로 인해 전기적 특성이 매우

뛰어나며, 동시에 금속에 비해 밀도가 매우 낮다. 따라서 CNT로 제조된 박막은 알루미늄과 동박을 대체할 수 있는 차세대 LIB 집전기가 될 것으로 기대된다.

1.3 리튬이온 파워 배터리의 개발 및 동향

1.3.1 리튬이온 배터리 생산 능력 개요

2025년에는 전 세계 파워 배터리 수요가 1TWh를 넘어설 것으로 전망된다. 높은 수요에 힘입어 파워 배터리 회사들은 생산 능력을 적극적으로 확장하고 있다. 출발선상에 있는 리튬 배터리에 관한 다소 불완전한 통계에 따르면, 2021년 8월 현재 CATL, LG 뉴 에너지, CALB, 이웨이 리튬(Yiwei Lithium), SKI, BYD를 포함한 20개 아시아 기업의 생산 계획 용량은 3,000GWh가 넘는다. 지난 2년 동안 유럽과 미국 기업들은 전력 LIB 보급에 박차를 가하고 있다. EU NGO인 교통과 환경(T&E)이 6월에 발표한 보고서에 따르면, 유럽에 건설되었거나 건설 중인 기가팩토리는 총 38개로, 연간 예상 생산량은 1,000GWh에 달한다. 유럽 전역에서 스웨덴의 노스볼트(Northvolt), 프랑스의 베르코르(Verkor), 영국의 브리티시볼트(Britishvolt), 노르웨이의 프레이르(Freyr), 슬로바키아의 이노밧 오토(InoBat Auto) 등 여러 현지 배터리 회사가 설립되어 대규모 배터리 생산 계획을 발표했다. 또한 독일은 2021년까지 10억 유로를 투자해 독일 리튬이온 배터리 생산을 지원할 계획이다.

　38개의 슈퍼 공장이 줄지어 완공되면 유럽 내 전기차 배터리 생산량도 많이 늘어날 것이다. 2025년에는 460GWh, 2030년에는 올해 예상 공급량(87GWh)의 13배에 달하는 1,140GWh를 생산할 것으로 예상된다.

또한 배터리 공급을 보장하기 위해 주요 자동차 회사들은 원가 관리 및 리튬이온 배터리 공급 이니셔티브를 제어하기 위해 자체 리튬이온 배터리 공장을 건설하기 시작했다. 그중 테슬라는 베를린 인근의 미래 기가팩토리를 2030년에 250GWh의 생산 능력을 갖춘 세계 최대 규모의 공장으로 건설할 계획이다. 그리고 폭스바겐 그룹은 파트너들과 협력하여 유럽에 6개의 배터리 공장을 건설할 계획이다. 유럽은 머지않아 세계에서 두 번째로 큰 전기차용 리튬이온 배터리 공급업체를 보유하게 될 것으로 예상되며, 이는 아시아 리튬이온 배터리 시장에 큰 도전을 가져올 것이다.

1.3.2 리튬이온 배터리 소재 유형의 변화 추세

SMM의 통계에 따르면 중국 내 전력 LIB의 총 설치 용량은 2015년 16GWh에서 2021년 154GWh로 계속 증가하고 있다(그림 1.9). 배터리

그림 1.9 2015년부터 2021년까지 중국 내 소재 유형별 주요 전력 배터리와 설치 용량.

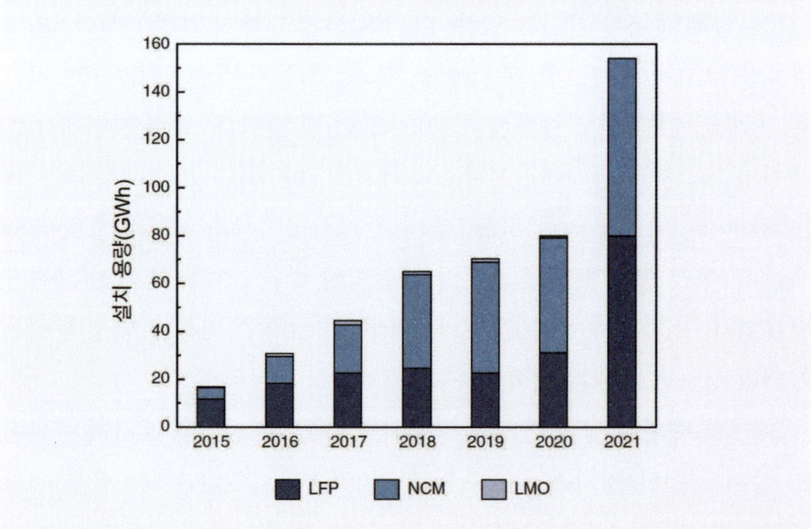

출처: SMM

유형별로는 NCM 배터리와 LFP 배터리가 리튬이온 전원 배터리 시장을 지배하고 있다.

NCM 배터리의 높은 에너지 밀도는 승용차 시장에서 점차 선호되고 있으며, 2019년에는 60% 이상을 차지했다. LFP 배터리는 주로 상용차 및 순수 전기 승용차에 사용된다. 2020년에 BYD의 블레이드 배터리 기술이 도입되고 배터리 조립 기술이 발전함에 따라 저비용 LFP 배터리는 에너지 밀도에서 획기적인 발전을 이룰 것으로 전망된다. 이는 단기적으로 LFP 배터리 판매량 증가로 이어져 2020~2021년 시장 점유율이 반등할 것이다.

1.3.3 전 세계 다양한 지역의 개발 목표 및 계획

1991년 LIB가 상업적으로 사용된 이래로 LCO/LMO/LFP를 양극으로, 흑연을 음극으로 하는 배터리 시스템은 기본적으로 이전의 기술을 이어받은 것이다. 최근에는 더 높은 에너지와 안전성에 대한 요구로 인해 전력 LIB의 기술 개발이 촉진되었다. 그림 1.10은 전 세계 리튬 배터리의 개발 역사, 현황 및 향후 동향을 보여준다[12]. 파나소닉 18650 배터리의 에너지 밀도가 1990년에서 2015년 사이에 약 3배 증가했다는 점에 주목할 필요가 있다. 현재 에너지 밀도가 240Wh/kg인 리튬 배터리는 대량 생산에 성공했으며, 에너지 밀도가 300Wh/kg 또는 400Wh/kg인 리튬 배터리는 여전히 개발 중이다. 이에 따라 전 세계 각국은 전기차 주행거리(500km 이상, 충전시간 20분 미만)와 사이클 수명(3천 회 이상)을 높이기 위해 연구 개발에 박차를 가하고 있다.

중국에서는 다양한 단계의 전력 배터리 개발 계획이 매우 명확하다. '에너지 절약 및 신에너지 자동차 기술 로드맵'에는 중국의 전력 LIB 및 신형 배터리의 단계별 요구사항이 자세히 나와 있으며, 이는 크게 3단계로 나뉜다.

⑴ 2020년에는 LIB가 300km 이상의 순수 전기자동차의 요구사항,
즉 단일 장치의 에너지 밀도가 300Wh/kg 및 600Wh/L에 도달해
야 한다. 단가는 0.8위안/Wh로 낮아지고 사이클 수명은 1천 500
배가 된다.

⑵ 2025년, LIB는 400km 이상의 순수 전기자동차의 요구를 충족해
야 하며, 즉 단일 장치의 에너지 밀도가 400Wh/kg 및 800Wh/L에
도달하고 단가가 0.5위안/Wh로 감소하며 사이클 수명이 2천 배
가 될 것이다.

⑶ 2030년, LIB는 500km 이상의 순수 전기자동차의 요구를 충족해
야 하며, 즉 단일 장치의 에너지 밀도가 500Wh/kg 및 1,000Wh/
L에 도달하고 단가가 0.4위안/Wh로 감소하며 사이클 수명이 3천
배가 될 것이다.

그림 1.10 LIB의 역사, 현재 상태와 개발 경로.

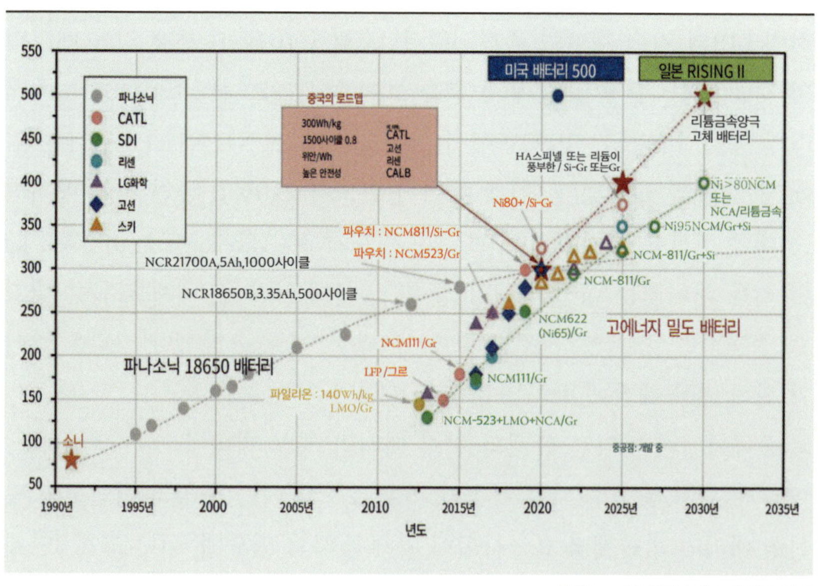

출처: Lu 외. [12] / 엘스비어의 허가.

현재 전력 LIB 기술 연구는 주로 300Wh/kg을 목표로 리튬이 풍부한 삼원계 양극재, 실리콘-탄소 음극재, 넓은 전압 폭을 가진 전해질 개발에 집중하고 있다. 예를 들어, 리튬이 풍부한 층상 산화물(Li-rich layered oxides, LLO)은 250mAh/g 이상의 뛰어난 용량을 제공하므로 에너지 밀도를 더 높이기 위한 연구가 큰 관심을 끌고 있다. 고용량에도 불구하고 LLO는 낮은 속도 성능과 전압 수명 저하, 사이클링 중 용량 감퇴라는 문제를 안고 있다. 닝보 재료 기술 및 공학 연구소(Ningbo Institute of Materials Technology and Engineering, NIMTE)-CAS의 구오(Guo)를 비롯한 연구자들[13]은 화학적 박리를 통해 다량의 나노 스케일 결함을 만들고 표면 격자 산소 방출을 억제하기 위한 계층적 표면 구성을 통해 이중 Al_2O_3 층을 구축했다. 또한 3차원 다공성 LLO를 설계하고 기체-고체 간 면상 반응을 통해 산소 공극을 생성하여 이온 확산을 촉진함으로써 우수한 속도 성능을 구현했다[14]. 이러한 과학적 성과를 바탕으로 300톤 규모의 LLO 양극재 파일럿 생산 라인이 구축되었다. 2030년까지 전고체(all-solid-state, ASS) 배터리는 대규모 상용화를 달성할 것으로 예상되며, 이는 500Wh/kg의 에너지 밀도 요건을 충족하기 위해 금속 리튬 음극의 적용을 더욱 촉진할 것이다.

일본에서는 신에너지-산업 기술 종합 개발기구(NEDO)가 2018년에 "차세대 배터리 과학 혁신을 위한 연구개발 이니셔티브(RISING II)" 프로젝트를 발표했다. 이 프로젝트는 전력 배터리의 관점에서 ASS 배터리의 연구개발에 중점을 두고 있다. 2025년까지 1세대 ASS 배터리가 대중화되고 에너지 밀도가 300Wh/kg에 도달할 것으로 전망하고 있다. 2030년에는 2세대가 대중화되어 500Wh/kg을 실현할 것으로 예상된다. 또한 일본은 황화물 기반 ASS 배터리, 아연 기반 배터리 등 새로운 유형의 배터리 개발에도 힘쓰고 있다.

한국에서는 한국전지산업협회가 2018년에 전력용 전기 로드맵과 4대 핵심 소재 로드맵을 수립했다. 전력용 배터리의 비에너지 밀도는

2025년 330Wh/kg, 800Wh/l에 도달하고, 전력용 배터리의 사이클 수명은 15년, 1천 사이클에 달할 것으로 전망했다.

유럽의 LIB는 탈탄소화 및 재생 에너지 사회를 개발하기 위한 EU 노력의 일환이다. EU의 10개년 경제 개발 계획의 최신 체계인 "Horizon 2020" 계획은 2014년부터 2020년까지 산업, 과학 연구, 비즈니스 및 기타 분야에 총 770억 2천 800만 유로를 투자할 계획이며, 그중 리튬 배터리 결합 및 전송 모델, 첨단 리튬 배터리 연구 및 혁신을 포함한 배터리에 총 1억 1천 400만 유로가 할당되어 있다. 전력 LIB의 에너지 밀도는 2025년에 250Wh/kg에 도달하고 2030년까지 500Wh/kg으로 계속 높아질 것이다. 또한 에너지 기술 전략 개발 계획 '배터리 2030+'는 원자재에서 배터리 리사이클링에 이르는 전 과정을 아우르는 리튬이온 파워 배터리 산업 체인의 종합적인 발전을 촉진하기 위해 1천억 유로 이상을 투자해야 한다고 제안하였다.

미국의 에너지부(DOE)는 2021년에 배터리 500 프로그램을 설립했다. 향후 5년간 총 투자액은 5천만 달러 이상이며, 리튬 금속 배터리를 개발하고 기존 흑연 음극을 금속 리튬으로 대체하여 에너지 밀도를 500Wh/kg, 사이클 횟수를 1천 회까지 끌어올리는 것이 목표이다.

1.3.4 미래 리튬이온 파워 배터리 산업을 위한 핵심 과제

1.3.4.1 리튬이온 파워 배터리 비용 절감

원자재 비용이 60% 이상을 차지하는데, 이는 파워 배터리의 전체 비용을 줄일 수 있는 핵심적인 사항이다[14]. 그중 양극재의 원가 절감은 업스트림 Li, Co, Ni의 금속 자원 가격과 제조공정에 있으며, 음극재의 원가 절감은 촉매용 바늘 탄소(needle coke) 원료 구매 및 흑연 가공 기술에 있다. 그리고 분리막 재료의 원가 절감은 생산 공정의 수율 향상과 장비 개선에 있으며, 전해질의 원가 절감은 제한적이긴 하지만 대규모 생산을 통해 가격 인하에 도움을 줄 수 있다. 그러나 기존 기술 아래에서 원자재에 대한 비용 절감은 여전히 매우 제한적이다. 비용 절감의 초점은 배터리 시스템 비용을 20~30% 절감할 수 있는 BYD의 블레이드 기술 도입과 같은 모듈 및 팩 수준에 있을 것이다.

1.3.4.2 파워 배터리의 에너지 밀도 개선

에너지 밀도 개선의 경로에는 크게 코어 밀도와 시스템 밀도, 두 가지 측면이 있다. 셀의 경우 ASS 및 삼원계 리튬이온 배터리와 같은 새로운 기술 혁신을 달성해야 하며, 음극과 양극 전극의 전극 재료 비율을 변경하는 등의 기술을 최적화해야 한다. 배터리 팩의 경우 모듈식 셀-투-팩(cell-to-pack, CTP) 방식은 배터리 팩 그룹화 효율을 개선하고 레이아웃 구조를 최적화하며 저밀도 소재를 사용하도록 설계되었다. 예를 들어, NCM 소재 배터리 기술 아키텍처를 기반으로 하는 CATL의 CTP 기술은 공간 활용도를 15~20% 높이고 내부 부품 수를 40% 줄이며 간접적으로 시스템 에너지 밀도를 10~15% 높일 수 있다. 또한 BYD가 LFP 배터리 기술 아키텍처를 기반으로 설계한 블레이드 배터리는 체적 에너지 밀도를 50%까지 높일 수 있다.

1.3.4.3 파워 배터리의 배터리 안전성 향상

전원 배터리의 화재에 대한 우려는 일반적으로 충전 자연 발화(충전 전류가 큼), 충돌 발화(배터리 손상, 내부 단락), 주행 자연 발화(배터리 손상, 내부 단락) 및 물속에서 자연 발화(배터리 밀봉이 불충분하고 액체 외부 단락을 유발한다) 등이 있다. 이러한 문제로 인해 전체 배터리 팩 온도가 급격히 상승하고 열 폭주가 발생하여 자연 연소 폭발이 발생할 수 있다. 배터리 열 폭주는 배터리 설계 또는 지원 시설로 제어할 수 있다. 예를 들어, 음극 전극의 산소 방출 방지, 전해질의 인화성 억제, 배터리 팩 구조의 밀봉, 단열, 내충격성 개선, 배터리 열 폭주 관리 시스템 최적화 등을 통해 배터리 열 폭주를 제어할 수 있다.

1.3.4.4 파워 배터리의 배터리 리사이클링

파워 배터리의 전체 수명 주기와 관련해서는 여러 논의 주제와 고려 사항이 있다. 일부 기업만이 제품의 수명 주기 데이터를 파악하고 있으며, 정보의 파편화로 인해 전력 LIB의 리사이클링 및 재사용이 제한된다. 또한 폐 배터리는 테스트 표준이 부족하고 배터리 잔존 가치 평가 기술 및 인적 역량이 부족하다. 배터리 설계 및 제조 과정에서 제조업체는 리사이클링 및 폐기 요소를 고려하지 않았다.

1.4 리튬이온 파워 배터리의 주요 금속 원자재 수급 분석

리튬이온 배터리는 전 세계 전기화에 중요한 역할을 하며 기후 변화에 대처하는 데도 도움이 된다. 전 세계 배터리 수요는 2030년 말까지 현재보다 19배 증가할 것으로 예상된다[15]. 그렇지만 현재의 소재 조달, 생산, 사용 방식으로는 이 수요를 달성하기 어렵다. 이 과제는 전체 가치 사슬을 통한 협업 노력으로만 극복할 수 있다.

여러 과제 중에서도 리튬, 니켈, 코발트 등 핵심 금속 원재료의 공급은 어려운 과제 중 하나이다. 리튬 배터리의 소재 생산은 이러한 핵심 금속에 크게 의존하고 있다. IEA의 최근 보고서에 따르면 일반 전기자동차는 기존 자동차의 6배에 달하는 광물 투입이 필요하며[16], 현재 리튬은 주로 지구상의 광물에서 추출된다. 리튬은 호주에서, 니켈은 아세안 국가(인도네시아, 필리핀)에서, 코발트는 콩고민주공화국(DRC)에서 주로 생산되는 등 광물은 지리적으로 고르지 않게 분포되어 있다. 광물 자원의 확대는 특히 코발트의 경우 해당 지역의 사회, 환경 및 무결성에 부정적인 영향을 미칠 수 있다. 콩고민주공화국은 경제가 코발트에 크게 의존하는 세계 최빈국 중 하나이다. 총 1천만~1천 200만 명의 인구가 직간접적으로 채굴에 의존하고 있으며, 수출의 80%가 채굴 제품이다. 그러나 콩고민주공화국의 채굴 산업은 위험한 작업 환경, 안전이 취약한 터널로 인한 사망, 잠재적으로 다양한 형태의 강제 노동, 최악 형태의 아동 노동, 미세먼지와 미립자, DNA를 손상하는 독성[15] 등 심각한 사회적 위험으로 잘 알려져 있다. 이러한 여러 문제로 인해 고객이 마주하는 LIB 공급망은 다소 취약한 상태이다.

동시에 리튬 배터리 분야의 강력한 수요로 인해 이러한 주요 금속 재료의 가격은 2021년 초부터 급격한 상승 추세를 보이며 다양한 형태로 공급 부족 사태가 일어나고 있다. 이러한 희귀 금속 자원의 중요성과 잠재적 위험을 강조하기 위해 2021년 6월에 발표된 백악관의 행정명령 14017에 따른 100일 검토에서는 이 주제를 검토하는 데 전체 장을 할애하고 있으며, 주요 전략 및 핵심 소재의 안정적이며 안전하고 탄력적인 공급이 미국 경제와 국방에 필수적이라는 결론을 내리고 있다. 이번 장에서는 리튬, 니켈, 코발트의 지리적 분포와 생산현황을 소개한 후 수급 전망에 대해 논의해보도록 하겠다.

1.4.1 주요 금속 원자재의 지리적 분포 및 생산현황

1.4.1.1 리튬

리튬은 지구상에서 비교적 희귀한 원소로 지각에 풍부하게 함유된 양은 0.0065%에 불과해 원소 중 27위에 해당한다. 바닷물에는 약 2천 600억 톤에 달하는 풍부한 리튬 자원이 함유되어 있지만, 리튬 함량이 0.17mg/l로 낮아서 상업적으로 이용할 수는 없다. 최신 USGS 보고서 [17]에 따르면, 2020년 전 세계 리튬 광산 매장량은 약 2천 066만 톤이다. 그중 칠레의 매장량이 약 920만 톤으로 가장 많으며 전 세계 매장량의 약 43.7%를 차지한다. 호주는 2020년 매장량 약 470만 톤으로 전 세계 매장량의 22.3%를 차지하며 칠레에 이어 2위를 기록하고 있다. 아르헨티나는 자원 매장량에서 3위를 차지했다. 2020년 전 세계 리튬 매장량에 대한 자세한 데이터는 표 1.3에 나와 있다.

전 세계 리튬 자원은 주로 암석 광물과 염수 광물의 두 가지 유형으로 나뉘며, 이중 폐쇄형 분지 소금물이 58%, 페그마타이트(pegmatite, 리튬이 풍부한 화강암 포함)가 26%, 헥토라이트 점토(hectorite clay)가 7%, 유전 염수, 지열 염수, 리튬 붕규산 광석이 각각 3%를 차지한다[18]. 전 세계 염수 리튬 자원은 주로 남아메리카의 칠레, 아르헨티나, 볼리비아, 미국 서부, 중국 서부의 "리튬 트라이앵글" 고원 지대에 분포되어 있다. 세계의 암석 리튬 자원은 주로 호주, 중국, 짐바브웨, 포르투갈, 브라질, 캐나다, 러시아 및 다른 국가에 분포되어 있다.

2020년 전 세계적으로 약 8만 2천 200미터톤의 리튬 광석이 채굴되었다. 호주의 리튬 생산량은 4만 톤으로 전 세계 생산량의 거의 절반을 차지했으며, 칠레와 중국이 각각 21.9%와 17.0%를 차지하며 그 뒤를 이었다. 2020년 전 세계 리튬 광산 생산량에 대한 자세한 데이터는 표 1.4에 나와 있다.

표 1.3 2020년 전 세계 리튬 광산 매장량

나라	리튬 광산 매장량(미터톤)	백분율(%)
미국	750,000	3.6
아르헨티나	1,900,000	9.0
오스트레일리아	4,700,000	22.3
브라질	95,000	0.5
캐나다	530,000	2.5
칠레	9,200,000	43.7
중국	1,500,000	7.1
포르투갈	60,000	0.3
짐바브웨	220,000	1.0
그 외 국가	2,100,000	10.0
세계 합계	21,055,000	100

출처: USGS 데이터 [17]

1.4.1.2 니켈

최신 USGS 보고서[17]에 따르면 2020년 전 세계 니켈 광산 매장량은 약 9천 400만 톤이다. 그중 인도네시아의 매장량은 약 2천 100만 톤으로 세계 전체의 약 22.4%를 차지하며 가장 많은 매장량을 보유하고 있다.

호주는 2020년 약 2천만 톤의 매장량으로 전 세계 매장량의 21.3%를 차지하며 인도네시아에 이어 매장량 2위를 기록했다. 브라질은 매장량 3위를 차지했다.

2020년 전 세계 니켈 매장량에 대한 자세한 데이터는 표 1.5에 나와 있다. 전 세계 니켈 자원은 크게 라테라이트(laterite) 니켈과 황화 니켈 광석, 두 가지 유형으로 나뉘며, 각각 전체 매장량의 60%와 40%를 차지한다. 라테라이트 니켈 광산은 주로 호주, 뉴칼레도니아, 인도네시아, 브라질, 쿠바 등 북회귀선 내 국가에 분포하고 있다.

황화 니켈 광산은 주로 러시아, 캐나다, 호주, 남아프리카공화국, 중국에 분포되어 있다. 라테라이트 니켈 광산은 대부분 노천 광산으로 채굴에 편리하지만, 등급이 낮아서 가공 기술이 더 복잡하다. 니켈 가격이

표 1.4 2020년 전 세계 리튬 광산 생산량

나라	리튬 광산 생산량(미터톤)	백분율(%)
미국	—	—
아르헨티나	6,200	7.5
오스트레일리아	40,000	48.7
브라질	1,900	2.3
캐나다	—	—
칠레	18,000	21.9
중국	14,000	17.0
포르투갈	900	1.1
짐바브웨	1,200	1.5
그 외 국가	—	—
세계 합계	82,200	100

출처: USGS [17] 데이터

표 1.5 2020년 전 세계 니켈 광산 매장량

나라	니켈 광산 매장량(미터톤)	백분율(%)
미국	100,000	0.1
오스트레일리아	20,000,000	21.3
브라질	16,000,000	17.0
캐나다	2,800,000	3.0
중국	2,800,000	3.0
쿠바	5,500,000	5.9
도미니카 공화국	—	—
인도네시아	21,000,000	22.4
누벨칼레도니	—	—
필리핀	4,800,000	5.1
러시아	6,900,000	7.3
그 외 지역	14,000,000	14.9
세계 합계	93,900,000	100

출처: USGS 데이터 [17]

회복되고 정제 기술이 발전함에 따라 라테라이트 광석에서 생산되는 1차 니켈의 비율은 꾸준히 증가했다. 라테라이트 광석의 니켈 공급 비율은 2017년 51%에서 2019년 62%로 증가하여 황화물 광석이 지배적이었던 기존 산업 패턴을 완전히 바꾸어놓았다.

2020년에는 전 세계적으로 약 250만 톤의 니켈 광석이 채굴되었다. 주요 생산국은 아세안 지역으로, 인도네시아가 전 세계 생산량의 30.7%를 차지하는 76만 톤, 필리핀이 12.9%를 차지하는 32만 톤을 생산했다. 3위는 러시아로 필리핀과 비슷한 0.28만 톤의 생산량으로 11.3%를 차지했다. 2020년 글로벌 니켈 광산 생산량에 대한 자세한 데이터는 표 1.6에 나와 있다.

1.4.1.3 코발트

최신 USGS 보고서[17]에 따르면 2020년 전 세계 코발트 광산 매장량은 약 710만 톤이다. 그중 콩고의 매장량이 약 360만 톤으로 전 세계 전체의 약 50.5%를 차지하며 가장 많다. 호주는 2020년 기준 약 140만 톤의 매장량을 보유해 전 세계 매장량의 19.6%를 차지하며 매장량 2위를 기록했다. 쿠바는 자원 매장량에서 3위를 차지했다. 2020년 전 세계 코발트 매장량에 대한 자세한 데이터는 표 1.7에 나와 있다.

코발트는 별도의 광석을 거의 형성하지 않으며 대부분 구리, 니켈, 망간, 철, 비소, 납 및 기타 퇴적물과 연관되어 있다. 코발트 자원은 일반적으로 다음과 같은 지역에 존재한다[17]: 콩고와 잠비아의 퇴적물 기반 층상 구리 매장지, 호주와 인근 섬나라의 니켈 함유 라테라이트 매장지 즉, 인도네시아, 필리핀, 뉴칼레도니아, 쿠바, 호주, 캐나다, 러시아, 미국의 마그마성 및 초마그마성 암석에 서식하는 마그마성 니켈-구리 황화물 매장지, 대서양, 인도양, 태평양 바닥에 있는 망간 결절 및 지각.

2020년 코발트 광산의 총생산량은 13만 5천 톤으로, 주로 콩고에서 생산되었다. 콩고에서 9만 5천 톤을 생산하여 전 세계 총생산량의 70% 이상을 차지했다. 러시아와 호주는 각각 4.7%와 4.2%를 차지하며 2위와 3위를 차지했

표 1.6 2020년 글로벌 니켈 광산 생산량

나라	니켈 광산 생산량(미터톤)	백분율(%)
미국	16,000	0.6
오스트레일리아	170,000	6.9
브라질	73,000	2.9
캐나다	150,000	6.1
중국	120,000	4.8
쿠바	49,000	2.0
도미니카 공화국	47,000	1.9
인도네시아	760,000	30.7
누벨칼레도니	200,000	8.1
필리핀	320,000	12.9
러시아	280 000	11.3
그 외 지역	290,000	11.7
세계 합계	2,475,000	100

출처: USGS [17] 데이터

다. 2020년 전 세계 니켈 광산 생산량에 대한 자세한 데이터는 표 1.8에 나와 있다. 리튬(표 1.4)과 니켈(표 1.6)에 비해 코발트는 전 세계 공급이 가장 불균형하며, 콩고와 같은 단일 국가에 대한 의존도가 매우 높다.

1.4.2 주요 금속 원자재 수급 전망

1.4.2.1 리튬

2020년 탄산 리튬 등가물(Lithium Carbonate Equivalent, LCE)은 약 36만 9천 톤으로, 그중 LIB가 59%를 차지하고, 나머지 41%는 산업 분야에서 사용된다. LIB의 수요 분야는 가전제품, 전기자동차, 전기 모빌리티(스쿠터나 전기자전거 등), 에너지 저장 장치로 더 세분화할 수 있다. 전기자동차는 지난 몇 년 동안 성장하기 시작했지만, 이미 전 세계 리튬 수요의 35%를 소비할 정도로 그 비중이 매우 빠르게 증가하고 있다. 에너지 저장 장치 역시 빠르게 성장하고 있는 분야로, 2020년에는 3%에 불과했지만, 태양광과 풍력으로의 에너지 전환 혜택을 받고 있다.

산업 분야에서 리튬은 일반적으로 유리와 세라믹, 그리스, 플럭스, 폴리머의 원료로 사용되며 고체 연료, 알루미늄 제련 및 기타 분야에서도 사용할 수 있다. 산업 분야의 리튬 수요는 다소 안정적이며, 전기자동차 및 에너지 저장 장치의 대규모 채택으로 전체 리튬 수요에서 차지하는 비중이 많이 감소할 것이다(그림 1.11).

1.4.2.2 니켈

2020년 총 니켈 수요량은 약 239만 톤이다[18]. 니켈의 주요 특성은 높은 경도와 내산화성이며, 전 세계 완제품 니켈의 대부분(약 70%)이 스테인리스강 생산에 사용된다. 니켈의 주요 응용 분야와 그에 따른 수요 점유율은 그림 1.12에 나와 있다. 배터리 부문의 기여도는 2020년 전체 니켈 소비량의 6%에 불과하며, 이는 배터리 부문의 기여도가 50% 이상인 리

표 1.7 2020년 전 세계 코발트 광산 매장량

나라	코발트 광산 매장량 (미터톤)	백분율(%)
미국	53,000	0.7
오스트레일리아	1,400,000	19.6
캐나다	220,000	3.1
중국	80,000	1.1
콩고	3,600,000	50.5
쿠바	500,000	7.0
마다가스카르	100,000	1.4
모로코	14,000	0.2
파푸아뉴기니	51,000	0.7
필리핀	260,000	3.6
러시아	250,000	3.5
남아프리카 공화국	40,000	0.6
그 외 지역	560,000	7.9
세계 합계	7,128,000	100

출처: USGS [17] 데이터

표 1.8 2020년 전 세계 코발트 광산 생산량

나라	코발트 광산 생산량(미터톤)	백분율(%)
미국	600	0.4
오스트레일리아	5,700	4.2
캐나다	3,200	2.4
중국	2,300	1.7
콩고	95,000	70.4
쿠바	3,600	2.7
마다가스카르	700	0.5
모로코	1,900	1.4
파푸아뉴기니	2,800	2.1
필리핀	4,700	3.5
러시아	6,300	4.7
남아프리카 공화국	1,800	1.3
그 외 지역	6,400	4.7
세계 합계	135,000	100

출처: USGS [17] 데이터

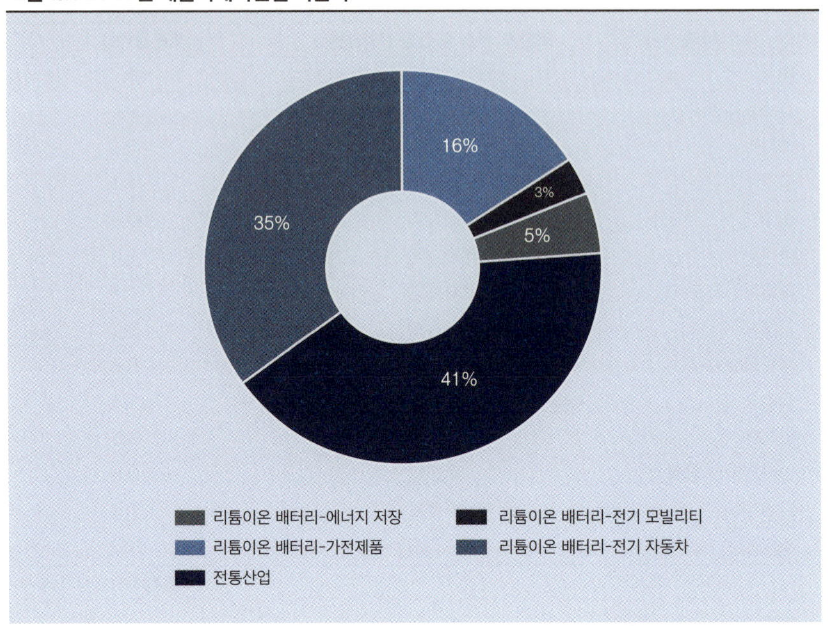

출처: Antaike [18]의 데이터

튬(그림 1.11) 및 코발트(그림 1.13)와는 큰 차이가 있다. 그러나 전기자동차의 지속적인 발전으로 배터리 산업에서 니켈에 대한 수요는 향후 몇 년 내에 빠르게 증가할 것으로 예상된다. 황산니켈은 주로 NCM 및 NCA 배터리 전구체/음극재 생산에 사용되는 LIB의 주요 원재료이다.

현재 시장은 배터리 에너지 밀도를 높이고 지속적인 비용 절감(코발트를 니켈로 대체하여 총 원자재비용을 절감)을 추구하고 안정적인 공급망을 고려하기 때문에 니켈 함량이 높은 NCM 삼원계 배터리로 이동하고 있으며, 이에 따라 배터리 내 니켈 수요가 더욱 늘어나고 있다.

1.4.2.3 코발트

2020년 총 코발트 수요는 약 14만 톤이며[18], 야금 응용 분야가 48%, 나머지 52%는 LIB가 차지한다. 자세한 내용은 그림 1.13에서 확인할

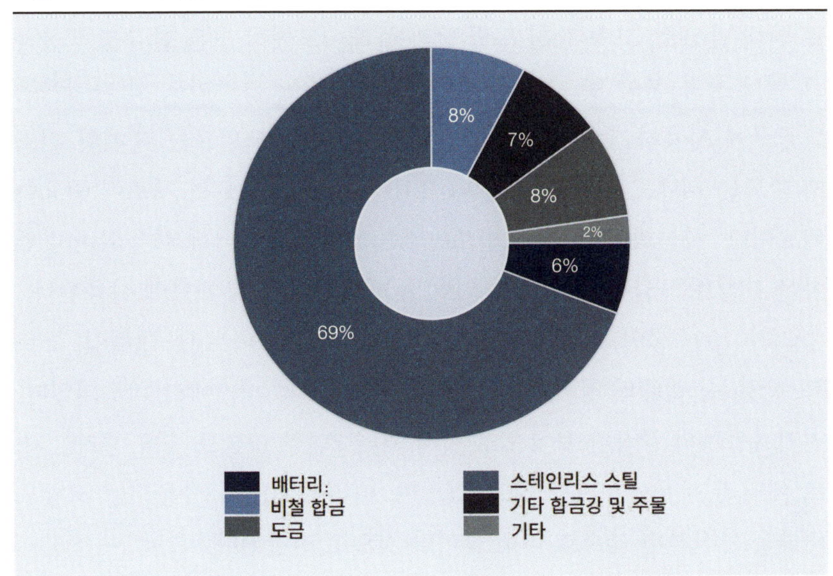

출처: 프레이저 외. [19]에서 편집

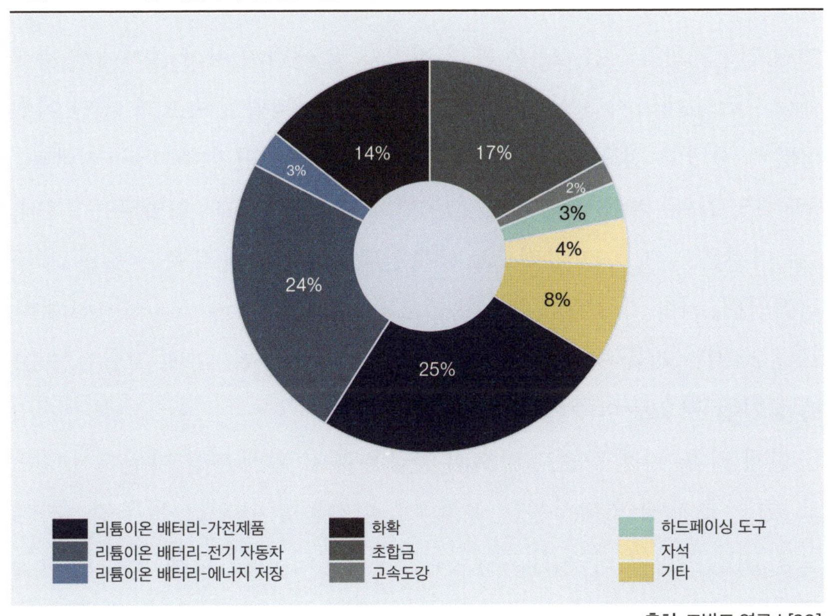

출처: 코발트 연구소[20]

수 있다. 야금 응용 분야에서 코발트는 고온에서의 강도와 저항 특성으로 인해 발전소, 고속 강철 드릴 날과 블레이드에서 고온 합금을 생산하고 절삭 응용 분야 및 자석을 위한 하드 페이스, 카바이드 및 다이아몬드공구에 사용하기에 이상적인 선택이다. 또한 코발트는 촉매와 건조제 만드는 데에도 사용할 수 있다. LIB의 경우 코발트는 제조에 중요한 원료이다. 사산화(tetraoxide) 코발트는 LCO 배터리 음극에 사용되는 반면 황산 코발트는 삼원계 NCM 및 NCA 배터리의 음극 재료에 사용된다.

지난 10년 동안 코발트 수요의 증가는 주로 스마트폰, 태블릿, 노트북, 노트북, 컴퓨터 등에 사용되는 3C 배터리의 개발에서 비롯되었다. 전기자동차의 급속한 보급으로 인해 최근 2년간 코발트 수요 증가는 주로 배터리 부문에서 주도하고 있으며, 따라서 LIB에 사용되는 코발트 비중을 합산하면 앞으로 더욱 늘어날 것으로 전망된다.

1.4.3 리사이클링 없는 시나리오

여러 연구기관[15, 21, 22]은 특히 전기차 및 에너지 저장 분야에서 재생에너지로의 에너지 전환으로 인해 리튬, 니켈, 코발트 수요가 10년 이후 상당히 증가할 것으로 예측한다. 글로벌 배터리 연합(Global battery alliance, GBA)[15, 21]은 2018년에 비해 2030년에 리튬은 6.4배, 코발트는 2.1배, 1급 니켈은 24배 증가할 것으로 예측한다[15]. IEA의 예측은 훨씬 더 공격적인데, 지속 가능한 개발 시나리오(sustainable development scenario, SDS)에 따르면 2040년 리튬 수요는 2020년 대비 43배, 니켈은 41배, 코발트는 21배 증가할 것으로 예측한다[21].

현재 리튬, 니켈 또는 코발트의 공급은 주로 원시 광물 자원에서 나오고 있다. 초기 광산 탐사부터 공식적으로 가동할 수 있는 신규 광산까지 보통 10년 이상 걸리는 긴 과정이다. 이 때문에 리튬, 니켈, 코발트 광물 모두 아래 표 1.9에 요약된 주요 과제[22]를 가지고 있으며, 향후 10년 이내에 모두 부족 현상을 겪게 될 것이다.

IEA는 급격한 격차 증가로 인해 2023년부터 리튬 공급 부족이 시작될 것으로 예측하지만, 2021년부터 수급 불균형이 시작될 수도 있다. 코발트의 경우 2024년부터 공급 부족이 발생하고 리튬과 비슷한 추세를 보일 것으로 예상된다. 니켈은 세 원소 중 공급이 가장 안정적이며 2028년부터 수급 불균형이 시작될 것으로 예상된다(그림 1.14).

1.4.4 리사이클링 시나리오

금속 리사이클링은 중요한 2차 공급 자원이 될 수 있는 잠재력을 가지고 있지만, 여기에는 여러 가지 어려움이 따른다. 리사이클링은 물리적 수거와 금속 가공으로 구성된다. 제조 과정에서 사용된 공정 찌꺼기에서 나오는 부스러기와 수명이 다한 제품에서 나오는 스크랩 등이 리사이클링할

표 1.9 리튬, 니켈 및 코발트 광물 주요 과제.

	광물 주요 과제
리튬	• 리튬 화학 제품 생산의 병목 현상 가능성 많은 소규모 생산업체가 수년간의 가격 하락 이후 재정적으로 제약을 받고 있기 때문이다. • 리튬 화학 생산은 중국이 전 세계 생산량의 60%를 차지하는 소수의 지역에 고도로 집중되어 있다(수산화리튬의 경우 80% 이상). • 남미와 호주의 광산은 높은 수준의 기후 및 물 스트레스에 노출되어 있다.
니켈	• 배터리 등급 클래스1 공급 강화 가능성, 인도네시아 HAPL 프로젝트의 성공에 대한 높은 의존도; HAPL 프로젝트에는 지연 및 비용 초과에 대한 추적 기록이 있다. • 대체할 수 있는 1등급 공급 옵션(예: NPI를 니켈 무광택으로 전환)은 비용이 많이 들거나 배출 집약적이다. • CO_2 배출량 증가 및 채광 찌꺼기 처리에 대한 환경 문제 증가
코발트	• 이들 국가 밖에서 개발 중인 프로젝트가 거의 없어서 생산은 콩고민주공화국, 정제는 중국에 대한 높은 의존도(둘 다 약 70%)가 지속될 전망이다. • 숙련된 사람들의 소규모 채굴에 대한 의존도가 높아 공급이 사회적 압력에 취약하다. • 코발트의 약 90%가 이들 광물의 부산물로 생산되기 때문에 니켈 및 구리 시장의 새로운 공급은 발전에 따라 달라질 수 있다

출처: IEA 데이터 [22]

수 있는 잠재적 자원이다. 현재 설치된 모든 LIB는 애플리케이션에 따라 결국 수명이 다할 것이다. 배터리의 일반적인 수명은 가전제품의 경우 5년, 소형 전기 모빌리티의 경우 6년, 전기자동차의 경우 8~10년, 에너지 저장 장치의 경우 10년이다. 이렇게 배터리가 폐기되면 상당한 양의 리튬, 니켈, 코발트가 함유된 귀중한 자원이 같이 폐기될 수 있다.

특히 전기자동차에 장착된 리튬이온 배터리는 용량이 보통 50kWh 이상이기 때문에 제대로 폐기하지 않으면 심각한 안전 및 환경 문제를 초래할 수 있다.

순환 에너지 저장(Circular Energy Storage, CES)[23]의 연구에 따르면, 2030년에 수명이 다할 것으로 예상되는 전기차 배터리는 전 세계적으로 174GWh에 달할 것으로 예상된다. 이 수치는 GGII 데이터[24]에 따르면 2020년에 설치된 총 전기차 배터리 용량인 136.3GWh보다 훨씬 더 큰 수치이다. 예상되는 폐기 배터리 총량은 그림 1.15에 나와 있다.

그림 1.14 리튬, 니켈, 코발트의 공급 및 수요 예측.

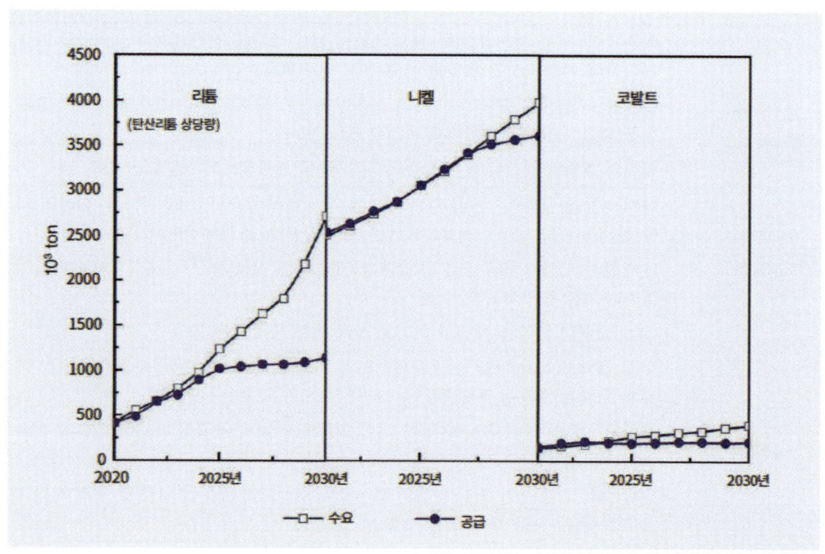

출처: IEA 데이터 [22]

정상적으로 수명을 다한 전기자동차 배터리는 많지 않지만, 결국 리사이클링되는 배터리는 더욱 줄어들 것이다. 금세기 중반 이후 더 많은 배터리가 폐기되고 리사이클링 채널이 규제되고 리사이클링 정책 및 규정이 엄격해짐에 따라 리사이클링은 리튬, 니켈, 코발트의 주요 공급원에 중요한 추가 자원이 될 것이다. 배터리 리사이클링은 원자재 또는 배터리 제조의 공급망과 가격의 변동성을 억제하는 데 도움이 될 것이다.

따라서 이러한 광물의 수입에 크게 의존하는 국가의 에너지 안보 문제를 완화하는 데 중요한 역할을 할 수 있다. 최근 IEA 보고서에 따르면, 전기차와 배터리의 리사이클링 및 재사용을 통해 2040년에 리튬은 5%, 니켈은 8%, 코발트는 12%까지 광물의 1차 공급 요구량을 줄일 수 있다고 한다[22].

그림 1.15 수명이 다한 EV 배터리

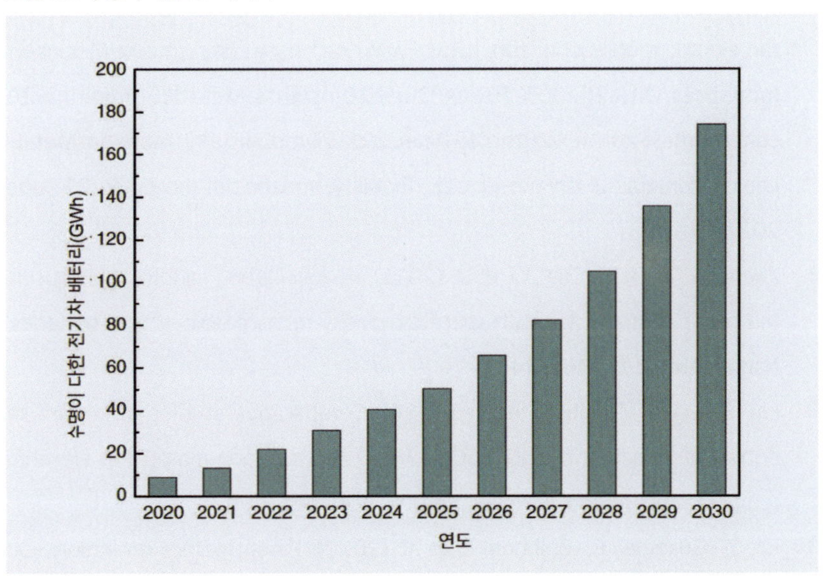

참조

1 Luo, C., Xu, Y., Zhu, Y., and Wang, C. (2013). Selenium/mesoporous carbon composite with superior lithium and sodium storage capacity. ACS Nano 7: 8003-8012.

2 Ohzuku, T. and Brodd, R. (2007). An overview of positive-electrode materials for advanced LIBs. Journal of Power Sources 174 (2): 449-456.

3 Hongyan, W., Zhongfu, K., Mingyi, D. et al. (2020). Lithium-ion power battery market analysis and technological progress. Chinese Battery Industry 24 (06):326-329+334.

4 Chunzheng, T., Chao, G., Xisheng, T. et al. (2018). Industrial structure and development prospect of lithium-ion power battery. Chinese Journal of Power Sources 42 (12): 1930-1932.

5 Hongjie, Z. (2020). CATL: a new journey in post-whitelist era. China Newsweek 0 (8): 61.

6 Pollet, B.G., Staffell, I., and Shang, J.L. (2012). Current status of hybrid, battery and fuel cell electric vehicles: from electrochemistry to market prospects. Electrochimica Acta 84: 235-249.

7 Eddy, J., Hagenbruch, T., Klip, D., et al. (2018). Metal mining constraints on the electric mobility horizon. https://www.mckinsey.com/~/media/McKinsey/Industries/Oil%20and%20Gas/Our%20Insights/Metal%20mining%20constraints%20 on%20the%20electric%20mobility%20horizon/Metal-mining-constraints-on-the-electric-mobility-horizon.pdf (accessed 21 June 2022).

8 Zheng, G., Yang, Y., Cha, J.J. et al. (2011). Hollow carbon nanofiber-encapsula ted sulfur cathodes for high specific capacity rechargeable lithium batteries. Nano Letters 11: 4462-4467.

9 Liu, S., Dang, Z., Liu, D. et al. (2018). Comparative studies of zirconium doping and coating on LiNi0.6Co0.2Mn0.2O2 cathode material at elevated temperatures. Journal of Power Sources 396: 288-296.

10 Bo, Z., Guanglei, C., Zhihong, L. et al. (2017). Patentmetrics on lithium-ion battery based on inorganic solid electrolyte. Energy Storage Science and Technology 6 (2): 307-315.

11 Dai, Q., Kelly, J.C., Gaines, L., and Wang, M. (2019). Life cycle analysis of lithiumion batteries for automotive applications. Batteries 5 (2): 48.

12 Lu, Y., Rong, X., Hu, Y.S. et al. (2019). Research and development of advanced battery materials in China. Energy Storage Materials 23: 144-153.

13 Guo, H., Wei, Z., Jia, K. et al. (2019). Abundant nanoscale defects to eliminate voltage decay in Li-rich cathode materials. Energy Storage Materials. 16: 220-227.

14 Qiu, B., Yin, C., Xia, Y. et al. (2017). Synthesis of three-dimensional nanoporous Li-rich layered cathode oxides for high volumetric and power energy density lithium-ion batteries. ACS applied materials & interfaces 9 (4): 3661-3666.

15 Global Battery Alliance (2019). A vision for a sustainable battery value chain in 2030 unlocking the full potential to power sustainable development and climate change mitigation. https://www3.weforum.org/docs/WEF_A_Vision_for_a_Sustainable_Battery_Value_Chain_in_2030_Report.pdf (accessed 21 June 2022).

16 White House Office, issuing body, United States (2021). Building resilient supply chains, revitalizing American manufacturing, and fostering broad-based growth, 100-Day reviews under executive order 14017. https://www.whitehouse.gov/wp-content/uploads/2021/06/100-day-supply-chain-review-report.pdf (accessed 21 June 2022).

17 U.S. Geological Survey (2021). Mineral Commodity Summaries 2021. Reston, VA, 2021.

18 Antaike (2021). Australian lithium mining corporation cooperates with LG Energy to provide 10ktpa of lithium hydroxide. https://www.antaike.com/search.php?keyword=lithium&searchtype=title&s1.x=0&s1.y=0&page=6.html (accessed 21 June 2022).

19 European Commission, Joint Research Centre, Fraser, J., Anderson, J., Lazuen,

J. et al. (2021). Study on future demand and supply security of nickel for ele ctric vehicle batteries. Publication Office of the European Union: Luxe mbourg https:// doi.org/10.2760/212807.

20 Cobalt Institute (2021). Cobalt Market Report 2021. https://www. cobaltinstitute. org/ (accessed 21 June 2022).

21 Eddy, J., Mulligan, C., van de Staaij, J., et al. (2021). Metal mining constraints on the electric mobility horizon. https://www.mckinsey.com/~/media/McKinsey/Industries/Oil%20and%20Gas/Our%20Insights/Metal%20mining%20constraints%20on%20the%20electric%20mobility%20horizon/Metal-mining-constraints-on-the-electric-mobility-horizon.pdf (accessed 21 June 2022).

22 IEA (2021). The role of critical minerals in clean energy transitions. https://iea.blob.core.windows.net/assets/ffd2a83b-8c30-4e9d-980a-52b6d9a86fdc/TheRoleof CriticalMineralsinCleanEnergyTransitions.pdf (accessed 21 June 2022).

22 Energy Storage Association (2020). End-of-life management of lithium-ion batteries. https://energystorage.org/wp/wp-content/uploads/2020/04/ESA-End-of-Life-White-Paper-CRI.pdf (accessed 21 June 2022).

23 GGII (2021). Market analysis report of structural parts for lithium batteries in China in 2021. https://www.gg-ii.com/art-2690.html (accessed 21 June 2022).

2 배터리 리사이클링 기술 및 장비

2.1 리튬이온 배터리 리사이클링에 대한 간략한 소개

일반적으로 배터리 용량이 초기 용량의 80% 미만으로 감소하면 전기차 (EV) 전원 배터리 폐기 조건에 해당한다. 그렇지만 대부분 배터리는 여전히 양호한 작동 조건을 유지하고 있기 때문에 EV 배터리의 순차적 활용에 대한 성능 요구사항이 낮은 장치에서 계속 사용할 수 있다. 이러한 EV 배터리 순차적 활용에는 에너지 저장 장치, 이륜차 또는 삼륜차, 전기 지게차 및 저속 차량이 포함된다. 배터리 순차적 활용은 배터리의 수명을 연장하는 것이나 다름없다. 현재 배터리 기술이 급속도로 발전하고 배터리 에너지의 밀도가 계속 증가함에 따라 배터리의 수명을 연장하는 것은 배터리의 주요 금속 자원을 비효율적으로 사용하는 것과 같다는 것이 분명해졌다. 반면, 폐 배터리의 핵심 금속을 효율적으로 리사이클링하고 차세대 고에너지 밀도 배터리를 재제조하는 것은 금속 자원의 사용 효율을 극대화할 수 있는 제일 나은 방법이다. 또한 이륜 전기차 적용 시나리오에서 원시, 재생, 순차적 활용 NCM 및 LFP 배터리의 전체 수명 주기에서 탄소 예측 모델을 비교해보았다(그림 2.1). 그 결과,

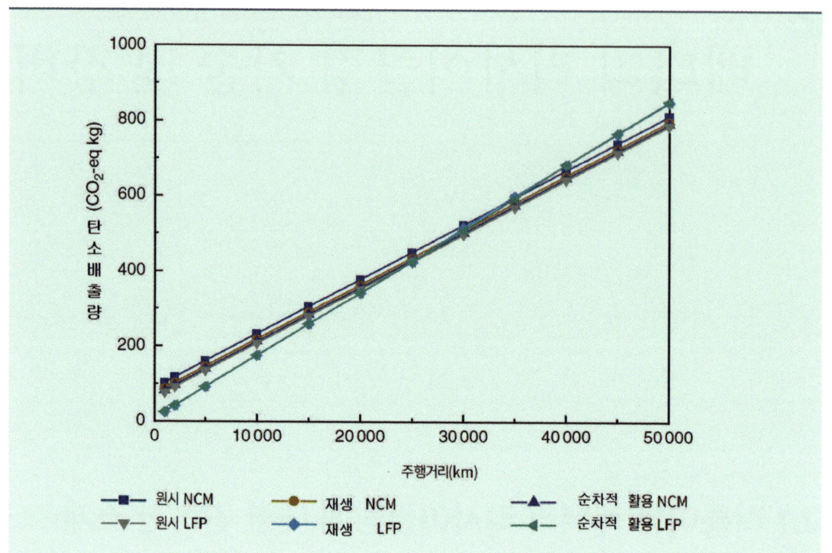

순차적 활용 배터리가 초기 사용 단계에서 원시 및 재생 배터리보다 탄소 배출량이 적다는 것을 발견했다. 그러나 이러한 장점은 주행거리가 증가함에 따라 탄소 배출량 역시 증가하여 이러한 장점도 점차 상쇄되어 수명 주기 동안 가장 높은 탄소 배출량을 기록한다는 것도 알 수 있다.

반대로 재생 배터리는 수명 주기 동안 가장 낮은 탄소 배출량을 달성한다. 더 중요한 것은 폐 배터리의 순차적 계단식 활용에 대한 업계의 표준이 정해질 만큼 현재 충분히 논의되지 않고 있는 상태이며, 과학적 감지 방법도 부족하고, 소규모 작업장에서 처리가 이루어져서 안전 위험 또한 많다는 점이다. 따라서 우리는 효율적인 리사이클링이 배터리의 순차적 계단식 활용보다 폐전지를 처리하는 게 더 합리적인 기술적 경로라고 생각한다. 신에너지 자동차 산업 체인에서 중요한 연결 고리 중 하나인 폐 배터리 리사이클링은 환경적 위험성이 가장 높으며 기술 발전이 시급하다고 하겠다.

2018년부터 2019년까지 중국에서는 많은 파워 배터리가 해체 기간에 접어들 것이다. 잔류 에너지 감지, 해체, 사용한 배터리의 순차적 활용, 재료의 미세 선별 및 자원의 심층적인 활용은 전통적인 산업 시스템과도 다른 독립적인 리사이클링 산업 체인을 형성할 것이다. 그렇지만 순차적 활용 측면에서 다음 몇 가지 문제를 해결해야 한다.

첫째, 이종 폐 파워 배터리의 호환 가능한 재조정이 이루어져야 한다. 잔류 에너지의 신속한 감지와 하이브리드 상태 배터리의 지능형 스크리닝을 수행해야 한다. 안전/자동 해체에는 여전히 기술 발전과 산업 지원이 필요하다. 그리고 두 번째로, 리사이클링 측면에서는 기술과 장비의 상당한 개선이 필요하다. 파악해야 할 몇 가지 과제가 있다. 예를 들면, 신속한 배출 또는 공정 안전을 달성하는 방법, 흑색 덩어리 분말/구리/알루미늄/유기 재료의 분리 효율을 향상하는 방법, 재료의 미세 분리 정도를 향상하는 방법, 공정 오염 제어 수준을 향상하는 방법 및 대상 금속의 선택적 회수를 달성하는 방법, 단공정 재료 재생을 달성하는 방법 등이다.

이번 장에서는 폐 배터리 리사이클링의 현재 기술 현황을 분석하고, 다양한 기술의 특성과 차이점, 산업 및 응용 상황과의 통합 정도를 비교하고 장점과 기존 문제점을 분석하는 것을 목표로 한다. 마지막으로 기술의 개발 관점을 전망한다.

2.2 배터리 리사이클링 프로세스 소개

2.2.1 기존 셀 분해 프로세스

폐기된 배터리에는 순차적 활용과 분해 리사이클링이라는 두 가지 리사이클링 방법이 있다. 순차적 활용은 주로 용량이 감소했지만 폐기되지 않은 배터리에 대한 것으로, EV의 정상적인 작동에 영향을 미친다. 재테스트, 선별, 조립 등을 거친 후 해당 배터리는 높은 에너지 밀도가 필요하지 않은 저속 EV, 에너지 저장 발전소 등에 사용할 수 있다. 분해 리사이클링은 코발트, 니켈 및 리튬과 같은 귀중한 금속을 추출하기 위해 폐 전력 배터리를 직접 방전, 분해, 선별 및 정제하는 과정이다. 이론적으로 배터리의 실제 용량이 정격 용량의 80%에서 60%로 감소하면 순차적 활용에 사용할 수 있다. 즉 배터리가 정격 용량의 60% 미만이면 분해 및 리사이클링 할 수 있다는 뜻이다.

중국에서는 배터리의 순차적 활용을 위한 관련 이론 연구 및 실증 프로젝트가 다소 늦게 시작되었고, 따라서 본격적인 상업적 운영은 아직 시작되지 않았다. 업계 컨퍼런스에서도 전문가들은 희귀금속의 순차적 활용이 잘못된 제안인지에 대해 자주 논의하고 있다. 그 이유는 다음과 같다.

① 사용한 배터리는 다시 시장에 출시되어 안전 위험을 초래한다.
② 순차적 활용에 사용하기 전에 사용한 배터리를 테스트, 선별 및 조립하는 데 비용이 많이 든다.
③ 새로운 배터리의 생산 능력은 계속 증가하고 가격은 계속 하락하고 있다.
④ 에너지 저장 및 저속 EV의 순차적 활용 시장은 아직 대규모로 출시되지 않았다.

순차적 활용은 배터리 리사이클링을 위한 이상적인 솔루션이지만 실제로 구현하려면 많은 난관을 극복해야 하기 때문에 현재는 리사이클링이 중국에서 배터리 리사이클링의 주류 방법이다. 작업 후반에 이루어지는 다양한 야금 기술에 따라 분해 리사이클링 공정은 하이드로메탈러지컬(hydrometallurgical) 리사이클링과 파이로메탈러지컬(pyrometallurgical) 리사이클링으로 나눌 수 있다(표 2.1).

표 2.1 배터리 분해 및 리사이클링 기술 요약

분류	프로세스 구성	구체적인 방법	장점과 단점
하이드로메탈러지 (Hydrometallurgy) 리사이클링	분해	배출, 분쇄, 선별, 배터리의 외피와 분말을 분리하고, 해체 과정에서 발생하는 폐액 및 폐가스를 처리하는 단계를 포함한다.	**장점**: 희귀금속의 높은 회수율, 낮은 가공 비용 및 우수한 **공정 안정성 단점** : 적은 양의 처리, 많은 양의 폐수, 복잡한 공정 흐름
	하이드로 메탈러지	용해, 추출 등 다양한 방법을 통해 니켈, 코발트, 망간, 리튬과 같은 귀금속을 원소, 화합물 또는 혼합물 형태로 선별하고 회수하는 작업이다.	
파이로메탈러지 (Pyrometallurgy) 리사이클링	분해	배터리 외부 케이스와 분말을 배출, 파쇄, 선별 및 분리하고 해체 과정에서 발생하는 폐액과 가스를 처리한다.	**장점**: 간단한 공정 흐름과 광범위한 **적용 범위 단점**: 고가의 장비, 높은 에너지 소비, 희귀 금속 순도가 낮고 독성이 강한 가스가 발생할 수 있다.
	파이로 메탈러지	배터리 셀을 환원 및 로스팅하고 코발트 및 니켈 금속을 철 합금 형태로 환원하고 알루미늄, 불소, 염소 등이 잔류물 일부가 된 다음 합금과 잔류물을 분리한다.	

해체의 목적은 분리막, 껍질, 구리 및 알루미늄 입자와 같은 자원을 분류하고 전해질 오염을 방지하면서 양극 및 음극 물질을 하이드로메탈러지컬 공정(hydrometallurgical process)에 수집하는 것이다. 일반적으로 분해 공정은 방전 및 파쇄, 전해질 처리, 분리막 회수, 양극 및 음극 분말 준비, 구리-알루미늄 분리의 5단계로 나눌 수 있다(그림 2.2).

① 방전 분쇄: 배터리 셀은 방전 과정 후 가스 방어 하에 분쇄된다. 가스 방어는 배터리 분쇄 과정에서 폭발 및 연소를 방지한다. 분쇄된 제품은 저온 건조 장치에 들어가 전해질을 휘발시킨다. 현재 중국의 많은 배터리 리사이클링 제조업체는 방전하지 않고 배터리를 파쇄하려고 시도하고 있지만 처리 용량이 약간 더 크면(1톤/h 이상) 폭발 및 연소가 발생할 수 있다.

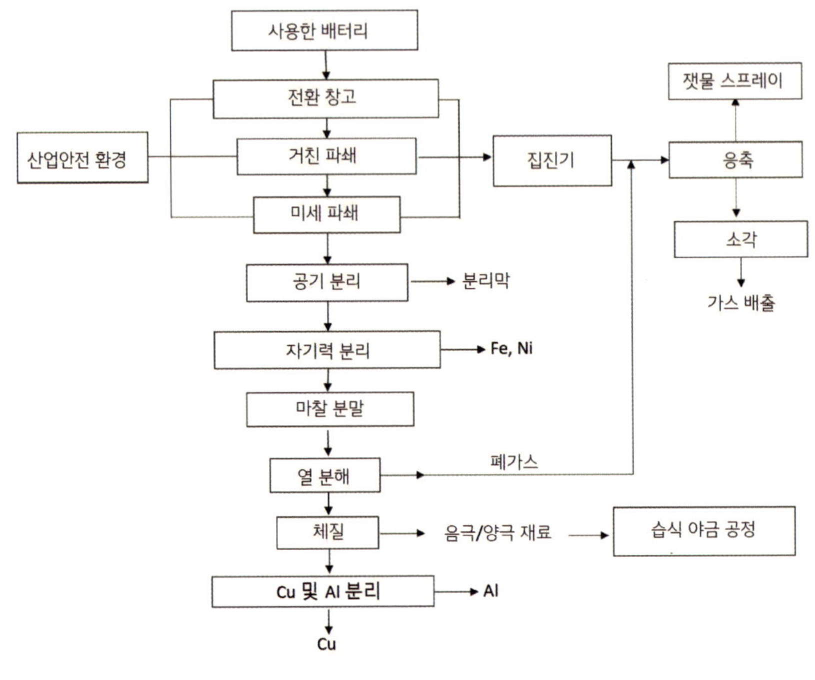

② 전해질 처리: 커다란 백 집진 장치는 분쇄 공정의 분말과 전해질의 배출가스의 수분을 수집한 다음 전해질을 응축하고 응고된 유기 용매를 연소시키고, 응고되지 않은 가스에 탄산칼슘을 뿌려 F와 P 를 제거한다. 최근 몇 년 동안 각국 정부는 환경 보호를 매우 중요 하게 생각하기 때문에 폐가스, 폐수 및 고형 폐기물은 기업의 생산 공정에서 엄격하게 관리되어야 한다.

③ 분리막, 금속 및 기타 물질 회수: 분리막은 탈수하여 회수한다. 그런 다음 철과 니켈은 자력 분리 방법으로 분리되고 나머지 물질은 분 쇄 공정에 들어간다.

④ 구리와 알루미늄의 분쇄 및 분리: 양극과 음극은 고속 마찰 때문에 분

말화 되고 나머지 전해질과 바인더는 고온에서 분리된다. 양극 및 음극 분말은 선별기에서 수집된 후 케미컬 공정으로 후방 야금 공정으로 들어가고 구리와 알루미늄은 비중 선별기에서 분리된다.

하이드로메탈러지는 사용한 배터리를 리사이클링하는 데 가장 널리 사용되는 공정 방법이다. 일반적으로 음극 및 양극 분말은 산 침출되고 (분말이 미세한 알루미늄 입자를 포함하는 경우 알루미늄이 먼저 알칼리성 침출로 제거됨), 리튬, 니켈 및 코발트와 같은 고부가 희귀 금속이 용액으로 옮겨진다. 침출수를 정제하고 불순물을 제거한 후 고부가가치 금속 원소를 화학적 침전, 추출 및 기타 방법으로 분리하여 해당 고부가가치 제품을 얻는다. 일반적으로 사용되는 침출제에는 무기산, 유기산 및 알칼리성 용액이 포함된다. 사용한 LFP 배터리를 예로 들면, 분해된 LFP 양극 및 음극 분말은 산 침출-불순물 제거-리튬 침전-증발 공정으로 처리되어 배터리 등급의 탄산리튬과 황산나트륨을 회수한다(그림 2.3).

① **산 침출 공정**: 농축된 LFP 양극 및 음극 분말을 현탁액처럼 만들고 농축된 H_2SO_4를 첨가하여 $LiFePO_4$와 반응하여 Li_2SO_4 및 $FePO_4$를 생성한다. 리튬은 이온의 형태로 침출 용액에 들어가고 음의 흑연 분말은 인철 슬래그의 형태로 침전되어 여과로 분리된다. 과산화수소를 추가하여 2가 철을 3가 철로 변경하여 이후 불순물 제거 과정을 준비한다.

② **불순물 제거 공정**: 폐기 공정은 침출액의 불순물 원소 조성에 따라 다르다. 일반적으로 철 분말, NaOH, Na_2CO_3 등을 첨가하여 용액 내의 Cu, Al, Fe 및 Ca와 반응시켜 침전물을 형성하고 여과액을 흡입 및 여과하여 리튬 침전 공정에 들어간다.

③ **리튬 침전 과정**: 일정량의 Na_2CO_3 용액을 바닥 액체로 사용한다. 분리 필터를 통해 불순물 제거 액체를 추가한다. 특정 온도에서 휘저

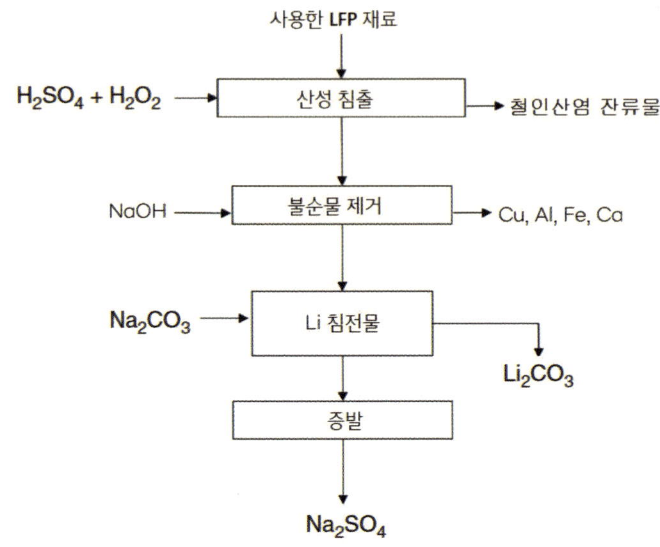

출처: Li [1]에서 발췌

으면서 반응시켜 Li2CO₃ 및 리튬 침전 모액을 생성한다. 리튬 침전 모액은 증발 과정에 들어가고 Li2CO3는 최종 제품을 얻기 위해 여러 번 세척된다.

④ 증발 과정: H₂SO₄를 리튬 침전 모액에 첨가하여 pH를 조정하고 모액을 회전 증발기에서 증발시켜 황산나트륨을 얻는다.

파이로메탈러지컬 공정(pyrometallurgical process) 환원 환경에서 양극 및 음극 분말의 고온 제련으로, 고부가 희귀 금속 원소를 얻기 위해 특정 환원제, 배터리 음극 재료의 환원 및 분해가 필요하다. 파이로메탈러지컬 공정은 종국적으로 폐기된 리튬 배터리에서 고부가 희귀 금속의 분리 및 회수를 달성하기 위한 합금 제품을 얻는다. 현재 많은 산업 회수 및 해체 리튬 배터리 공정은 제련 기술을 기반으로 한다. 여기에는 두 가지 주요 이유가 있다. 첫째, 고온 반응 화학 전환 속도가 빠르고 공정이 짧으며 재료가 적응할 수 있다. 둘째, 폐 리튬 배터리 리사이클링 산업이 이제 막 시작되었고 많은 기술 프로세스가 여전히 진행 중이다. 따라서 기존 제련 기술과 장비를 최대한 활용하여 산업 응용 분야를 실현하기가 더 쉽다. 하지만 폐리튬 배터리 리사이클링은 복잡한 시스템 엔지니어링이며, 파이로메탈러지(Pyrometallurgy) 기술은 리사이클링의 한 단계에 불과하다. 고온 처리 후에도 폐 리튬 배터리는 응축, 선별, 자기 분리, 침출 등의 물리적, 화학적 처리 방법을 거친 후 금속 원소를 개발하기 위해 리사이클링해야 한다.

분말을 환원제(보통 석회석 및 코크스)와 균일하게 혼합하고 600°C 이상의 고온에서 로스팅 하여 분말 내의 Co^{3+}, Ni^{3+}, Mn^{4+}와 같은 고가의 금속 이온을 저가의 화합물 또는 금속 원소로 환원시키고 Li가 Li_2CO_3의 형태로 존재하도록 한다. 주요 반응 메커니즘은 다음과 같다.

$$4LiCoO_2 + 3C = 2Li_2CO_3 + 4Co + CO_2$$
$$12LiNi_{1/3}Co_{1/3}Mn_{1/3}O_2 + 7C = 6Li_2CO_3 + 4Co + 4Ni + 4MnO + CO_2$$

환원 후 얻어진 금속 원소 또는 화합물은 금속 Li, Co, Ni 및 Mn의 분리율 회수를 실현하기 위해 침지, 산 침출, 정제 및 기타 기술을 거친다. 주요 프로세스 흐름은 그림 2.4[2, 3]에 나와 있다. 제련 회수 공정의 장점은 강력한 처리 용량, 간단한 공정 및 다양한 배터리 취급이다. 그렇지만 여전히 단점도 있는데, 장비의 높은 에너지 소비이다. 하이드로메탈러지컬 공정(hydrometallurgical process)과 결합해야 하며 공정 중에 많은 수의 유해 가스가 발생한다.

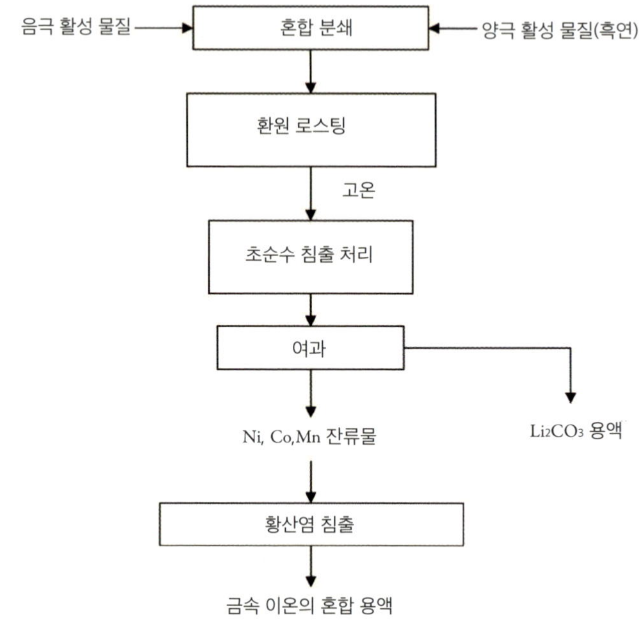

2.2.2 셀 리사이클링 공정의 향후 발전 방향

⑴ 수동 분해를 피하기 위한 배터리 팩의 기계적 분해 장치를 갖추도록 한다.

⑵ 실시간 파쇄 또는 배터리를 파쇄하기 전에 탐지 과정과 비용을 줄이기 위해 빠르고 저렴하며 무공해 배출 방법을 찾는다.

⑶ 전해질 폐기: 전해질 리튬 헥사 플루오로 인산염은 분쇄 과정에서 휘발되어서 쉽게 불화수소로 전환된다. 동시에 유기 용매도 유해폐기물이다. 전해질에 대한 신속한 수거 및 처리 장치를 찾아야 한다.

⑷ 음극판과 양극판을 미리 분리하고 구리와 알루미늄판의 좋은 모양

을 보장하기 위해 분말을 별도로 만든다.

⑸ LFP 및 NCM 배터리의 단기 공정 회수, 음극 및 양극 전극 분말에서 리튬 추출, 인산철 준비에 우선순위를 부여한다.

2.3 배터리 리사이클링을 위한 전처리 기술

2.3.1 셀 방전

폐 LIB를 종합적으로 회수하는 과정에서 배터리 잔류 전압으로 인한 분해 및 파쇄의 단계를 거치는데 이때 배터리 단락으로 인해 다량의 열이 발생하기 쉽다. 심지어 폭발과 같은 위험한 상황이 발생하여 사고로 이어질 수도 있다. 안전한 해체를 위해서는 폐 배터리 해체 전 방전 처리 과정을 반드시 거쳐야 한다.

현재 방전 방법에는 세 가지가 있다. 하나는 화학적 방전으로, 배터리를 소금 용액($NaCl$, Na_2SO_4, $CuSO_4$, $ZnSO_4$, $FeSO_4$, $MnSO_4$)에 담그고 전기분해 과정을 통해 배터리의 잔류 전기를 소모하는 방식이다. 전기분해 반응과 전해질 용액과 배터리의 양극 구조 사이의 반응으로 인해 배터리 구조가 파괴되고 전극 재료가 활성을 잃어서 배터리 내부에 미세 단락 또는 전하 이동이 발생하여 배터리가 고장이 난다. 담그기 방식의 장점은 배터리에 남아 있는 전기 에너지를 완전히 방출할 수 있으며, 그와 동시에 방전 과정에서 배터리가 과열되지 않는다는 것이다. 단점은 담그는 데 시간이 오래 걸리고 소금물을 다루기 어렵다는 것이다.

또 다른 방법은 전선, 부하 또는 배터리를 사용하여 일련의 방전을 형성하는 물리적 방전이다. 전선이나 부하 외에도 흑연 분말 및 전도성 접착제와 같은 재료도 일반적으로 회로 매체로 사용된다. 장점은 방전이 빠르고 비용이 저렴하다는 것이다. 단점은 단시간에 많은 양의 열이 축적되어 배터리가 폭발할 수 있다는 것이다.

마지막 방법은 방전 캐비닛을 사용하여 사용한 배터리의 남은 전압을 지켜볼 수 있다. 하지만 장비와 운영비가 더 많이 들고 생산 효율이 낮으며 실제 생산량은 적다.

2.3.2 기계적 분리

2.3.2.1 파쇄

배터리의 단단한 구조는 주로 외부 쉘과 양극 및 음극을 포함한다. 주요 구성 금속은 철, 알루미늄, 구리 등이다. 이러한 금속은 유연성과 인성이 우수하고 기존의 방법으로는 파쇄할 수 없으므로 파쇄기는 전단력을 기반으로 한 전단형 톱니 롤러 파쇄기이어야 한다. 이 파쇄기 유형은 일반적으로 단일 축, 이중 축 및 사중 축으로 나뉜다. 이중 축 톱니 롤러 파쇄기는 큰 토크와 강한 재료 적응성이라는 특성이 있다. 그래서 배터리 재료의 분쇄에 적합하다. 그러나 배터리 파쇄는 일반적으로 입자를 매우 작은 크기로 줄여야 하므로 파쇄 비율이 상대적으로 크다. 단일 이중 축 톱니 롤러 파쇄기로 분쇄 비율을 달성하기는 어렵다. 따라서 2단 이중 축 톱니 롤러 분쇄기를 직렬로 사용하거나 사중 축 파쇄기를 사용하여 충분히 분쇄를 할 수 있도록 한다. 그래야 필요에 맞는 균일한 배출을 보장할 수 있다. 또한 리튬 배터리 리사이클링에 해머 파쇄기와 분쇄기를 적용하는 경우도 있다.

2.3.2.1.1 이중 축 전단 톱니 롤러 파쇄

이중 축 전단 톱니 롤러 파쇄는, 두 롤러 사이의 상대 회전 커터를 사용하여 재료의 입자 크기를 줄이기 위한 절단 및 파쇄작업이다. 두 개의 모터와 두 개의 감속기 또는 유압 모터로 구동되어 힘이 강하고 작동이 안정적이다. 폐기물 소각 전처리, 대형 폐기물 처리, 장식 폐기물 처리, 산업 폐기물 처리, 자원 재생, 활용 등과 같은 다양한 환경 보호 분야에서 자주 사용된다.

재료에 대한 분쇄 톱니의 작용 과정은 주로 다음 세 단계로 나뉜다.

(1) 스크린 스테이지(Screen Stage 선별 단계)

모든 혼합 재료가 파쇄기에 공급되면, 적합한 크기의 재료는 톱니 사이의 공간과 톱니의 측면 간격, 톱니 롤러와 측면 빗 판 사이의 간격과 함께 파쇄 톱니 바를 통해 직접 배출된다. 롤러 선별기의 회전 스크리닝 및 그레이딩 효과는 비슷하다. 동시에, 양쪽의 분쇄 롤러와 빗 판 사이에 입자 크기가 더 큰 짝을 이루는 것은 다음 분쇄 단계를 위해 두 개의 분쇄 롤러 사이의 분쇄 공간 사이로 끌어들이기 위해서이다.

(2) 큰(Bulk) 조각 단계

필요한 재료보다 입자 크기가 큰 재료를 만나면 톱니가 구멍을 뚫고, 전단하고, 찢는 등 재료를 파손한다. 이 과정에서 톱니의 상대적인 움직임에 따라 재료들은 먼저 엇갈린 톱니에 의해 구멍이 뚫리고 끊긴다. 이때 큰 재료가 분쇄되지 않으면 더 찢어진다. 분쇄된 재료는 톱니에 물려 3단계에 걸쳐 분쇄된다. 재료가 여전히 분쇄되지 않으면 톱니가 재료의 표면을 따라 강제로 미끄러진다. 이빨의 나선형 분포로 인해 재료가 뒤집히고, 다음 톱니 쌍이 재료가 분쇄되어 물릴 때까지 재료를 계속 정렬한다.

(3) 세밀한 파쇄 단계

두 번째 분쇄 단계에서 재료가 처음에 분쇄되고 톱니 롤러에 의해 성공적으로 결합하면 세 번째 단계의 세미한 분쇄가 수행된다. 이 단계에서는 현재 톱니 쌍의 앞쪽 가장자리와 반대쪽 톱니 쌍의 두꺼운 가장자리의 전단 및 압착 작용으로 재료가 분쇄된다. 톱니 롤러가 풀릴 때까지 두 개의 톱니 단면이 최대에서 최소로 변경된다. 이 과정에서 파쇄기는 파쇄하는 동안 계속 배출하는데, 부피가 점차 감소하여 대형 재료가 파괴된다. 강제로 분쇄하면 분쇄된 재료가 눌러서 톱니 측면 틈새에서 누출된다. 첫 번째 톱니 쌍이 분리되기 시작하면 치아 사이의 단면적은 가장 작은 것부터 점차 증가하고 세 번째 구역을 통해 파손된 재료는 두 쌍의 톱니가 분리되면서 배출된다.

이 시점에서 톱니 한 쌍의 분쇄 스트로크가 끝난다. 따라서 톱니 롤러가 일주일 동안 작동할 때 톱니 롤러에 몇 쌍의 톱니가 있는지, 이 과정을 몇 번 반복하고 공급 재료를 반복적으로 선별하고 수행한다. 펑크, 전단, 찢어짐, 물기, 전단 및 압착은 제동 효과를 깨뜨린다.

그레이딩 파쇄기는 고정 선반(분할 막대라고도 함)을 채택하여 단일 장치의 파쇄 비율을 높인다. 이 구조의 장점은 장비의 높이를 높이지 않고도 단일 단계의 파쇄 비율을 높일 수 있다는 것이다. 단점은 압착으로 인해 분쇄된다는 점인데, 이는 심각한 문제이다. 톱니의 마모가 빠르고 전력 소비가 크며 유지 관리가 쉽지 않다.

2.3.2.1.2 단일 축 전단 톱니 롤러 파쇄

단일 축 전단 톱니 롤러 파쇄는 일반적으로 리튬 배터리의 2차 파쇄에 사용된다. 출력 입자 크기는 10~120mm이며 입자 크기는 비교적 균일하다. 그런 다음 재료를 건조하거나 헹구어 분리막과 접착제(폴리비닐리덴 플루오라이드polyvinylidene fluoride, PVDF)를 제거할 수 있다.

단일 축 전단 톱니 롤러 분쇄는 미세 분쇄기 및 단일 축 분쇄기라고도 한다. 이동식 또는 회전식 커터(이제부터는 '이동식 나이프'라고 함)와 고정식 커터('고정식 나이프'라고 함)를 사용하여 재료를 잘라 끊기 위해 상호 작용한다. 파쇄, 압착, 전단 등을 통해 더 작은 입자 크기로 가공할 수 있으며, 다양한 고형 폐기물의 미세 파쇄에 널리 사용된다. 배출 원료의 크기가 작고, 선별기 교체가 가능하며, 재료 적용 범위가 넓고 효율이 높다.

단일 축 분쇄기에 들어가면 유압 실린더의 배터리 재료가 밀어내기 판에 의해 자르기 축으로 몰려 들어간다. 모터의 동력은 벨트의 전달을 통해 감속기로 전달된다. 감속기의 작동으로 자르기 축이 회전하고 고정 나이프와 이동식 나이프에 의해 재료가 절단되고 분쇄된다. 선별기 크기에 맞는 완제품이 선별기를 통과하고, 선별기를 통과한 재료는 부서진 채로 반환된다.

이동식 나이프는 볼트로 나이프 축의 나이프 판에 고정된다. 장비가 작동 중일 때 이동식 나이프와 고정식 나이프를 절단하고 분쇄하는 짝을 이룬다.

볼트는 이동식 나이프와 고정식 나이프 사이의 간격을 조정할 수 있다. 파쇄된 재료 입자는 선별기를 통해 배출되며 선별기 구멍에 따라 출력 크기가 결정된다.

2.3.2.1.3 4축 전단 톱니 롤러 분쇄기

4축 전단 톱니 롤러 분쇄기는 4축 파쇄기라고도 하며, 커터 사이의 회전을 사용하여 재료를 처리하기 위해 상호 전단, 찢기 및 압착을 생성한다. 다양한 고체 폐기물을 파쇄하는 데 사용된다. 파쇄 공정은 재료를 한 번에 더 작은 입자 크기로 처리할 수 있다. 따라서 파쇄 공정은 도시 고형 폐기물(municipal solid waste, MSW) 처리, 자원 재생, 폐기물 소각 전처리, 시멘트 소성로 공동 전처리 등 환경 보호 분야에서 자주 사용된다. 이 장비는 저속, 고토크 설계를 채택하고 있으며 큰 전단력, 안정적인 장비 및 균일한 배출의 특성이 있다.

4개의 유압 프레스 또는 모터가 각각 4개의 커터 축을 구동하여 앞뒤로 회전한다. 상단 줄의 커터 축과 하단 줄의 커터 축이 협력하여 재료의 초기 파쇄를 수행하고 재료 이동 및 공급 기능을 갖는다. 아래 줄의 나이프 축은 주로 전단, 압착, 찢기 등의 공정을 완료하기 위해 2차 파쇄를 수행한다. 배출되는 제품의 크기는 주로 나이프 축에 설치된 날의 두께와 선별기의 개방 크기에 따라 결정된다.

절단 원리는 다음과 같다.

① 주 절삭 방식: 인접한 주 절삭 공구 그룹의 절삭 날 사이에 형성된다.
② 보조 절삭 방법: 인접한 주 절삭 공구 그룹과 두 번째 절삭 공구 그룹의 절삭 모서리 사이의 상대 절삭.

선별기는 4축 분쇄기의 배출 크기를 제어한다. 재료가 한 번 절단되면 선별기 거름망보다 작은 입자 크기가 거름망에서 배출된다. 거름망보다 큰 재료 크기는 안내 동작으로 메인 커터와 보조 커터를 통과하여 선별기의 내부 표면을 따라 파쇄 상자로 돌아가 2차 절단을 하는 등 재료가 선별기 거름망에서 배출될 때까지 계속된다.

2.3.2.1.4 해머 분쇄

해머 파쇄는 충격을 통해 재료를 파쇄하는 것이다. 해머 파쇄 방법에는 단일 로터와 이중 로터의 두 가지 유형이 있다. 이 분쇄 방법은 상대적으로 큰 재료의 거친 분쇄에 적합하다. 최대 이송 크기는 600~1,800mm, 출력 크기는 ≤25mm에 달할 수 있다. 시멘트, 화학, 전력, 야금 및 기타 산업에서 널리 사용되며, 해머 크러서는 중간 정도의 경도를 가진 재료에 적합하다. 분쇄된 재료의 압축 강도는 석회석, 슬래그, 코크스 및 기타 재료와 같이 150MPa를 초과하지 않는다.

해머 분쇄기가 작동하면 구동 장치가 로터를 고속으로 회전시킨다. 재료가 분쇄기에 들어가면 고속 회전하는 해머가 재료에 충격을 가하고, 절단하고, 찢어버린다. 동시에, 고속으로 회전하는 해머에 의해 재료는 중력에 의해 방해물을 지나 거름망 바에 뚫려나갈 것이다. 거름망 구멍보다 큰 재료는 망으로 된 판에 남아서 필요한 입자 크기로 분쇄되어 최종적으로 망으로 된 판을 통해 배출될 때까지 해머에 의해 계속 타격을 받고 분쇄된다.

해머 분쇄의 장점은 큰 분쇄 비율(일반적으로 10~25에서 최대 50까지), 높은 생산 능력, 균일한 제품, 과잉 분말 현상 감소, 단위 제품당 낮은 에너지 소비, 간단한 구조, 가벼운 장비, 쉬운 작동 및 유지보수 등이다. 다양한 크기의 원료를 균일한 입자로 분쇄하여 다음 공정에서 가공을 쉽게 하고 안정적인 기계 구조, 높은 생산 효율 및 우수한 적용성을 제공할 수 있다.

해머 분쇄의 단점은 해머 머리와 거름망이 빠르게 마모되고 유지보수 및 균형 조절 시간이 길다는 것이다. 단단한 재료를 파쇄할 때 마모가 빠르고 금속 재료의 소비가 훨씬 더 많으며 끈적끈적한 재료를 파쇄할 때 체로 된 바 망의 간격이 쉽게 막힐 수 있다. 이러한 이유로 가동 중지 시간(재료의 수분 함량이 10%를 초과해서는 안 됨)이 발생하기 쉬워서 생산 능력이 저하된다.

2.3.2.1.5 밀(Mill)

밀링(Milling)은 작은 크기의 고체 원료를 필요한 크기의 재료로 분쇄하는 것이다. 파쇄는 일반적으로 거친 파쇄, 미세 파쇄, 풍력 운반 및 기타 장치로 구성되며, 주로 광산, 건축 및 기타 산업에서 사용되는 으깨는 재료에 고속 충격을 가하는 장치로 구성된다. 배터리 리사이클링 산업에서 밀링은 주로 거친 파쇄 후 미세 파쇄 공정에 사용된다. 전류 집합체와 전극 분말의 탄성과 유연성이 다르므로 충격력, 압연 압력 및 전단력에 의해 다른 입자로 분쇄되어 선별기에 의해 분리될 다른 등급의 제품을 얻는다.

밀링 기계는 주로 생산 공정에서 볼 밀(ball mills), 로드 밀(rod mills), 스터링 밀(stirring mills)를 포함한다. 볼 밀과 로드 밀은 수평 실린더, 재료 공급 및 배출을 위한 속이 비어 있는 축, 연삭 매체로 구성된다. 실린더는 내부에 연삭재가 있는 긴 원통형이다. 실린더는 일반적으로 강판으로 만들어진다. 연삭 매체는 일반적으로 강구 또는 막대이다. 공들은 보통 지름이 다르고 특정 배급을 따르도록 특정 비율로 채워진다.

이와는 대조적으로, 봉은 길이와 두께가 서로 다른 강철 또는 철제봉을 일정 수만큼 포장한다. 실린더가 회전하기 시작하면 관성, 원심력 및 마찰로 인해 연삭 매체가 실린더에 부착되고 실린더에 의해 제거된다. 일정 높이에 도달하면 떨어지는 연삭재는 중력에 의해 실린더 내부의 재료를 발사체처럼 부숴버린다.

스터링 밀이 작동 중일 때 분쇄 매체는 스터링 로터에 의해 구동되어 회전을 포함한 운동을 한다. 재료가 스터링 통 안에 들어가면 휘젓는 중에 분쇄 매체와 충돌, 압착, 마찰을 일으킨다. 전단력과 압착력은 전체 통의 모든 곳에 존재한다. 이 현상은 반경 방향에 따라 재료와 매체의 이동 속도가 서로 달라서 관찰할 수 있다. 축 방향을 따라 층 사이의 재료와 매체의 이동 속도가 같지 않으므로 속도 차이 구간이 존재한다. 휘젓는 로터 근처에 있는 재료의 분쇄 효율이 높다. 원형 운동 외에도 매체와 재료는 위아래로 움직이는 정도가 다르다. 일부 분쇄용 공은 교반기와 충돌하고 마찰하며 교반기 근처에는 여전히 특정 충격이 있다.

2.3.2.2 스크린

스크린은 각 입자의 다양한 물리적 특성에 따라 입자 그룹을 분리하는 방법이다. 일반적으로 스크린은 입자 크기의 차이에 따라 수행된다. 본질은 입자 크기에 따라 재료를 등급화 하는 과정이다. 분쇄된 재료의 입자 크기를 더욱 균일하게 만들어 특정 요구사항을 충족하거나 과도한 분쇄 현상을 피하고자 분쇄와 함께 조정되는 경우가 많다. 배터리 스크린 분야에서 분쇄되거나 부서진 재료는 다음 스크린 작업에 들어가기 전에 스크리닝 장치의 도움을 받아 분류해야 한다. 일반적으로 사용되는 선별 장비에는 주로 진동 선별기와 이완 선별기가 포함된다.

2.3.2.2.1 진동 스크린

진동 스크린은 입상 물질을 하나 또는 여러 층의 선별기를 통과시켜 크기에 따라 여러 입도 수준으로 나누는 것이다. 많은 산업 분야에서 널리 사용된다. 입자가 거름망 통과할 가능성을 높이려면 입자의 최대 크기가 거름망 크기보다 작아야 한다.

그러나 입자 크기가 너무 작으면 다음과 같은 상황이 발생할 수 있다:

⑴ 망 자체의 표면을 따라 아주 매우 빠른 속도로 이동한다.

⑵ 떨어질 때 망 자체의 표면에 충돌한다.

⑶ 입자 사이에 밀려나 망 자체에 아치를 형성한다. 입자가 망을 통과하는 것을 방지하여 거름망 구멍이 입자보다 6배나 큰 경우에도 입자가 망을 통과하기 어렵게 만든다.

진동 선별기에는 평면 표면이 있는 직사각형 선별 상자가 있다. 선별 상자는 탄성 요소로 프레임에 지지(또는 매달림)가 되며 진동 여기기에 의해 들뜬 상태가 된다. 따라서 탄력적으로 진동하며 진폭은 공급 및 기타 동적 요인에 의해 영향을 받아 바뀌게 된다. 진동 선별기는 주로 고주파 및 저진폭 방법을 사용하여 재료가 선별기 표면에서 점프하도록 하며 처리 용량과 선별 효율이 높다.

다음 공식을 통해 선별 효율을 계산할 수 있다:

$$F=(a\text{-}b)/(a(1\text{-}b))$$

공식에서 a는 선별 과정 후 남은 물질의 하단 부분의 함량(%)이고, b는 선별 과정 전 물질의 상단 부분 중 선별 후 남은 물질의 함량(%)이다.

2.3.2.2.2 이완 스크린

이완 스크린의 선별기는 유연한 폴리우레탄 고무 재료로 만든다. 작동 중일 때 선별기가 교대로 장력을 가하고 느슨해져 재료가 튀게 되어, 선별기에 달라붙으면서 선별기 구멍을 막는 것을 방지한다. 동시에 유연한 거름망 판으로 인해 재료의 돌출 가속도는 중력 가속도의 30~50배에 이른다. 따라서 선별 효율이 향상되고 거름망 구멍이 막히는 것을 방지하고 처리 용량이 증가한다. 실제 응용 분야에서 끈적끈적하고 젖은 재료의 막힘을 효과적으로 해결하고 공정 흐름을 단순화한다.

중국에서 일반적으로 사용되는 이완 스크린은 주로 기계식 및 진동식이다. 기계적 이완 선별은 크랭크 커넥팅 로드 이완 선별이라고도 한다. 로웰(Lowell) 이완 선별은 주로 두 개의 선별 틀, I과 II로 구성된 것을 나타낸다. 선별 틀 II는 선별 틀 I에 배치된다. II는 진동 차단 스프링으로 틀에 지지가 되며 그사이에 매달린 장치가 있다. 선별 틀 I은 선별 틀 II에 병렬로 매달려 있다. 동시에, 걸이 장치는 선별 틀 I과 II가 상대적으로 평행하게 움직일 수 있도록 하는 가이드로 사용할 수 있다. 각 선별 틀은 크로스 빔으로 연결된 두 개의 측면 판으로 구성되며 폴리우레탄 선별 판의 두 끝은 각각 선별 틀 I 및 II의 크로스 빔에 고정된다. 선별 틀의 구동은 모터가 편심 샤프트를 구동하여 벨트 풀리를 통해 회전하는 것이다. 편심 샤프트는 연결봉을 통해 선별 틀 I을 지속적으로 밀고 당기는데, 두 선별 틀의 질량이 비슷해서 선별 틀 I과 선별 틀 II가 서로 번갈아가며 움직이게 한다. 선별 틀 II가 선별 틀 I을 밀고 당기면 후자도 선별 틀 II를 밀고 당긴다.

각 선별 틀의 절대 진폭이 A라고 가정하면 두 선별 틀의 상대 진폭은 ±A이다. 선별 틀에 설치된 빔은 플렉시블 선별 판을 번갈아가며 장력을 가하고 느슨해지도록 구동한다. 이러한 방식으로 선별기 표면의 소재는 "튐-낙하-튐" 사이클 프로세스를 거치게 된다. 기계적 이완 선별기의 작동 주파수는 500-600r/min이다.

진동 이완 스크린은 기존의 원형 또는 선형 진동 선별기를 기반으로 개발되었다. 단일 구동 장치가 이중 진동을 생성한다. 즉, 하나의 구동 장치가 두 개의 다른 진동을 동시에 일으킨다는 의미이다. 편심 블록의 회전은 활성 선별 틀이 기본 진동으로 원형 또는 선형 진동을 생성하고, 추가 진동은 전단 스프링에 의해 수행되어 플로팅 선별 틀의 생성된 타원형 진동을 만든다. 메인 플로팅 선별 틀이 상대적인 움직임을 일으키면 양쪽 끝의 고정 빔과 플로팅 빔에 설치된 폴리우레탄 선별기 패널이 계속 팽창하고 수축한다. 유연한 선별기 패널은 큰 편향 변형을 생성하여 선별기의 재료 입자가 최대 50g 이상 매우 높은 가속도를 유발한다. 거름망 구멍이 지속해 늘어나고 변형되어 거름망 구멍이 막히는 것을 효과적으로 방지하고 재료 선별의 효율성을 향상할 수 있다. 이완 진동 스크린의 작동 주파수는 주로 약 800r/min이다.

2.3.2.3 에어 세퍼레이터(Air Separator)

에어 세퍼레이터는 공기를 선별 매체로 사용하여 기류 작용에 따라 밀도 또는 크기에 따라 입자를 선별하는 기술을 말한다. 에어 세퍼레이터의 기본 원리는 기류가 특정 풍속 범위 내에서 "가벼운" 입자를 위쪽 또는 수평 방향으로 더 먼 곳으로 운반한다는 것이다. 반대로 "무거운" 입자는 상승 기류가 중력의 영향을 상쇄할 수 없거나 입자의 관성이 충분하여 주 이동 방향이 수평 기류에 의해 변경되지 않고 기류를 통해 침전되기 때문에 구별된다. 기류에 의해 운반된 가벼운 물질은 기체-고체 분리 및 먼지 제거를 위해 사이클론 분리기로 들어간 다음 배출된다.

리튬 배터리의 분해에 특화된 선별기(winnowing machine)는 주로 배터리의 가벼운 분리막 또는 무거운 쉘을 제거하고 큰 극조각의 상태에서 전류 수집기를 분리하는 데 사용된다. 에어 세퍼레이터는 선별 섹션의 공기 이동 모드에 따라 일반적인 에어 세퍼레이터와 맥동 에어세퍼레이터로 나눌 수 있으며, 맥동 에어세러페이터는 대동맥 및 동맥 에어세러페이터로 나눌 수 있다.

2.3.2.3.1 일반적인 에어 세퍼레이터

일반적인 에어 세퍼레이터는 수직 및 수평의 두 가지 유형으로 나눌 수 있다. 주로 선별 기계에 공기 흐름을 통과시켜 재료를 분리한다. 밀도 차이가 상대적으로 크고 선별 정확도가 높지 않은 영역에서 주로 사용된다. 처리 용량이 크고 구조가 간단하며 에너지 소비가 적고 오염이 적으며 매체가 필요하지 않다는 장점이 있다.

수직 에어 세퍼레이터는 전통적인 에어 세퍼레이터이라고도 한다. 1세대 에어 세퍼레이터라고도 할 수 있다. 송풍기를 사용하여 일정한 기류를 직선 실린더 선별 공간으로 전달하여 재료의 분리율을 실현한다. 그러나 밀도 차이가 크거나 입자 크기와 모양에 약간의 차이가 있거나, 또 입자 크기가 크고 두께와 모양에 약간의 차이가 있는 재료에만 적합하다. 모양이 크게 다르거나 입자 크기와 밀도에 일정한 차이가 있는 재료의 경우, 특히 고체 입자의 두께가 공기 밀도의 차이보다 훨씬 큰 경우 선별 정확도를 보장하기 어렵다. 따라서 시간이 지남에 따라 수직 에어 세퍼레이터는 점차 역사의 무대에서 사라질 것이다.

수평 에어 세퍼레이터는 주로 가정용 쓰레기 기계식 선별을 위한 일반적인 장비에 사용된다. 팬의 각도와 공기 흡입 속도를 조절하여 정량적으로 공급된 물질을 기류로 날려버린다. 하강 과정에서 다양한 구성 요소가 서로 다른 움직임의 궤적에 따라 서로 다른 수거 탱크로 떨어지면서 선별 목적을 달성한다. 재료는 자유 낙하 운동을 위해 수평 공기 선별 기계로 들어간다. 이때 수평 기류의 작용으로 가벼운 물질이 수평 방향으로 먼 거리를 이동한다. 가벼운 물질은 가벼운 물질 배출구에서 배출된다. 반대로 무거운 물질은 가벼운 물질과 무거운 물질을 분리하는 관성으로 인해 수평 기류를 통해 수거 탱크로 떨어진다. 수평 공기 선별의 장점은 큰 처리 용량, 간단한 구조, 큰 선별 입자 크기 및 다 성분 선별(2종류 이상)이지만 선별 정확도는 높지 않다. 밀도가 매우 다른 재료 선별에만 적합하다. 따라서 폐기물의 사전 선별에 널리 사용된다.

2.3.2.3.2 대동맥 맥박 같은 흐름 선별

대동맥 흐름 선별기는 주기적으로 변화하는 기류를 장치에 통과시켜 밀도에 따라 선별할 물질의 분리를 강화하는 장치이다. 선별 영역의 저밀도 입자는 고밀도 입자보다 더 큰 가속 효과를 얻을 수 있다. 기존 공기 선별에서 공기 이동 시 입자의 등온선 현상이 발생하여 선별 효율이 떨어지는 문제를 어느 정도 극복하고, 밀도에 따라 물질을 최대한 선별할 수 있다. 대동맥 흐름 선별에 의해 생성되는 맥박 같은 바람은 전체 맥동(脈動)과 부분 맥동의 두 가지 유형으로 나눌 수 있다. 전체 맥동은 흐름 선별 과정에서 모든 공기 흐름이 맥동기류임을 의미하며, 이는 활성 팬과 맥동 밸브만 필요하다. 구체적인 계산 공식은 다음과 같다:

$$v = v_0 - v_0 \sin(\omega + \varphi)$$

v는 맥동 풍속(m/s).
$v0$는 활성 팬의 풍속(m/s).
$v1$는 맥동하는 팬 풍속(m/s)으로, 일반적으로 활성 팬 풍속의 5~20%이다.
ω는 각 주파수, s^{-1}, 주기는 $2\pi/\omega$이다.
φ는 초기 단계

전체 맥동 흐름 선별은 입자 밀도 차이가 작은 재료 체질에 더 적합하다. 풍속이 더 많이 변하고 다른 입자에 의해 생성되는 가속 효과도 더 크다. 일정 기간의 주기적 진동을 통해 분리를 달성하기가 더 쉽다. 하지만 풍속 변화가 크면 가벼운 물질이 분리 컬럼에 더 오래 머무르게 되어 분리 효율이 떨어진다. 일부 맥동 공기 분리는 작은 기류 변동이 상대적으로 밀도가 다른 물질을 분리하기 때문에 입자 밀도가 큰 물질을 분리하는데 더 적합하다. 동시에 고효력 통풍 분리기는 상대적으로 큰 일정한 기류를 제공하기 때문에 가벼운 물질을 빠르게 배출하여 분리 효율을 향상할 수 있다.

맥동 기류의 맥동 주파수는 밀도가 다른 재료에 대해 서로 다른 가속 효과를 가지며 직접적으로 선별기의 최종 분리 효율에 영향을 미친다. 최적의 맥동 주파수는 재료의 다양한 구성 요소를 기반으로 해야 하며, 해당 이론적 분석 및 실험 검증을 통해 얻을 수 있다. 맥동 주파수는 리튬 배터리 리사이클링에 적합하다.

2.3.2.3.3 수동 맥동 흐름 선별

대동맥 흐름 선별 기술과 마찬가지로 수동 맥동 흐름 선별 기술도 기류 맥동을 통해 서로 다른 입자의 가속 효과 차이를 증가시켜 재료의 밀도 선별을 강화하고 선별 정확도를 향상하는 데 사용된다. 차이점은 수동 맥동 흐름 선별은 맥동기류를 근사화하기 위해 장치 자체의 구조에 따라 달라진다는 것이다. 실제 기류는 일정한 흐름이다.

선별기의 지름이 변하거나 불규칙한 구조가 증가하면 기류 유량이 변경된다. 변화가 발생하여 맥동 효과가 발생한다. 수동 맥동 흐름 선별은 전체 유도 공기 형태를 사용하여 일정한 공기 흐름을 생성할 수 있다. 폭발과 비교하여 유도 공기의 장점은 선별 기계에 공기 흐름을 더 잘 분배할 수 있다는 것이다.

수동 맥동 흐름에 의한 분리에는 회전형(Z자형), 댐핑형, 가변 직경형의 세 가지 주요 유형이 있다. 회전 맥동 흐름 선별은 선별기 섹션을 Z자형 구조로 변경한다. 기류가 지나갈 때 원래의 층흐름 상태를 변경하고 난류를 생성하여 기류 스크린 효과를 향상한다. 한편, 회전 구조의 추가로 인해 회전 구조의 두 판 사이의 속도는 높은 중심과 낮은 옆벽의 특성을 나타내므로 저밀도 재료가 중앙으로 이동하는 경향이 있다. 반대로 고밀도 재료는 가장자리로 이동하는 경향이 있다. 옆벽 근처의 가스 속도가 낮을수록 무거운 제품의 하향 배출에 더 도움이 된다. 이 현상은 재료 선별 공정에 대한 형상 및 입자 크기의 영향을 어느 정도 극복하여 재료를 밀도별로 더 잘 분류할 수 있으므로 기류 분리의 분리 효율을 향상할 수 있다.

회전 기류 스크린의 분리 효율에 영향을 미치는 주요 요인은 회전판의 각도, 판 사이의 거리 및 회전 횟수이다. 수직 방향과 비교하여 회전판의 각도가 클수록 무거운 제품이 떨어지는 것이 더 유리하고 가벼운 제품의 불일치가 거의 없다. 그러나 회전 각도가 지나치게 크면 가벼운 제품을 배출하기 어렵다. 판 사이의 거리가 작을수록, 중앙에서 옆벽까지의 가스 속도가 더 빨리 변할수록 가벼운 물질을 분리하는 데 더 도움이 되며 무거운 물질은 처리 용량이 감소하고 막히기 쉽다. 회전수가 많을수록 유효 분리 시간이 길어지고 분리 정확도가 높아져 분리가 증가한다. 선별기의 높이가 높으면 처리 효율이 떨어진다. 따라서 회전판의 각도, 판 사이의 거리 및 회전 횟수를 조정해야만 회전 기류 스크린의 효율성을 높이고 극대화할 수 있다.

댐핑 맥동 흐름 선별은 기존 공기 선별기의 선별 구역에 댐핑 블록을 추가하여 선별 구역을 통과할 때 기류가 가속 또는 감속 효과가 있도록 하여 맥동기류를 생성하고 밀도에 따라 강화된 재료의 분리를 실현하는 것이다. 가변 지름 맥동 흐름 선별 기계는 선별 구역의 직선 튜브 구조를 가변 지름 구조로 직접 형성한다. 가변 지름 구조는 대부분 테이퍼 구역이 맥동기류와 맥동 감쇠 기류를 생성한다. 선별기는 선별 구역의 지름을 변경하여 통과 기류의 유량을 변경하여 맥동기류의 생성을 실현한다는 점에서 유사하다.

2.3.2.4 띄워서(부유 浮遊) 분리

띄워서 분리하는 기술은 미세 입자 광물을 분리하는 데 필수적인 방법으로, 폐 배터리의 리사이클링 및 활용에도 중요한 역할을 한다. 다 쓴 리튬 배터리 소재를 분해하고 분쇄한 후, 큰 입자의 극 조각을 제선 및 재선별하여 양극 및 음극 소재와 포일의 분리를 실현한다. 파쇄로 생성된 입자 크기가 10~50㎛의 미세 입자 제품에는 주로 양극 활성 물질과 음극 흑연 분말이 포함되어 있다. 폐기물의 이 부분도 특정 리사이클링 가치가 있다. 양전극 활성 물질과 흑연의 밀도 차이에 따라 공기 분리 및 재선별이 종종 분리에 사용된다. 그러나 혼합물에서 이 부분의 입자 크기는 상대적으로 미세하며 밀도 차이는 더 이상 분리에 도움이 되지 않는다.

양극 활성 물질과 흑연은 서로 다른 결정 유형을 가지고 있다. 친수성 및 소수성 특성이 달라서 표면 에너지의 습윤성에 큰 차이가 있다. 부유 분리 기술은 혼합물의 표면 특성으로 인한 친수성과 소수성의 차이를 기반으로 두 가지의 분리를 달성한다. 배터리 재료에 관한 한, 가장 양극 활성 재료는 친수성 재료이다. 동시에 흑연은 소수성이 강하기 때문

그림 2.5 부유 분리 과정의 개략도

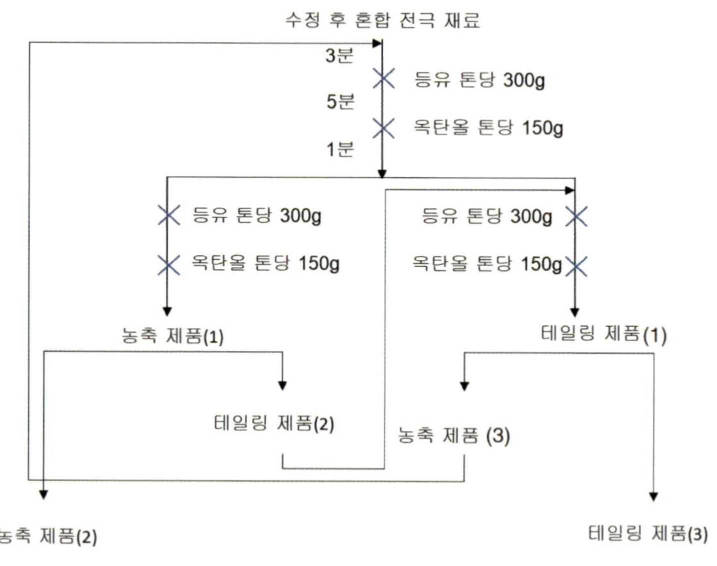

출처: Zhang [4]

에 미세 입자 양극 활성 물질과 흑연 혼합 물질의 부유 분리는 거의 불가피한 선택이 되었다. 일반적인 부유 분리 공정은 그림 2.5에 나와 있다. 혼합 전극 재료는 일반적으로 표면 개질 후 부유 시스템으로 들어간다. 부유 공정은 제품 품질 요구사항에 따라 늘리거나 줄일 수 있다.

양극 활성 물질과 흑연은 서로 반대되는 표면 소수성을 가지고 있어서 부유 분리는 양극 활성 물질과 흑연을 분리하여 회수하는 데 이상적이다. 그러나 유기 바인더가 양극재와 흑연의 표면을 덮기 때문에 표면 특성이 저하된다. 부유 분리를 달성하기 위해서는 전극 소재의 표면을 합리적으로 수정할 필요가 있다. 이 핵심적인 기술적 어려움으로 인해 고온 로스팅, 기계적 분쇄, 유기 산화 용해의 세 가지 주요 처리 방법이 있다. 헤 야쿤(He Yaqun) 팀은 이 세 가지 방법에 관한 실험실 연구를 수행했다. 고온 열분해[4]의 경우, 전극 재료 표면의 유기 바인더와 잔류 전해질을 열분해로 제거할 수 있다고 생각한다.

따라서 고온 열분해는 양극과 음극 물질 입자의 상호 해리를 실현하여 노출된 물질과 음극 물질 표면의 초기 친수성 및 소수성 특성을 만들 수 있다. 음극의 흑연 표면의 유기 바인더가 감소한다. 수집기의 소수성 및 흡착 능력이 향상되고, 양극 물질의 표면은 친수성 인자의 증가로 인해 물과의 친화력이 증가한다. 열분해 처리는 양극 및 음극 재료 입자 표면의 친수성 및 소수성 특성의 차이를 강화할 수 있다. 두 전극 재료의 부양 분리 효율이 향상된다. 현재 이들이 얻은 최고의 열분해 온도는 550°C이다. 열분해 후 2단계 부유 공정을 조합하면 음극재 등급이 98.00%에 달할 수 있다. 기계적 연삭[5]의 관점에서, 연구진은 LIB의 양극판과 음극판이 유기 바인더를 통해 전극 재료 입자, 전도성 제제 및 기타 첨가제와 함께 적층 구조로 전류 집합체 재질에 접착된다고 생각한다. 배터리 재료 표면의 바인더는 저온에서 부서지기 쉽기 때문에 저온 연마 방법을 사용하면 바인더가 마모되고 벗겨져 전극 재료 입자의 친수성, 소수성 표면이 노출될 수 있다. 동시에 흑연의 층상 구조는 저온 연삭으로 인해 손상된다. 그것이 파괴되면 더 많은 라멜라 새 표면이 생성되고, 양극 재료와 흑연 표면의 특성 차이가 양극 재료와 흑연 표면 사이의 특성이 점점 더 많이 노출되고 부유 분리 효율도 향상된다.

유기 산화 용해[6,7]의 관점에서 볼 때, 펜톤 시약은 비활성화 막의 유기 탄산염을 효과적으로 산화 분해할 수 있을 것으로 생각된다. 동시에 폴리머 PVDF는 $-CF_2CF_2-$ 및 $-CF_2CH_3-$과 같은 작은 분자로 분해된다. 이후 결합 효과가 실패하고 부동태화 필름이 분해되며 분쇄된 음극 생성물의 표면이 활성화되고 변형된다. 펜톤 산화는 상대적으로 더 대수롭지 않다. 입자 표면의 비활성화 막의 열화는 입자의 외부 표면에만 영향을 미칠 수 있으며 입자에 의해 차단된 부분은 깊이 반응할 수 없다. 따라서 수정 후에도 입자 응집 현상은 여전히 발생한다. 그러나 이 방법은 흑연의 과산화를 방지하고 흑연의 원래 결정 형태를 유지하여 부유 분리의 효율을 향상할 수 있다.

산업 응용에 관한 이 세 가지 방법 중 어느 것도 실질적으로 산업화하지는 않았지만, 후속 부유 공정에 대한 이론적 근거와 기술 지침을 제공한다. 현재 부유 공정은 주로 석탄 준비 산업에서 사용된다. 배터리 리사이클링 산업에서는 아직 보급 및 적용되지 않았지만, 배터리 리사이클링 전처리 공정에서 고려할 수 있는 핵심 기술이다. 부유 기술의 핵심은 양극과 음극의 분리 효율과 제품 등급에 있다. 부유 시약의 조정을 통해 부유 공정 최적화, 부유 장비 선택, 고효율 분리, 고등급 제품 출력을 달성하여 후속 침출 공정의 어려움을 줄일 수 있다.

2.3.3 열처리

LIB 리사이클링 공정에서 열분해 장비는 주로 유기물을 분해하고 제거하는 데 사용된다. 일반적으로 전극 재료의 유기 바인더를 제거하고 전해질과 분리막을 열분해하는 데 사용된다.

2.3.3.1 회전식 소성로

회전식 소성로는 재료에 따라 시멘트 소성로, 야금 화학 소성로, 석회 소성로로 구분되는 걸 말한다. 회전식 소성로는 폐쇄된 상태에서 불활성 가스 환경에서 열분해 될 수 있으므로 리튬 배터리 리사이클링 공정은 주로 전극 시트의 유기 바인더를 제거하고 전해질의 열분해를 제거하는 데 사용된다. 유기 바인더의 제거 온도는 450~600°C, 시간은 1~2시간, 전해질의 열분해 온도는 180°C로, 음압 불활성 가스 환경에서 유기 바인더와 전해질을 동시에 열분해하여 제거할 수 있다. 회전식 소성로는 가스 흐름, 연료 연소, 열 전달 및 재료 이동으로 구성된다. 회전식 소성로는 연료를 완전히 연소시키고 연료 연소 열을 재료에 효과적으로 전달하는 방법이다. 재료가 열을 받으면 일련의 물리적, 화학적 변화가 일어나고 마침내 제품이 형성된다.

2.3.3.2 마이크로파 가열 강철 벨트 소성로

마이크로파 가열 강철 벨트 소성로는 주로 대형 비금속 재료를 대기 중에서 로스팅하는 데 사용된다. 이 장비는 에너지 활용도가 높은 특징이 있다. 짧은 소성주기, 높은 생산 효율, 큰 일일 생산량, 균일한 제품 가열, 우수한 제품 품질, 높은 수준의 자동화, 안전 및 신뢰성, 작은 설치 공간 및 환경오염이 없다. 대기 및 산소가 풍부한 조건에서 공기 소결, 합성, 분해 및 비금속 재료 배출에 적합하다. 마이크로파 가열 강철 벨트 소성로를 사용하여 분리기를 제거할 수 있다.

2.3.3.3 마이크로파 가열 회전 소성로

마이크로파 가열 회전 소성로는 스틱의 회전에 의한 일종의 연속 소성 가마이다. 열분해 터널 가마는 연속 소성 가마이다. 가열 방법은 마이크로파 가열이다. 주로 광물의 건조, 열분해, 로스팅, 소성 및 소결과 같은 금속 산화물 광석의 탄화 열 환원 및 금속 황화물 광석의 탈황에 사용된다. 리튬 배터리 분야에서는 배터리 양극재 건조 및 합성에 사용할 수 있다. 또한 리튬 배터리 전극 재료의 회수 공정에서 바인더를 제거할 수도 있다. 작업 과정에서 재료를 롤러에 직접 놓거나 핫플레이트를 통해 재료를 롤러에 놓을 수 있다. 롤러의 지속적인 회전으로 재료가 순서대로 전진할 수 있다. 각 롤러의 끝에는 스프로킷이 있으며 체인이 회전하도록 구동할 수 있다. 작동 때 체인은 여러 그룹으로 나뉘어 한 번 구동되어서 작업 과정에서 원활하고 안전한 전송을 보장한다. 저온 롤러는 내열성 니켈-크롬 합금강으로 만들어졌으며 커런덤 도자기와 같은 고온 내성 고 알루미나 세라믹이 롤러로 사용된다. 마이크로파 가열 회전 소성로의 상부 및 하부 가열 공간은 마이크로파 가열을 채택하여 실내 재료를 가열, 건조, 열분해, 로스팅 및 소결한다. 마이크로파 유입구와 롤러 테이블 사이에는 내화 재료가 격리되어 있으며 소성되는 제품과 직접 접촉하지 않는다.

마이크로파 가열 회전 소성로는 높은 안정성, 긴 수명, 연속산업 등급의 마이크로파 소스를 채택하여 장비의 지속적이고 안정적인 장기 작동을 보장하고 엄청난 생산 능력을 보장한다. 마이크로파 전력과 소성로 길이는 주문형으로 설정할 수 있으며 소성로 몸체의 단면이 크고 재료가 크다. 마이크로파 전력 분배는 과학적이며 온도 제어는 정확하고 공기, 산소, 질소, 약한 환원 등과 같은 다양한 대기에 적합하다. 언제든지 전환할 수 있고, 정확하게 제어할 수 있으며, 온도 필드가 균일하고 제어할 수 있으며, 공정 제어 불안정성이 더 에너지 절약에 도움이 되며 자동화 수준이 높다.

2.3.3.4 탄소화 장비(Carbonization Machine)

탄소화 장비는 가스화 시스템, 연소한 가스의 정화 시스템, 탄소화 시스템 및 냉각 시스템의 네 가지 시스템으로 구성된다. 모든 내부 부품은 견고하고 내구성이 뛰어나다. 특수 고온 내성 희귀금속 강철은 변형되지 않고 산화되지 않으며 단열 성능이 우수하며 작동이 간단하고 안전하며 신뢰할 수 있다. 밀폐된 환경에서 수행되기 때문에 리튬 배터리 리사이클링 분야에서 유기 바인더 제거에 적용할 수 있다. 탄소화 장치는 먼저 가스화 시스템을 통해 재료를 연소시켜 통로로 빠져나가는 가스를 생성한다. 연소 가스 정화 시스템으로 여과된 연소 가스는 연소를 위해 탄소화 시스템으로 전달된다. 특정 온도에 도달하면 탄소화 물질이 추가되어 파이프라인을 통해 전달되어 탄소화 기계에서 연소한다. 유기물 연소는 열, 산소, 유기물의 세 가지 요건을 충족해야 한다. 탄소화 기계가 거의 닫혀 있어서 산소 요구량을 충족할 수 없다. 재료는 탄소화 기계 내부의 800°C에서 고온으로 탄소화 기계를 통과한다. 내부 이송 장치의 속도를 조정하면 재로 연소하지 않고 숯으로만 연소한다.

리튬 배터리 회수 공정에서는 전극 분말이 탄소화되지 않는다는 전제하에 탄소화 온도를 조정하여 바인더를 제거할 수 있다. 연도 가스 정화 공정은 탄소화 기계에서 연소한 재료에서 생성된 연도 가스를 처리한다. 그 후 연소를 위해 탄소화 기계로 돌아가 기계의 열에너지가 계속 작동하여 무연, 환경친화적이며 지속적인 효과를 얻는다. 이 과정에서 발생하는 유기성 폐가스는 탄소화 기계에서 재사용할 수 있다. 최종 냉각 시스템은 배출되는 물질의 온도를 50~80°C로 빠르게 떨어뜨려 처리 효율을 크게 향상할 수 있다.

2.3.4 용매 용해

리튬이온 배터리 리사이클링 및 활용을 위한 주요 고부가가치 자원은 주로 양극재에 집중되어 있다. 다양한 양극재와 전류 집합체를 분리하는 기존 방법으로는 파쇄, 산-염기 침출, 고온 소성 등이 있다. 높은 에너지 및 재료 소비, 양극재와 전류 집합체의 완전한 분리, 알루미늄 원소의 효과적인 회수 불능, 생산 원료의 리사이클링 실현 불능 등의 단점이 있다. 양극재는 양극재 시트의 바인더에 의해 알루미늄 포일에 고정된다. 기존 처리 공정은 니켈, 코발트, 망간, 리튬 등 양극재 원소를 추출하는 산-염기 침출법 또는 소성 침출법을 통해 용액으로 만들어 원소들을 추출한다.

이 과정에서 알루미늄은 양이온 원소와 함께 침출 시스템에 쉽게 유입되어 회수가 어렵고 양이온 원소의 추출 및 회수 과정의 난도를 높인다. 알루미늄 포일을 모양을 변경하지 않고 활성 물질에서 분리할 수 있다면 활성 물질을 완전히 분리할 수 있을 뿐만 아니라 알루미늄 시트를 직접 회수할 수 있다. 따라서 바인더의 결합 효과가 파괴되는 한 활성 물질 분말과 알루미늄 포일의 전체적인 분리를 달성할 수 있다. 문제의 핵심은 유기 바인더를 제거하는 데 있으며, 제거 방법은 유기 용해 및 가열 및 휘발에 의해서도 달성될 수 있다. 용매 용해[8]는 '유사 상 용해 (similar phase dissolution)'의 원리를 기반으로 유기 결합제를 제거하는 방법이다. 용질과 용매라는 서로 다른 두 분자의 경우, 용질과 용매 분자 사이의 인력이 용질 또는 용매 분자 자체 내의 분자 간 인력보다 강하면 용질이 용매에 용해되어 용액이 형성된다.

용질과 용매 분자 사이의 인력은 용매 분자의 극성과 관련이 있다. 표 2.2에서 볼 수 있듯이 극성이 다른 분자 사이의 상호작용은 매우 다양하다. 따라서 효과적인 제거를 위해서는 배터리 내 유기 바인더의 특성에 따라 적합한 용매를 선택해야 한다. 현재 시판되는 리튬 배터리 바인더

표 2.2 용질과 용매 분자 간의 상호작용.

용질A	용질B	상호 작용			
		A-A	B-B	A-B	용해도
극성	극성	강함	강함	강함	더 높을 수도
극성	비극성	강함	약함	약함	더 낮을 수도
비극성	극성	약함	강함	약함	더 낮을 수도
비극성	비극성	약함	약함	약함	더 높을 수도

표 2.3 일반적인 유기 용매에 용해된 전극 재료의 실험실 파라미터.

용매	테스트 조건	테스트의 장단점
NMP	작은 극 조각 전극 재료로 절단, 900℃, 5분 LIB, 100℃, 1시간 LIB의 생산 폐기물, 80℃, 15분	1) 후속 산 분리 2) 알루미늄 포일을 제거하려면 NaOH가 필요 3) 일반적인 용해 효과
DMAC	리튬이온 버튼 배터리, 120℃, 12시간	긴 시간
DMF	LCO 전극 조각, 60℃, 1시간	느린 용해 속도
디메틸 설폭사이드 (Dimethyl sulfoxide, DMSO)	PVDF를 용해하고 60℃에서 30분간 휘젓기	용매는 유독
테트라하이드로푸란 (Tetrahydrofuran, THF)	PVDF를 용해하고 60℃에서 30분간 휘젓기	용매는 유독

출처: Li 외. [8]에서 발췌

재료는 주로 수성 및 유성으로 나뉜다. 수성 바인더에는 주로 카르복시 메틸 셀룰로오스 나트륨(sodium carboxymethyl cellulose, CMC), 스티렌 부타디엔 고무(styrene butadiene rubber, SBR), LA132 등이 포함된다. 유성 바인더는 주로 PVDF 수지, 비닐리덴 플루오르화물(vinylidene fluoride, VDF) 단일 중합체(homopolymer), VDF의 공중합체(copolymer) 및 소량의 기타 불소 함유 비닐 모노머이다. 반복 단위는 -CH$_2$-C$_2$-이다. 수성 유기 결합제의 경우 극성이 상대적으로 약하다. 일부 유기산과 같이 물과 유사한 용매를 선택하면 전류 집합체에서 활성 물질을 효과적으로 분리할 수 있다. 적합한 용매는 극성이 강한 PVDF용 극성 유기 용매여야 한다. 일반적인 PVDF 유기 용매로는 N-메틸 피롤리돈(N-methyl pyrrolidone, NMP), 디메틸아세타미드(dimethylacetamide, DMAC), 디메틸포름아미드(dimethylformamide, DMF), 아세톤 등이 있다. 이러한 분자 구조는 모두 하나 이상의 카르보닐기를 포함한다. 이러한 유기 용매는 강한 분극 효과가 있어 극성이 강하고 PVDF와 호환성이 비슷하다. 그러나 유기 용매의 점도가 상대적으로 크고 용해 후 얻은 활성 입자가 상대적으로 미세하여 고체와 액체가 완전히 분리

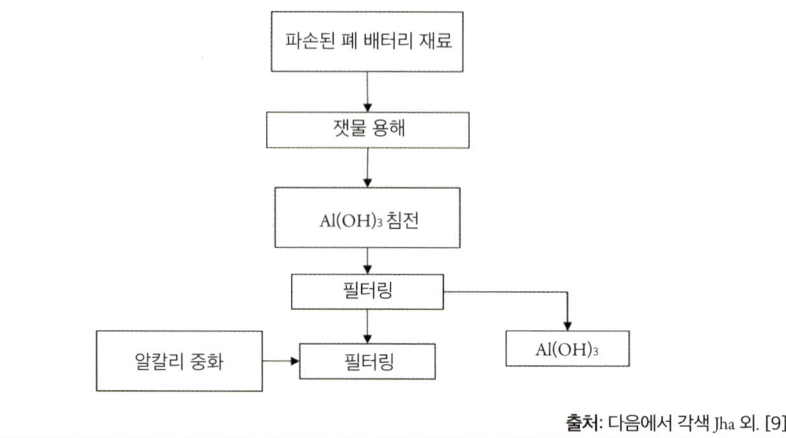

출처: 다음에서 각색 Jha 외. [9]

되기 어렵다는 문제가 있다. 고체-액체 분리가 불완전하면 유기 용매의 후속 회수가 더 어려워진다. 동시에 유기 용매의 비용이 상대적으로 높고 사용량이 많다. 산업 리사이클링 시스템을 구축하려면 막대한 자본 투자가 필요하다. 일부 유기 용제는 생태 환경과 작업자의 건강에 잠재적인 해를 끼칠 수 있다(표 2.3).

2.3.5 알칼리성 용해

IB의 음극재는 알루미늄 포일 위에 코팅되어 있다. 알루미늄은 일종의 산-염기 양쪽 반응성 금속이다. 알루미늄이 알칼리성과 반응할 수 있는 원리를 이용하여 용액과 달리 코발트산 리튬은 알칼리성 용액과 반응하지 않으며, 분해된 배터리에서 얻은 물질을 알칼리성 용액에 담글 수 있다. 알루미늄 포일은 금속 알루미늄산 나트륨을 녹여 용액에 들어간다. 양극재, 바인더, 아세틸렌 블랙 등을 포함한 불용성 물질이 슬래그에 들어가 분리 효과를 얻는다. 이 방법은 작동하기 쉽고 간단하며 산업화한 대규모 생산을 실현할 수 있다. 그림 2.6은 분해된 배터리 양극이 파손된 후[5, 6], 알루미늄 포일을 NaOH에 담그는 방법으로 제거됨을 보여준다.

알루미늄은 $NaAlO_2$의 형태로 잿물에 용해된다. 나머지 잔류물의 후속 처리는 코발트 및 리튬에서 알루미늄을 분리하기 위해 수행된다. 마지막으로, 알칼리성 침출 용액의 pH 값을 황산 용액으로 조정하고 알루미늄 원소를 침전시켜 $Al(OH)_3$ 형태로 회수한다. 그러나 극 조각에 코팅된 양수 활성 물질로 인해 알칼리 용액이 베이스의 알루미늄 포일에 효과적으로 접촉할 수 없으므로 알칼리 용액과 알루미늄 간의 반응에 필연적으로 영향을 미친다. 따라서 알루미늄의 용해와 분리를 촉진하기 위해 극 조각을 분쇄해야 한다.

2.3.6 분리를 강화하는 초음파

과학 기술의 급속한 발전과 함께 초음파 기술의 적용은 점점 더 광범위해지고 있다. 20세기 이후 야금 공학, 재료 공학, 생명 공학 등의 분야에서 초음파 기술을 사용하여 분리 및 침출을 광범위하게 강화하기 시작했다.

이 방법은 크게 활성 물질과 전류 집합체 분리의 초음파 층화와 배터리 리사이클링의 초음파 강화 침출로 나뉜다. 초음파 층화는 두 물질을 분리하는 빠르고 지속 가능한 방법을 제공할 수 있다. 이 기술은 하이드로메탈러지컬 공정 및 파이로메탈러지컬 공정보다 훨씬 더 효율적이고 환경친화적일 뿐만 아니라 고순도 물질을 생산할 수 있다. 일부 학자[10]는 고강도 초음파를 사용하여 LIB를 리사이클링하는 새로운 리사이클링 형식을 제안했다. 그림 2.7은 증기로 채워진 공기 방울이 특정 초음파 주파수와 전력에서 무작위로 형성되는 것을 보여준다. 많은 진동과 팽창을 거친 후 활성 성분의 표면에서 터진다. 속이 비어 있는 공기 방울의 파열력은 접착제의 파열력보다 크다. 그 힘이 더 강해져 활성 물질과 전류 집합체가 완전히 층을 이루게 된다. 이 방법은 활성 물질의

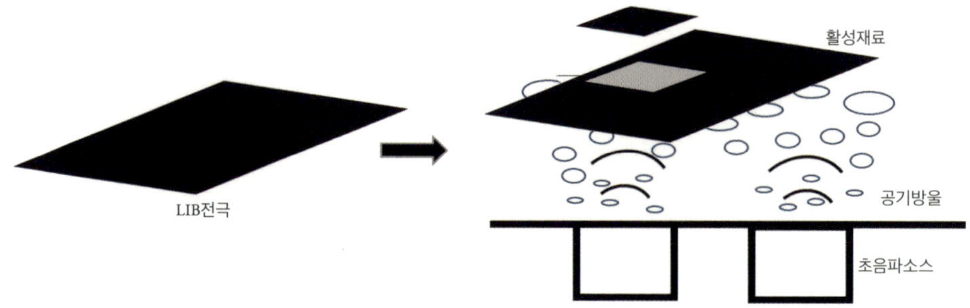

구조를 파괴하지 않으며 회수된 활성 물질은 배터리 생산설비로 직접 다시 보내질 것으로 예상한다. 초음파 층화는 배터리 리사이클링 기술의 획기적인 발전이 될 것이다. 그러나 초음파 분리의 효과는 바인더의 종류와 분자량에 따라 제한된다.

동시에 블랙 카본 첨가제의 존재로 인해 미세한 입자는 여과 및 회수가 불가능하다. 이에 따른 폐수 처리도 잠재적인 문제이다. 초음파 강화 침출[11,12]은 주로 액체에서 초음파의 공동(空洞) 효과를 통해 이루어진다. 초음파가 침출 표면에 조사되면 그림 2.8과 같이 버블링 진동, 성장, 수축, 파열 등과 같은 일련의 동적 프로세스와 함께 많은 수의 마이크로 가스 코어 공동 공기 방울이 생성되어 질량 전달 프로세스를 향상한다. 초음파는 주로 대류 운동을 촉진하여 고체-액체 접촉 면적을 증가시켜 침출 효율을 가속화하고 많은 양의 에너지를 제공하여 폐기물 용해에 도움이 된다.

음압 단계에서는 액체 매질에 수백만 개의 작은 진공 구멍이 형성되고 용액에 용해된 가스가 이 구멍으로 들어가 많은 공기 방울을 생성한다. 이 과정을 "공동(空洞)"이라고 한다. 양압 단계에서는 단열 압축 중에 공동 공기 방울이 분쇄되고 공기 방울이 터질 때 엄청난 에너지가 방출된다. 따라서 부서진 공기 방울은 주변의 고체-액체 계면에서 매우 높은

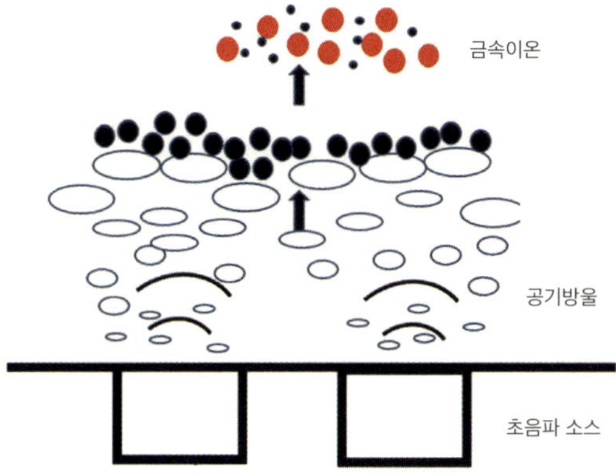

압력(평방 인치당 수만 파운드 이상)을 생성하여 침출 효율을 개선하는 데 도움이 된다. 초음파의 공동은 산의 해리 및 금속 원소와의 킬레이트화 과정을 크게 가속한다.

2.3.7 분리를 강화하는 기계화학

기계화학은 환경 보호, 야금, 재료 제조와 같은 첨단 기술 분야에서 부상한 학제 간 학문이다. 기계적인 힘이 응축된 물질에 작용하여 연삭 재료의 일부가 부서지고 정제된다. 이 기계적 힘의 일부는 직관적인 변화와 함께 기계적 에너지로 변환된다. 동시에 다른 부분은 입자 시스템 내부에 저장된다. 에너지의 이 부분은 표면 구조, 표면 특성, 구성 및 격자 구조의 왜곡과 플라즈마 상태를 유발한다. 마찰, 충돌, 충격, 전단 등의 기계적 힘을 사용하여 재료가 파손, 변형, 붕괴하여 재료의 내부 에너지가 증가하고 반응 활성이 증가하는 과정을 기계적 활성화라고 한다. 반응 물질은 강한 기계적 힘을 받는다. 결정 입자 크기가 감소하고 비면적이 증가하며 표면이 지속하여 붕괴하고 표면 결합이 변경될 수 있으며 구조가 비정질 상태가 되는 경향이 있다. 기계적 힘의 시간이 증가함에

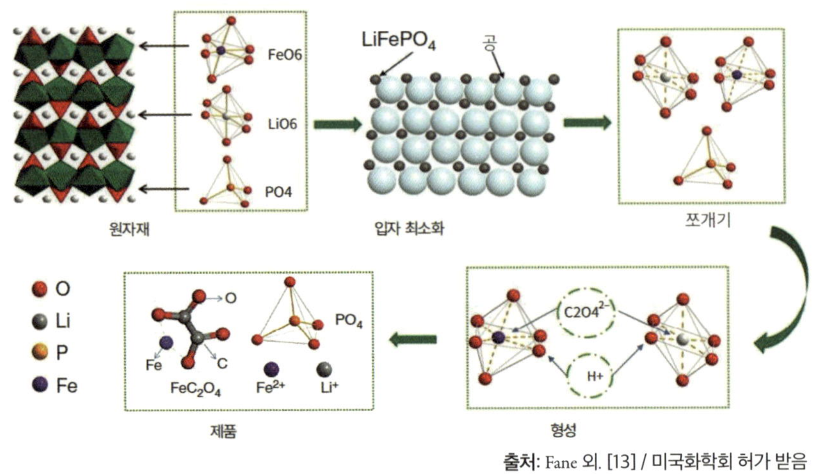

따라 재료 결정 표면의 비정질 층이 두꺼워지고 결정격자가 전위, 왜곡 등을 유발한다. 결정 구조가 비정질화 되고 결정성이 변화한다. 기계적 힘의 작용으로 결정 구조가 크게 변화하면 그에 따라 물리적, 화학적 특성도 변화한다. 이러한 변화에는 밀도 감소, 용해도 증가, 융점 감소, 전기 전도도 향상, 표면 에너지 증가, 표면 흡착 및 반응성 증가 등이 포함된다. 많은 요인이 기계화학 반응에 영향을 미치며, 이는 기존 화학과는 다른 특성이 있다. 예를 들어, 기존 방식으로는 달성하기 어려운 일부 화학 반응을 유도할 수 있으며, 반응물의 열역학적 특성을 변화시켜 특정 기계화학 반응이 뒤따를 수 있도록 할 수 있다. 정상적인 조건에서는 열역학이 불가능하다.

　폐 배터리 리사이클링의 응용에서 물질의 화학적 특성은 기계적 힘을 통해 활성화될 수 있으며, 반응은 다른 가혹한 반응 조건 없이 실온과 같은 낮은 온도에서 수행될 수 있다. 패인(Fane) 등[13]은 사용한 배터리를 NaCl 용액에 담그는 방법을 사용하여 배터리의 완전한 방전을 달성했다. 회수된 $LiFePO_4$는 유기 불순물을 제거하기 위해 $700°C$의 고온에서 5시간 동안 처리했다. 옥살산은 분쇄 보조제로 사용되어 리사이클링 재료와 혼합되고 유성 볼 밀에 의해 기계적으로 활성화된다. 기계적 활성화 공정은 주로 그림 2.9와 같이 입자 크기 감소, 화학 결합 파괴, 새로운 화학 결합 생성의 세 단계로 구성된다. 분쇄, 기계적 활성화, 혼합 원료 및 지르코니아로 만들어진 구형 입자(zirconia beads)를 탈이온수로 헹구고 30분 동안 담가두었다. 여과액을 $90°C$에서 휘젓고 Li^+ 농도가 5g/l보다 커질 때까지 증발시킨다. 그런 다음 여과액의 pH를 1몰/l NaOH 용액으로 4로 조정했다. Fe^{2+} 농도가 4mg/l 미만이 될 때까지 여과액을 2시간 이상 계속 휘저은 다음 고순도 여과액을 얻었다. 여과 후 정제된 리튬 용액을 pH 8로 조정하고 $90°C$에서 2시간 동안 휘저었다. 침전물을 수집하고 $60°C$에서 24시간 동안 건조하여 리튬 회수 생성물을 얻었다. 리튬의 회수율은 99%에 달할 수 있으며, Fe는 $FeC_2O_4 \cdot 2H_2O$의 형태로 회수되며 회수율은 94%에 이른다.

　그림 2.10에서 볼 수 있듯이, 폐 배터리 리사이클링에서 기계적 활성화의 일반적인 공정에는 염용액 배출, 해체 및 분리, 알칼리 용해, 여과 및 건조, 기계적 활성화, 소성, 물리적 분리 시스템으로 들어가거나 고가의 금속 원소를 추가로 추출하기 위해 침출 시스템의 습식 공정으로 들어가는 것이 포함된다. 기계적 활성화 기술은 배터리 리사이클링에 고유한 장점이 있다. 간단한 물리적, 기계적 힘을 통해 재료의 표면 특성을 변화시킴으로써 배터리 재료의 분리와 원소 회수를 촉진할 수 있다. 장비가 간단하고 공정 흐름이 짧으며 명백한 환경오염이 없다. 이 방법은 배터리 리사이클링 산업에서 광범위하게 적용될 것으로 예상된다.

2.4 하이드로메탈러지(Hydrometallurgy)

2.4.1 금속 침출

침출은 폐 배터리 양극재에서 희귀금속을 회수하는 전체 하이드로메탈러지컬 공정의 첫 번째 단계이다. 침출은 양극 활물질의 금속을 용액 내의 금속염 형태로 변환한 다음 침전, 추출, 전기분해 등 다양한 화학적 방법을 통해 분리 및 회수할 수 있다. 일반적으로 사용되는 침출제는 무기산, 유기산, 잿물 또는 박테리아 액체이다. 침출 효율을 개선하기 위해 초음파 및 기계화학적 방법을 사용할 수 있다. 금속에 대한 침출제의 다른 선택성에 따라 침출은 전체 금속 침출과 선택적 침출로 나눌 수 있다.

2.4.1.1 전체 침출
2.4.1.1.1 무기산 침출

염산(HCl), 황산(H_2SO_4), 질산(HNO_3)[14-16]의 무기산은 공급처가 다양하고 비용이 저렴하다. 이들은 종종 다 쓴 파워 배터리에서 금속을 침출하는 침출제로 사용된다. 그러나 배터리의 Co와 Mn은 불용성 Co^{3+}와 Mn^{4+}이다. 침출 효율을 높이려면 과산화수소(H_2O_2), 중아황산 나트륨 또는 포도당을 환원제로 첨가하여 배터리 내 Co와 Mn이 용해되기 쉬운 Co^{2+} 및 Mn^{2+}으로 줄여야 한다. 줄리(Joulie) 등[17]은 NCA 삼원계 배터리의 양극재에 대한 H_2SO_4, HNO_3, HCl의 세 가지 무기산의 침출 효과를 연구하고 비교하여 침출 온도, 산도, 반응 시간, 침출제 농도, 고액 비율 및 환원제 농도를 최적화했다. 그 결과 환원제를 첨가하지 않았을 때 산의 종류가 금속 침출 속도에 더 큰 영향을 미치는 것으로 나타났다. HCl의 염화 이온은 Co^{3+} 의 환원 및 용출을 촉진할 수 있으므로, 황산과 질산에는 환원제가 없어서 Co와 Mn은 Co^{3+} 및 Mn^{4+}의 높은 원자가 상태로 존재하며 산 용액에 용해되기 어렵다. 따라서 염산의 침출 속도가 가장 높다. 수$^{(Xu)}$ 등[18]은 염산을 침출제로 사용하여 $LiCoO_2$ 배터리를 침출하고 염화 이온의 존재가 Co의 용해를 촉진한다는 유사한 결론에 도달했다. 구체적인 메커니즘은 다음과 같다:

$$2LiCoO_2+8HCl=2CoCl_2+Cl_2+2LiCl+4H_2O$$

앞서 제시한 공식에서 볼 수 있듯이, 염화칼륨은 표백제 및 환원제로서 Co의 효율적인 환원 및 침출을 촉진하는 데 사용할 수 있다. 그러나 동시에 염산은 산화되어 환경에 해로운 Cl_2을 생성한다. 따라서 황산 또는 질산은 일반적으로 산업용으로 침출제로 사용된다. 무기산 침출 시 Co와 Mn의 침출 속도를 높이기 위해 일반적으로 $Na_2S_2O_5$, Na_2SO_3, H_2O_2와 같은 환원제를 환원산 침출에 참여하여 양극 재료의 Co^{3+} 및 Mn^{4+}을 용해도가 더 좋은 Co^{2+} 및 Mn^{2+}으로 감소시킨다. 불순물 이온의 유입을 방지하기 위해 H_2O_2을 환원제로 사용하는 경우가 많다. 리$^{(Lee)}$ 와 이$^{(Rhee)}$[16]는 $LiCoO_2$를 HNO_3만으로 침출했을 때 최적 매개변수 아래에서 Li와 Co의 침출률이 각각 75%와 40%에 불과하다는 것을 발견했다. 그러나 1.7% $^{(v/v)}$ H_2O_2를 추가한 후 Co^{3+}를 Co^{2+}로 줄일 수 있어서 Co와 Li의 침출률을 99% 이상으로 높일 수 있다. 첸$^{(Chen)}$ 등[19]의 결과도 비슷한 결론을 보여주었다. H_2SO_4를 침출제로 사용하고 H_2O_2를 환원제로 사용하면 리튬 배터리에서 Co와 Li의 침출률이 각각 95%와 96%에 도달할 수 있다.

무기산 침출은 비교적 성숙한 공정 기술이다. 표백제의 농도, 환원제의 양, 침출 온도, 시간 및 고체 대 액체 비율에 대한 많은 심층 연구가 수행되었다. 염소산염, H_2SO_4, 또는 HNO_3, Ni, Co, Mn, Li 등의 침출 비율은 90% 이상일 수 있으며, 폐 리튬 배터리의 주류 침출 기술은 무기산 침출이다.

2.4.1.1.2 유기산 침출

오늘날 산업에서 사용되는 침출 시스템은 주로 무기산으로, 침출 효율이 높고 희귀금속의 침출 속도가 90% 이상에 달할 수 있다. 그러나 산업 응용 분야에는 여전히 피할 수 없는 몇 가지 문제가 있다.

첫째, 무기산 침출을 사용할 때 Cl_2, SO_3, NOx 등과 같은 유해 가스가 방출되어 환경과 인체 건강을 심각하게 위협한다. 둘째, 무기산 침출을 사용할 때 침출액의 pH가 낮고 침출액의 유가 금속을 직접 회수하기 어렵다. Al, Cu, Fe와 같은 불순물을 제거하거나 Ni, Co, Mn과 같은 유가 금속을 회수하려면 과잉 산을 중화하기 위해 다량의 잿물이 필요하다. 마지막으로 침출이 완료된 후에는 다량의 산성 폐수가 발생하여 후속 처리 및 운영비용이 필요하다.

무기산에 비해 유기산은 분해가 쉽고, 순환이 잘되며, 2차 오염이 적고, 음극 물질을 침출하기에, 충분한 산도가 있다는 장점이 있어 무기산 침출 시스템의 대체품이 될 것으로 예상된다. 연구에 따르면 구연산, 옥살산, 젖산, 사과산, 트리클로로아세트산(trichloroacetic acid), 아스파르트산(aspartic acid), 타르타르산(tartaric acid) 및 기타 유기산이 폐 배터리 리사이클링을 위한 침출제가 될 수 있다. H_2O_2(1~6%)는 침출 효율을 높이기 위해 환원제로 자주 사용된다. 젱(Zheng) 등[20]은 1%(v/v) H_2O_2를 환원제로 첨가했을 때 구연산에 의한 $LiCoO_2$에서 Co의 침출 효율이 99.07%에 달할 수 있음을 발견했다. 장(Zhang) 등[21]은 침출제로 트리클로로에틸렌(trichloroethylene)을, 환원제로 H_2O_2을 사용했다. 최적의 침출 조건에서 Co, Ni, Mn 및 Li의 침출률은 각각 91.8%, 93.0%, 89.8% 및 99.7%에 달할 수 있다.

지금까지 유기산 침출에 대한 많은 연구 보고서가 수행되었지만, 산업화에 사용되기 전에 해결해야 할 문제가 여전히 많이 있다. 첫째, 유기산의 가격이 무기산보다 높아 회수를 위한 비용이 증가한다. 둘째, 유기산의 침출 속도가 느리고 소비 시간이 길다. 마지막으로, 유기산 침출에 가장 적합한 고체 대 액체 비율이 무기산보다 낮아서 유기산 단위 부피에서 음극재를 침출하는 능력이 무기산보다 약하다.

2.4.1.1.3 생물 침출

무기산 및 유기산에 비해 바이오 침출은 환경친화적이고 비용이 저렴하며 산업 응용 분야에 대한 수요가 적기 때문에 저급 광물, 폐촉매 및 비산재의 침출 공정에 널리 사용되었다. 그러나 폐 배터리 음극재를 침출하는 것은 아직 실험실 연구 단계에 머물러 있다. 신(Xin) 등[22]은 세 가지 에너지원인 S 원소, 황철광(FeS₂), S+FeS₂ 혼합물을 혼합하여 S 산화 및 Fe 산화 박테리아를 배양하고 음극재에 대한 침출 성능을 조사했다. S 에너지원 시스템에서 침출 용액의 pH가 가장 낮았고, 리튬의 침출 속도가 가장 높았다. 리튬 바이오 침출의 경우, 가장 지배적인 메커니즘은 산 가용화였다. Co의 가장 높은 침출 속도는 S+FeS₂ 혼합 에너지원 시스템에서 발생하며, 이는 Co의 침출이 산 가용화뿐만 아니라 Fe^{2+}의 촉매 환원 능력에 의해서도 영향을 받는다는 것을 나타내며, Co^{3+}는 Fe^{2+}에 의해 Co^{2+}로 환원되어야 산 용액에 더 잘 용해될 수 있다.

생물 침출의 가장 명백한 단점은 침출 속도가 더디어 산업적 적용이 제한된다는 것이다. 침출 속도를 향상하기 위해 젱(Zeng) 등[23]은 구리 이온이 없는 경우 구리 이온의 침출 속도는 10일 침출 후 43.1%에 불과했지만, 다음을 추가하면 구리 이온이 침출 속도를 가속화 할 수 있다는 것을 발견했다. 0.75g/L 구리 이온의 경우, 침출 6일 후 Co의 침출 속도는 99.9%에 달할 수 있다. 마찬가지로 젱(Zeng) 등[24]은 촉매로 일정량의 은 이온을 첨가하면 Co의 침출 효율이 향상될 수 있다는 것을 발견했다. 은 이온을 첨가하지 않은 결과인 43.1%에서 침출 7일 후 98.4%(은 이온 0.02g/l 사용)로 Co의 침출률을 높일 수 있다.

곰팡이는 박테리아에 비해 독성에 대한 내성이 강하고, 지연 기간이 짧으며, 침출 속도가 빨라 다양한 고형 폐기물에서 중금속을 회수하는 데 널리 사용되고 있다. 침출 과정에서 곰팡이는 말산, 글루콘산, 옥살산, 구연산 등 다양한 유기산을 분비하여 중금속을 효과적으로 침출할 수 있으며, 혼합액 밀도 1%에서 Cu, Li, Mn, Al, Co, Ni의 경우 각각 최대 100%, 95%, 70%, 65%, 45%, 38%의 침출률을 보인다[25].

생물학적 침출은 저렴한 비용과 환경친화적이라는 장점으로 인해 많은 연구가 진행되고 있지만, 해결되지 않은 몇 가지 문제로 인해 산업화 과정에 제약이 있다. 한편으로는 생물 침출 속도가 느리고 필요한 미생물을 효과적으로 배양하기 어렵기 때문에 촉매를 도입하더라도 생물 침출 주기가 길어진다. 반면, 고농도의 금속 이온은 미생물에 독성이 있어 생물 침출 시 금속 이온의 농도가 낮고, 후처리 비용이 높다는 단점이 있다. 예를 들어, 혼합액 밀도를 2%에서 4%로 높인 후 Co와 Li의 침출 비율은 각각 89%와 72%에서 10%와 37%로 감소했다[26]. 침출수의 농도가 낮으면 당연히 후속 처리의 난도가 높아진다.

2.4.1.2 선택적 침출

양극재에는 다양한 금속이 포함되어 있으므로 유가 금속을 얻기 위해서는 일반적으로 탈혼성화 및 분리와 같은 다단계 공정이 필요하고 회수 공정이 길어진다. 선택적 침출법을 사용하면 분리 및 회수 과정을 간소화할 수 있다. 히구치(Higuchi) 등[27]은 황산 침출 시스템에 산화제로 $Na_2S_2O_8$를 첨가하면 Li를 산화시켜 수용성 Li_2SO_4, Mn, Co 및 Ni를 각각 불용성 MnO_2, Co_3O_4 및 NiOOH로 만들 수 있으며, 이후 물 침출로 Li의 선택적 침출을 달성할 수 있다는 연구 결론을 내놓았다. 메쉬람(Meshram)은 먼저 황산 환경에서 300°C에서 30분간 로스팅 하여 Li와 Co를 $LiCo^{(SO_4)}{}_2$, $LiMnO_3$, Co_3O_4로 변환한 다음 물 침출을 통해 78.6%의 Li와 80.4%의 Co를 침출하는 방법을 제안했다. 동시에 Ni와 Mn의 침출 비율은 15% 미만이었다.

주(Zhu) 등[28]은 표백제로 황산을 사용했으며, 적절한 몰 비율은 리튬 코발트산염 및 LFP 배터리에서 선택적으로 리튬과 코발트산염을 침출했다. Co와 Li의 침출 비율은 모두 96% 이상이었다. 침출 용액의 코발트와 리튬의 농도는 각각 64.41 및 17.23g/L이었고 철과 인 불순물의 함량은 0.02g/L 미만이었으며 침출 잔류물은 주로 다음과 같다. 인산철과 탄소 분말로 구성되며, 인산염은 칼슘 또는 산성 침출 철에 의해 회수될 수 있다. Ni, Co 및 Mn의 옥살산 염은 침전되는 반면 Li의 옥살산 염은 용해되기 때문에 Li는 옥살산에 의해 선택적으로 침출될 수 있다.

젱(Zeng) 등[29]은 옥살산을 사용하여 $LiCoO_2$를 침출했다. 98% Li는 선택적으로 침출될 수 있지만, Co는 $CoC_2O_4 \cdot 2H_2O$ 슬래그에 침전물의 형태로 존재한다. 장(Zhang) 등[30]은 LNCM 음극 재료에 대한 옥살산의 침출 효과를 연구했으며, Li의 회수율은 81%였다. 장(Zhang)은 옥살산이 LNCM 양극 재료의 침출에 미치는 영향과 회복을 조사했다. 리튬은 81%, 순도는 97%에 달했다. Ni, Co, Mn은 옥살산 침전물로서 고체에 여전히 존재한다. 인산은 리튬의 선택적 추출에도 사용할 수 있다. 첸(Chen) 등[31]은 인산 침출 시스템이 $LiCoO_2$에 미치는 침출 효과를 연구했으며, 0.7M 인산 용액에 환원제로 4vol% H_2O_2를 첨가하면 Co와 Li의 99%를 $Co_3(PO_4)_2$ 침전물과 LiH_2PO_4 침출수로 전환하여 Li와 Co를 분리할 수 있다.

바이안(Bian) 등[32]은 $LiFePO_4$에 대한 인산의 침출 효과를 조사했다. 침출 과정에서 $LiFePO_4$는 먼저 Li^+, Fe^{3+}, PO_4^{3-}로 용해된 다음 Fe^{3+}는 $85°C$에서 $FePO_4$ 침전물로 전환될 수 있었고, Li는 침출수에 안정적으로 존재하여 Li와 Fe의 분리를 달성할 수 있었다. 금속 농축 공정은 일반적으로 산을 사용하여 무기산 또는 유기산과 관계없이 음극 재료의 금속을 침출한다. 일반적으로 음극 재료의 모든 종류의 금속(예: Cu, Fe, Al, Ni, Co 및 Mn)을 침출할 수 있으며, 금속 침출은 선택적이지 않다. 알루미늄은 양쪽성 금속이기 때문에 산과 알칼리 용액에 용해될 수 있으며 전극 재료 금속 중 어떤 것도 알칼리와 반응할 수 없다. 따라서 알칼리 침출 방법은 산 침출 전에 알루미늄 포일을 용해할 수 있다. 산 침출 중 알루미늄의 용해를 방지하고 니켈, 코발트 및 망간의 회수에 영향을 미칠 수 있다.

난(Nan) 등[33]은 10wt% NaOH, 100g/L 고체-액체 비율을 사용했을 때 알루미늄의 침출 속도는 실온에서 5시간 반응 후 98%에 도달할 수 있으며 코발트와 리튬은 침출되지 않았다는 것을 발견했다. 첸(Chen) 등 [19]은 전극 재료를 분쇄 후 4시간 동안 5% NaOH로 처리하고 알루미 늄의 침출 속도가 99.9%에 도달할 수 있음을 발견했다.

$$Al_2O_3 + 2NaOH + 3H_2O \rightarrow 2Na[Al(OH)_4]$$
$$2Al + 2NaOH + 6H_2O \rightarrow 2Na[Al(OH)_4] + 3H_2$$

이 방법은 알루미늄 제거 효율이 높은 간단한 공정이다. 하지만 특수 한 이온 형태로 인해 침출액에서 알루미늄을 회수하기 어렵기 때문에 업계에서는 거의 사용되지 않는다. 또한 알칼리성 폐수가 발생하여 후 속 처리가 필요하다. 암모니아 침출은 표적 금속(Li, Ni, Co)과 비표적 금 속(Fe, Mg, Al, Mn) 사이에서 선택적 침출 효과가 있다. 따라서 암모니아 침 출을 통해 Ni, Co 및 Li의 선택적 침출을 달성하여 Fe, Mg 및 Al과 같은 불순물의 영향을 피할 수 있다. 왕(Wang) 등[34]은 폐 NCM 배터리 음극 재료에서 원소 금속 원소의 침출 거동 차이를 연구했다. 다양한 환원제 와 완충 용액을 사용하여 암모니아 침출 과정을 자세히 분석했다. 그 결 과, 환원제는 추가 완충 용액 없이도 NCM 소재의 금속 원소 침출을 촉 진하는 것으로 나타났다. 하지만 환원제로 아황산암모늄을 첨가했을 때 알루미늄 원소의 용출은 억제되었다.

완충 용액은 알루미늄 원소의 용해를 효과적으로 억제하고 알루 미늄 원소 이외의 다른 금속 원소의 용해 효율을 높일 수 있다. NH_3-$(NH_4)_2CO_3$–Na_2SO_3 선택적 암모니아 침출 시스템을 연구한 결과, 단일 단계 침출은 리튬 79.1%, 코발트 86.4%, 니켈 85.3%의 선택적 침출 효율을 달성할 수 있으며 망간은 1.45 %만 용액에 유입되는 것으로 밝혀졌다. 다단계 침출은 희귀금속을 효율적으로 침출할 수 있었다(리튬의 98.4%, 코발트의 99.4%, 니켈의 97.3%를 용출할 수 있음). 쿠(Ku) 등[35]은 NH_3-$(NH_4)_2CO_3$-Na_2SO 선택적 암모니아 침출 시스템을 연구했는데, 아황산 암모늄은 pH 안정성을 보장하기 위해 탄산암모늄을 완충제로 사용하는 조건에서 Ni와 Co를 더 용해성 2가 이온으로 환원시켜 Ni와 Co가 $NH3$에 더 쉽게 복합화되도록 촉진하여 Co와 Ni를 선택적으로 침출할 수 있지만 Mn과 Al은 침출할 수 없다. 따라서 침출은 Ni, Co, Mn 및 Al의 분리를 달성할 수 있다.

2.4.1.3 향상된 침출

산성 침출과 알칼리 침출 모두 일반적으로 고온 처리와 긴 침출 시간이 필요하다. 침출 효율을 높이기 위해 일반적으로 몇 가지 보조 방법을 사용할 수 있다. 초음파는 일반적인 보조 강화 방법이다. 초음파는 다양한 재료에서 희귀금속의 침출 속도를 높이는 데 도움이 된다는 것이 입증되었다. 한편으로 초음파는 침출 과정에서 물질의 대류 운동과 고체와 액체 사이의 교환을 촉진한다. 반면에 비어 있는 공기 방울 효과로 인해 고체-액체 계면에서 많은 양의 에너지가 방출되어 금속 원소의 침출 속도가 가속화된다. 리(Li) 등[8]은 리튬 배터리용 활성 음극 재료의 초음파 보조 침출을 조사했다. 그 결과 90W 초음파 출력과 산 및 과산화수소의 이중 작용으로 코발트 회수율은 96.13%, 리튬은 98.4%로 나타났다. 쭈(Zhu) 등[36]은 초음파가 매우 높은 온도의 고온 공기 방울 압력을 제공할 수 있음을 보여주었다. 뜨거운 공기 방울은 자유 라디칼 반응을 유도하고 침출 효율을 향상하는 데 도움이 되는 H_2O_2의 생성을 유도한다. 그 결과 침출 용액에서 코발트와 리튬의 침출 효율은 낮은 H_2SO_4 농도에서 초음파 보조 침출 때문에 많이 증가했다.

기계적 활성화는 기계적 힘으로 광물의 결정 구조와 물리화학적 특성의 변화를 유도할 수 있다. 기계적 에너지 일부는 재료의 내부 에너지로 변환되어 침출 반응 속도를 가속화하고 침출을 향상하는 목적을 달성한다. 구안(Guan) 등[37]은 기계적 분쇄 및 활성화 후 재료의 입자 크기가 감소하고 특정 표면적이 증가하며 결정 구조가 변형되어 코발트 및 리튬의 침출 효율을 크게 향상할 수 있음을 발견했다. 코발트의 침출 효율을 23%에서 91%까지 높일 수 있다. 양극재의 침출 효율은 극한 환경에서도 향상될 수 있다. 버투얼(Bertuol)[38]은 과산화수소와 황산을 코발트로 사용하여 초임계 CO_2 추출을 통해 사용한 리튬 배터리에서 코발트를 선택적으로 침출했다. 5분의 반응 시간 내에 코발트 회수율은 95.5%에 달했다. 그러나 과산화수소와 황산만 사용했을 때는 동일한 효과를 얻기 위해 60분의 반응 시간이 필요했다.

2.4.1.4 화학적 침전

화학적 침전 방법은 일반적으로 침출수 제거 또는 제품 준비에 사용된다[39]. 화학적 침전은 특정 산도 및 알칼리도에서 금속 화합물의 서로 다른 용해도를 기반으로 하여 분리를 달성한다. 폐기물 LIB 침출수에는 일반적으로 Li, Ni^{2+}, Co^{2+}, Mn^{2+}과 같은 희귀 금속 이온이 포함되어 있지만 액체에는 Al^{3+}, Fe^{3+}, Cu^{2+}와 같은 불순물 금속 이온이 포함되어 있다. 일반적으로 전이 금속 수산화물과 옥살산염의 용해도는 해당 리튬 화합물의 용해도보다 훨씬 낮다. 또한 Fe^{3+}, Al^{3+} Cu^{2+}와 같은 불순물 금속 이온은 일반적으로 상대적으로 낮은 pH에서 침전된다[19, 40, 41]. 따라서 후속 분리 공정에서 공침이 발생하지 않도록 불순물 이온을 먼저 제거한 다음, 전이 금속 이온을 침전시키고 마지막으로 용액에 남아 있는 리튬이온을 회수해야 한다. 화학적 침전 공정에 일반적으로 사용되는 침전제는 수산화나트륨, 탄산나트륨, 옥살산 암모늄, 과망간산 칼륨 등이다. 따라서 금속 성분의 분리 및 회수를 달성하기 위해서는 침전제 및 침전 조건의 선택이 화학적 침전의 핵심이다.

화학적 침전법에 따라 중국 연구진은 $KMnO_4$ 용액을 사용하여 Mn^{2+}

을 선택적으로 분리하고 침전시켰으며, 약 99.2%의 Mn^{2+}을 제거하여 MnO_2 및 Mn_2O_3의 형태로 침전시켰다. 그런 다음 침출수에서 Co^{2+}를 분리하고 회수하기 위해 니켈이 함유된 Mextral® 272P를 새로운 추출제로 사용했다. 마지막으로 침출수에 남아 있는 Ni^{2+}와 Li^+를 각각 NaOH와 Na_3PO_3 용액을 사용하여 연속적으로 침전시키고, 여과 및 건조 후 Ni^{2+}와 Li^+를 각각 $Ni(OH)_2$와 Li_3PO_4로 회수했다. Cu, Mn, Co, Ni 및 Li의 회수 효율은 각각의 최적 실험 조건에서 각각 100%, 99.2%, 97.8%, 99.1% 및 95.8%에 달할 수 있다.

$$3Mn^{2+}+2MnO_4^-+H_2O=5MnO_2+4H^+$$

화학적 침전법의 장점은 조작이 간단하고 분리 효과가 좋으며 장비 요구사항이 낮다는 것이다. 하지만 공정 매개변수에 대한 요구사항이 더 엄격하다. 반면, 침전 공정은 금속 이온의 포획 및 흡착으로 이어질 수 있으며, 회수된 제품의 순도가 낮고 금속 손실률이 높다.

2.4.2 금속 추출 분리

침출 후 용액에는 코발트, 리튬, 니켈과 같은 희귀금속과 구리, 철, 알루미늄, 망간과 같은 불순물이 포함되어 있다. 가장 많이 연구된 방법은 주로 용매 추출과 화학 침전이다.

2.4.2.1 용매 추출 방법

용매 추출법은 폐 리튬 배터리의 금속 원소를 분리하고 회수하는 데 널리 사용된다. 이 방법의 원리는 목표 이온에 유기 용매와 침출 용액을 사용하여 안정적인 복합체를 형성하는 것이다. 그런 다음 적절한 유기 용매가 이들을 분리하여 목표 금속과 화합물을 추출한다. 일반적으로 사용되는 추출제는 (2,4,4-트리메틸펜틸, [2,4,4-trimethylpentyl]) 포스폰산(phosphonic

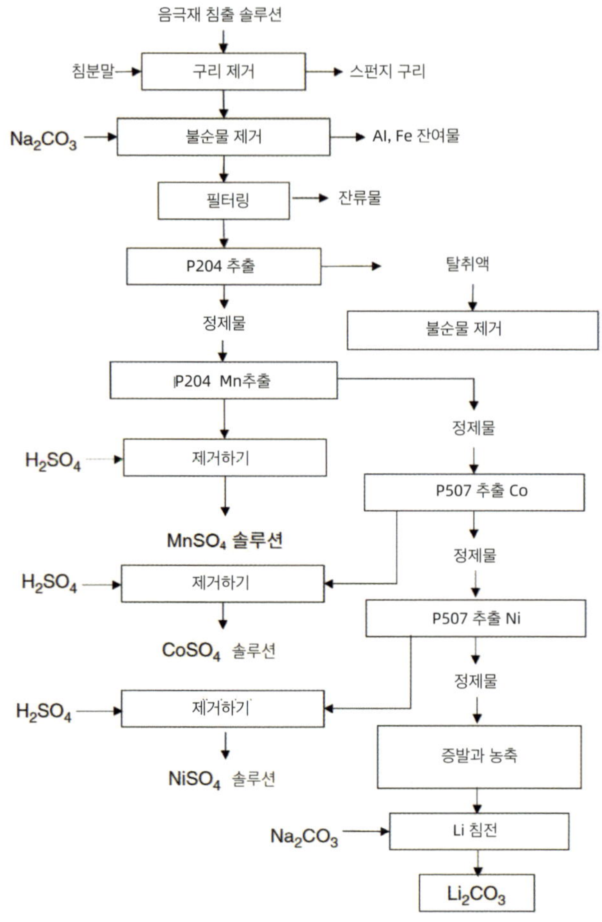

출처: Li 외. [39]에서 발췌

acid, Cyanex272), (2-에틸헥실포스폰산-모노-2-에틸헥실, [2-ethylhexylphosphonic acid-mono-2-ethylhexyl])지질(PC88A), (2-에틸헥실포스포산 모노-2-에틸, [2-ethylhexyl phosphoric acid mono-2-ethyl])헥실 지질(P507), 트리신(tricine, TOA) 및 디(2-에틸헥실) 인산(di-[2-ethylhexyl]phosphoric acid, D2EHPA) 등이 있다. 현재 주요 공정은 폐 리튬이온 양극재 침출수를 침전제로 처리하여 구리를 제거하고, 탄산나트륨으

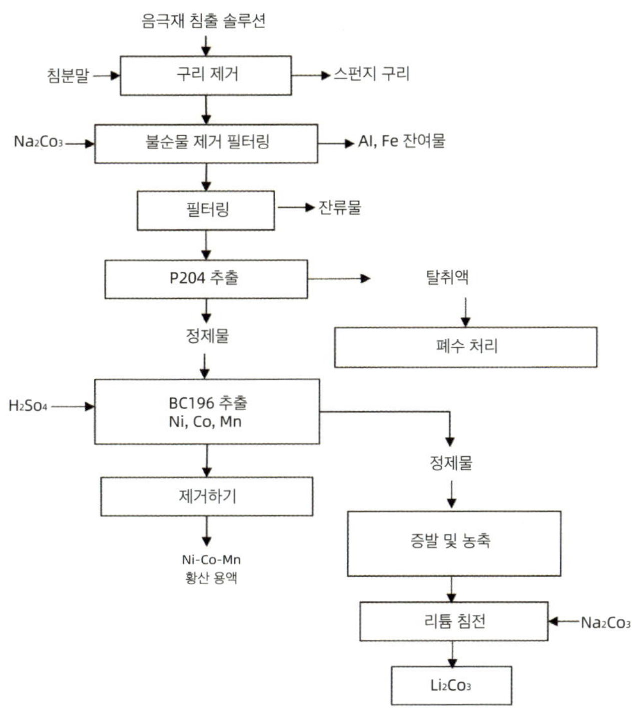

로 침출수의 pH를 조절하여 철과 알루미늄 불순물을 제거하며, 불순물을 제거하는 D2EHPA 정제, 망간의 D2EHPA 추출, 코발트와 니켈의 P507 단계별 추출이다[그림 2.11] [39]. 그러나 P507 분리 계수는 한계가 있어 고용량 니켈계 음극 폐기물 침출수 분리에는 어려움이 있다.

Cyanex272의 니켈과 코발트 분리 계수는 P507보다 크며 고용량 니켈 및 저용량 코발트 용액을 추출하는 데 사용할 수 있다. 그러나 이 방법에는 니켈, 망간, 코발트를 하나씩 분리하면 니켈과 리튬의 가치가 있는 금속이 손실되기 쉬워 금속 이온의 회수율이 전반적으로 낮다는 단점도 있다. 이를 바탕으로 여러 추출제의 시너지 추출은 이온 간의 선택성을 높일 수 있다. 현재 전이 금속인 니켈, 코발트, 망간을 동시에 추출할 수 있는 새로운 추출제가 개발되었다. 추출 분리를 통해 얻은 망간, 코발트, 니켈의 혼합 용액은 NCM 양극재의 전구체 시스템의 원료 액체로 직접 사용할 수 있다. 이 원스텝 방법에 따른 전이 금속 및 리튬 성분의 분리는 폐 리튬 배터리의 침출 용액에서 금속 이온 추출 연구의 새로운 추세이다. BC196 추출제는 금속 니켈, 코발트, 망간을 동시에 추출할 수 있으며 불순물 이온과의 분리 효과가 좋다고 보고[19]되어 있다(그림 2.12).

2.4.2.2 화학적 침전 방법

화학적 침전법은 침출 용액에 특정 침전제를 첨가하여 금속 침출 용액에서 금속 이온을 침전시키고 이에 대응하는 금속 화합물 생성물을 얻는 방법이다. 화학적 침전법의 핵심은 용액의 pH를 조절하여 서로 다른 pH에서 해당 금속 이온을 침전시키는 것이다. 일반적으로 사용되는 침전제는 수산화나트륨(NaOH), 과망간산칼륨(KMnO4), 부탄디온 옥심(butanedione oxime, $C_4H_8N_2O_2$)으로, 카르보네이트 나트륨 등이다[40, 41].

앞서 언급한 침전법을 이용한 철과 알루미늄 불순물 제거 침출액 외에 화학적 침전법은 주로 용액 pH를 조절하여 Li^+를 가라앉힌 다음 포화 탄산나트륨 용액을 첨가하여 Li_2CO_3 침전을 얻고, 산 세척액으로 세척 후, 부극액(세척 후 남은 액체)은 다시 리튬을 침전시켜 고순도 탄산리튬을 얻는다. 나일(Nayl) 등[42]은 침출액 pH를 NaOH로 조절하고 포화 Na_2CO_3 용액을 단계적으로 첨가하여 Mn^{2+}, Ni^{2+}, Co^{2+}, Li^+를 가라앉혔다. 침출수 pH 7.5에서 Mn^{2+}은 $MnCO_3$로 침전될 수 있었고, Ni^{2+}은 pH를 9로 조절하여 $NiCO_3$로 침전될 수 있었다. Co^{2+}는 침출수 pH를 11~12로 조정하여 침전시켜 $Co(OH)_2$를 얻었다. 마지막으로, Li^+는 잔류 용액에서 Li_2CO_3로 침전되었고, 그리고 이 방법에서 Mn, Ni, Co 및 Li의 침전 속도는 각각 94%, 91%, 95% 및 90%였다.

스타(Sattar) 등[43]은 표백제 용액의 pH를 2.5로 조절하고 KMnO4

를 첨가하여 Mn^{2+}을 MnO_2로 산화시켜 선택적으로 제거한 다음 용액 pH를 5로 조절하고 부탄디온 옥심(butanedione oxime)을 첨가하여 $Ni2+$를 침전시켰다. Co^{2+}는 Cyanex272, H_2SO_4 로드된 유기물을 역추출하여 $CoSO_4$ 용액을 얻고, 마지막으로 추출된 잔류 용액 pH를 12로 조정하고 Na_2CO_3를 첨가하여 $Li+$를 사전 침전시키고 Li_2CO_3 침전을 얻었다. 이 방법의 리튬, 니켈, 망간, 코발트 회수율은 각각 99%, >99%, >98%, 99.9%였다.

화학적 침전법은 용액의 pH를 조절하고 특정 침전제를 첨가하기만 하면 되므로 회수율이 높고 비용이 저렴하며 산업 생산을 실현하기 쉽다. 그러나 침출 용액에는 다양한 금속 이온이 포함되어 있어서 침전 과정에서 금속 포획이 불가피하며, 이에 따라 최종 침전 생성물의 불순물과 순도가 낮아진다.

2.4.2.3 전기화학적 방법 및 기타 방법

전착법이라고도 하는 전기화학적 방법은 사용한 리튬 코발트 산성 배터리를 분해할 수 있다. 침출 용액의 Co^{3+}는 전기화학적 환원 기술을 통해 Co^{2+}로 변환되고, 최종적으로 양극의 $Co(OH)_2$에 침전된다. 이 방법은 다른 하위 공정을 추가할 필요가 없고 불순물이 끼어들기 쉽지 않으며 전극 재료를 준비하는 데 직접 사용되는 매우 순수한 코발트 컴파운드를 얻을 수 있다. 하지만 단점은 전기를 많이 소비한다는 것이다.

이온 교환법은 이온 교환 수지에 Co, Ni 등 서로 다른 금속 이온 복합체의 흡착 능력 차이를 이용해 금속을 분리하고 추출하는 방식이다. 이 방법은 표적 이온에 대해 선택적이고 간단하며 작동하기 쉽다. 이 방법은 다 쓴 리튬 배터리에서 희귀금속을 추출하고 회수하는 새로운 방법을 제공하지만, 높은 비용으로 인해 산업적 적용이 제한적이다.

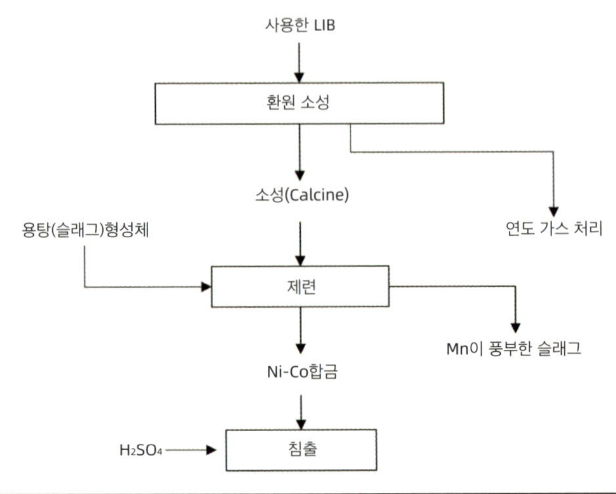

2.5 파이로메탈러지(Pyrometallurgy)

파이로메탈러지 기술은 일종의 금속 용해 방법이다. 원료는 고온에서 일련의 물리적, 화학적 변화 과정을 거친다(원료 자체의 잠열, 일부 화학 반응 열, 연료 연소 또는 전기 발생 열을 사용). 그런 다음 금속과 기타 불순물이 분리된다. 조작이 간단하고 처리 용량이 크다는 장점이 있으므로 가장 널리 사용되는 금속 분리 기술이다. 폐회로 기판과 같은 2차 자원에서 니켈, 구리 등 유가 금속을 회수하는 데 적용되었다. 샤오 송웬(Xiao Songwen) 등[44]의 연구 결과를 예로 들면, 현재 망간, 니켈, 코발트를 함유한 LIB의 처리가 실현되고 있으며, 주요 처리 공정 흐름은 그림 2.13에 자세히 나와 있다.

사용한 LIB의 경우 전해질, 유기 성분, 전기 및 기타 에너지원이 존재하기 때문에 배터리 자체에 포함된 잠열을 사용하여 회전 소성로에서 자체 가열 예비 로스팅을 수행할 수 있다. 로스팅 공정은 배터리의 에너지를 최대한 활용하고 자체 발열 반응을 실현할 수 있다. 로스팅 과정에서 배터리는 전기로 로스팅할 수 있다.

동시에 잔여 전기는 분리막과 다른 유기물을 완전히 연소시키는 데 충분히 활용되고, 발생한 열은 열원으로, 음극은 환원제로 사용되어 양극에서 니켈/코발트/망간의 사전 환원 공정을 실현한다. 사전 환원 로스팅에서 나오는 연도 가스에는 작은 유기 분자가 많이 포함되어 있으므로 작은 유기 분자를 완전히 연소시키기 위해 2차 연소실을 설치해야 한다. 이렇게 생성된 열은 후속 습식 공정 절차를 위한 저압 증기를 준비한다. 이 공정은 완전한 자가 가열 반응인 동시에 후속 습식 공정 분리를 위한 증기 열원을 제공한다. 하이드로메탈러지 공정은 배터리의 잠열을 사용하여 에너지 소비를 절감하는 동시에 방전 및 방전으로 인한 '세 가지 폐기물' 처리를 절약할 수 있다.

배터리를 전기로 용해로 전처리한 후 니켈, 코발트, 구리와 같은 귀금속은 용융을 감소시켜 금속상으로 들어간다. 이들은 합금 형태로 생산되며 방전 시 분무 분말 제조를 통해 합금 분말로 제조된다. 알루미늄 포일은 산화를 통해 슬래그에 침전되며, 에너지 소비를 줄이기 위해 부가가치가 낮은 망간 슬래그를 용융 슬래그에 첨가하여 망간이 풍부한 슬래그를 생산한다. 이 과정에서 니켈, 코발트, 구리 등 유가 금속의 농축은 효율적으로 이루어지지만 알루미늄 포일의 손실이 발생한다. 리튬은 슬래그 단계 또는 먼지 모음 재 단계로 들어간다. 망간과 리튬은 망간이 풍부한 슬래그로 들어가서 망간과 리튬을 회수할 수 있다. 황화 로스팅 중성 침출 후, 망간이 풍부한 슬래그의 망간과 리튬은 황산망간과 황산리튬으로 용액에 들어간 다음 수소 제련 공정에 의해 별도로 회수된다.

망간의 가치가 낮아서 기존의 하이드로메탈러지 추출 분리 공정은 비용이 많이 들고 망간 회수를 지원할 수 없다. 불에 의한 환원 용융으로 얻은 망간이 풍부한 슬래그는 매우 안정적이다. 장기간 비축하여 해가 없는 폐기물을 만들고 하이드로메탈러지 공법에 비해 유해 고형 폐기물을 줄일 수 있다. 용융 환원을 통해 금속상으로 들어가는 구리, 니

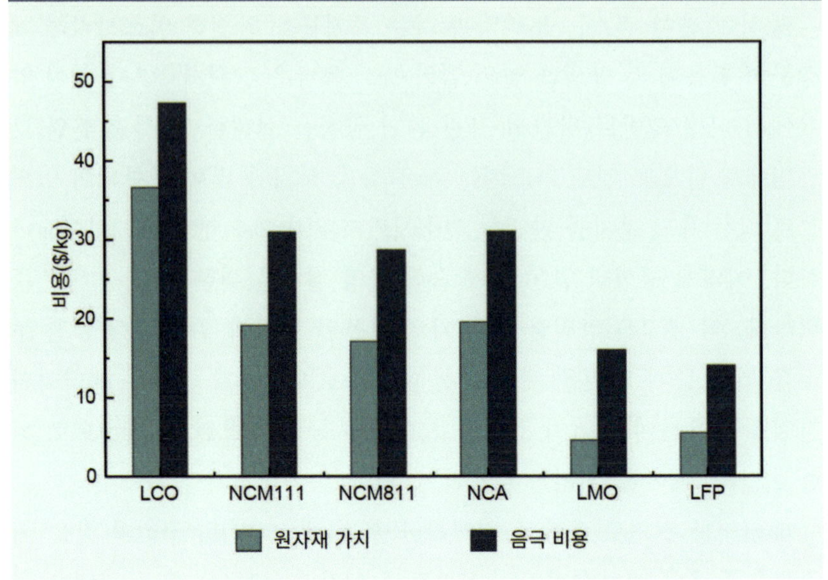

출처: Gaines 외. [45]/MDPI/CC BY 4.0

켈, 코발트는 고순도이며 침출 시 완전히 용해될 수 있다. 그런 다음 해당 금속염 제품은 하이드로메탈러지 분리 기술을 통해 별도로 제조할 수 있다.

2.6 직접 리사이클링 기술

2.6.1 직접 리사이클링 프로세스

하이드로메탈러지 기술은 폐기물 LIB에서 희귀금속 원소를 효과적으로 추출할 수 있지만 높은 시약 소비와 많은 양의 폐기물 잔류물, 폐액 및 폐가스를 포함하여 이러한 긴 회수 프로세스에는 여전히 몇 가지 문제

가 있다. 이 값비싼 리사이클링 기술은 가치가 거의 없는 양극재에는 적용되지 않는다. 그림 2.14는 배터리 등급 음극 재료의 값을 구성 요소와 비교한다. 고용량 코발트 음극(예: LCO)의 경우 기본값은 온전한 음극의 기본값과 유사하다. 하지만 코발트가 낮은 또는 코발트가 없는 음극, 특히 LMO 및 LFP 음극의 경우 원소로부터 회수할 수 있는 가치가 거의 무시할 수 있는 수준이며 리사이클링 공정의 비용을 보상할 수 없다.

따라서 LIB 양극재를 회수할 수 있는 저비용의 짧은 공정을 개발하는 것이 중요하다. 리튬의 손실과 상 구조의 비가역적 변화는 일반적으로 폐 LIB 물질의 용량 감쇠의 주요 원인 중 하나로 알려져 있다. 불순물 함량이 낮거나 구조적 변화가 적은 폐 LIB 물질의 경우 화학 구조를 파괴하고 2차 오염을 일으키지 않고 물질 성분을 직접 재생할 수 있다 [46]. 이러한 친환경적이고 짧은 리사이클링 공정을 직접 리사이클링 기술이라고 정의하며, 에너지 집약적이고 비용이 많이 드는 여러 공정 단계를 피할 수 있으므로 저부가가치 양극재를 회수하는 데 큰 잠재력을 보인다. 직접 리사이클링 공정은 그림 2.15와 같이 네 가지 주요 부분으로 구성된다.

분해는 폐 처리 단계로 들어가기 위해 다 쓴 리튬 배터리를 적절한 크기와 모양의 조각으로 분해하는 첫 번째 단계이다. 리튬 배터리의 가장 귀중한 구성 요소는 주로 검은 덩어리(양극재 및 흑연), 전해질, 동박 및 알루미늄 포일이다. 직접 리사이클링 기술은 양극재 분말의 불순물 함량이 낮아야 하므로 두 번째 단계에서 양극재를 다른 구성 요소와 분리하는 공정이 중요하며, 이는 재료 복구 효과를 크게 결정한다. 대부분의 분리 공정은 밀도, 용해도, 소수성, 자화 등과 같은 다양한 재료 특성을 기반으로 한다.

분리된 양극재는 다음으로 복원 재생 공정에 들어간다. LiFePO$_4$는 충전/방전 주기 동안 우수한 구조적 안정성을 유지하기 때문에 이러한 유형의 물질에 대한 직접 리사이클링 기술이 더 실현 가능성이 높아서 연구자들로부터 많은 관심을 받고 있다.

2.6.2 폐 LFP 배터리에서 양극재 직접 재생

직접 재생은 전극에서 양극재를 얻은 후 적절한 처리를 거쳐 양극재 구조를 복구한 후 LIB 양극재에 다시 적용하는 방식이다. 이 과정에서 일반적으로 NMP 용매, 알칼리 용액 및 열처리를 사용하여 알루미늄 포일 수집기에서 LFP 양극 분말을 벗겨낸다. 고상 리튬 보충 로스팅은 표면 및 벌크 상 결함을 복구하는 데 사용된다[47].

다양한 리튬화 공정[48]은 양극재 회수에 효과적인 것으로 입증된 몇

표 2.4 리소그래피 공정 특성 비교

공정 유형	리튬 소스	조건	독특한 기능
열	리튬 공극에 대한 지식이 있는 LiOH 농도	두 단계로 가열	-
열수	LiOH/KOH 용액	저온 수열 반응에 이은 고온 담금질 반응	-
산화환원 매개체	양극 전기 화학 전지	실온	매개물에 의해 촉진된 반응
이온열	이온성 액체의 리튬 염	저온 전리열 반응과 고온 담금질이 이어짐	이온성 액체에서 발생
전기 화학	전기화학 전지의 양극	실온	개발 중인 롤투롤(Roll-to-roll) 반응기

가지 새로운 방법과 함께 표 2.4에 요약되어 있다. 마지막으로, 제품 검증은 직접 리사이클링 기술의 핵심 측면이다. 화학 성분과 결정 구조는 X선 회절(XRD), 유도 결합 플라즈마(ICP) 또는 글로우 방전 광학 방출 분광법(GDOES)을 통해 검증해야 하며, 셀 용량과 사이클 수명은 업계 표준을 충족해야 한다. 직접 재생 공정은 양극재의 구조를 복구할 수 있다. 다 쓴 리튬이온 배터리의 용량 저하는 리튬 손실과 관련이 있다.

리튬의 손실은 고체 전해질 계면(solid electrolyte interface, SEI)이 두꺼워지는 것과 재료의 비가역적 상변화로 인한 것이다[49]. 왕(Wang) 등[50]은 밀도 차이에 의해 알루미늄 포일에서 LFP 활성 물질을 분리하고 고온 고상 반응으로 수리된 LFP 물질을 직접 재생하여 리튬 배터리에서 우수한 전기화학적 성능을 보여주었다. 수(Xu) 등[51]은 결함 표적 치유에 기반 한 효율적이고 환경친화적인 LIB 재생 방법을 보고했다. 특히 저온 수용액

그림 2.16 폐 LiFePO4의 회수 과정

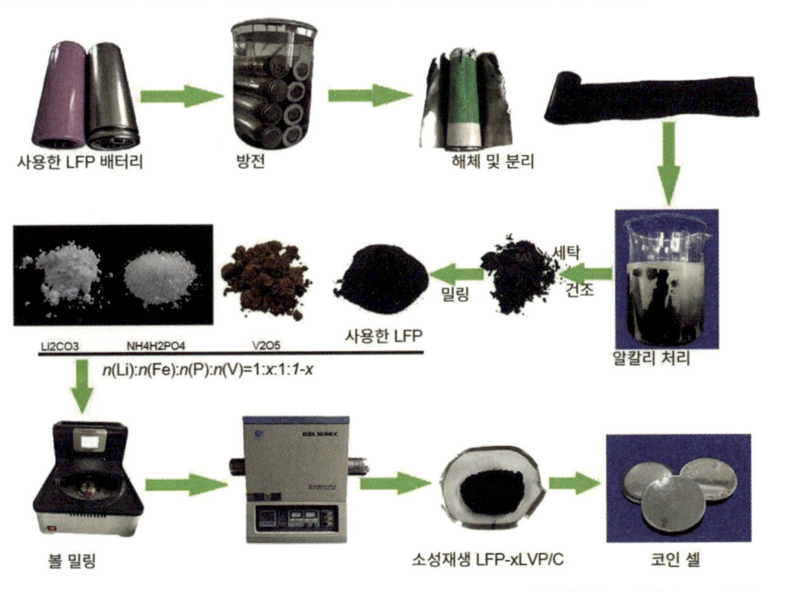

출처: [57] Xu, B.외, (2019), Elsevier

환원과 급속 고온 어닐링을 결합하여 사용한 LFP 음극 재료의 수리 재생을 성공적으로 달성했다.

송(Song) 등[52]은 폐 배터리 음극 시트에서 분말을 제거하고 상업용 $LiFePO_4$/C 분말을 첨가하여 고상 로스팅을 수행했다. 상용 $LiFePO_4$/C와 사용된 $LiFePO_4$ 분말의 비율이 3 : 7일 때, 온도는 700°C이고, 0.1°C의 첫 번째 방전 용량은 144mAh/g(상용 150mAh/g)이었다. 손실된 리튬은 고상 로스팅 과정에서 Li_2CO_3를 첨가하여 보충했다. 650°C에서 재생된 $LiFePO_4$ 양극재는 0.2°C에서 100사이클 후 140.4 mAh/g의 방전 용량을 보였으며, 용량 유지율은 95.32%(상용 LFP 요건: > 92.43%)로 회수된 $LiFePO_4$의 전기 화학 성능을 더욱 개선했다[53]. $LiFePO_4$의 성능은 불순물 금속(알루미늄과 구리)의 함량에 영향을 받기 쉬우며[54], 전처리 공정에서는 음극 분말의 금속 불순물 함량을 제어해야 한다. 바인더 PVDF의 가열 분해 과정에서 생성되는 HF는 우수한 불소화제이기 때문에 금속 엘리먼트로 불소를 형성하기 쉽고[55], 양극재의 잔류 바인더 함량은 직접 재생 공정에서 제어할 필요가 있다.

이온 도핑 기술을 사용하여 LFP 음극 소재를 재생할 수도 있다. 이온 도핑은 $LiFePO_4$ 재료의 전기화학적 성능을 개선하는 수단이다[56]. 그림 2.16의 공정 흐름에서 볼 수 있듯이, 수(Xu) 등[57]은 화학식 (1-x)$LiFePO_4$-x$Li_3V_2(PO_4)_3$(여기서 x=0, 0.005, 0.01, 0.03, 0.1)로 조정한 다음 450°C의 아르곤 환경에서 4시간 동안 기계적으로 활성화하고, $LiFePO_4$ 양극 물질을 고체상 700°C에서 6시간 동안 로스팅했다. x < 0.01일 때, V^{5+} 도핑은 Fe^{2+} 부위에 있었고, x ≥ 0.03일 때, V^{5+} 도핑과 $Li_3V_2(PO_4)_3$은 공존했다. x=0.01, 재생 물질의 구조는 0.99$LiFePO_4$·0.01$Li_3V_2(PO_4)_3$이었다. 첫 번째 방전 용량은 0.1 및 1C에서 각각 154.3 및 142.6mAh/g이었고 용량 유지율은 1C에서 100사이클 후 100%에 가까웠다.

전도성 물질의 표면 코팅은 또한 $LiFePO_4$ 물질의 전기화학적 성능을 향상하는 수단이며[58], 물질 표면에 C, N 및 P 원자가 존재하면 전자

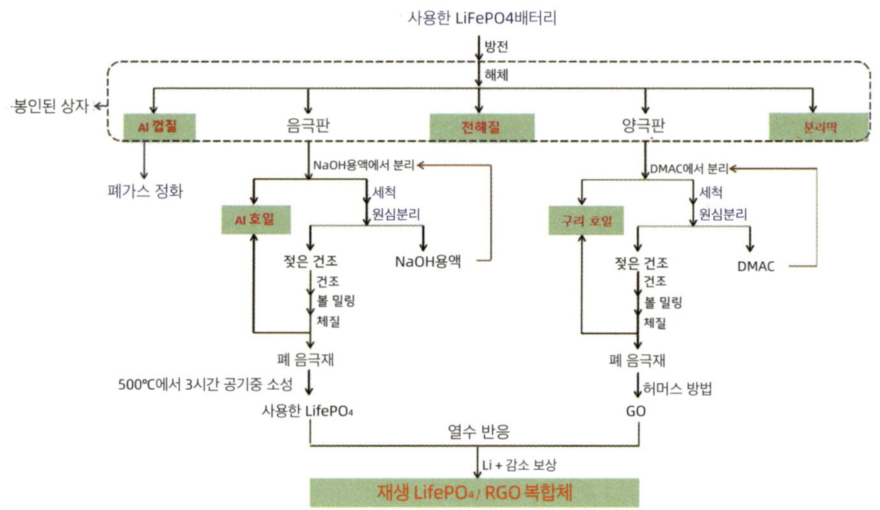

출처: Song et al. [62] / 엘스비어의 허가

이동을 가속화하고 리튬 저장 효율을 향상하는 데 유리하다[59]. 주(Zhu) 등[60]은 레시틴의 풍부한 C, N, P 원소를 기반으로 기계화학적 활성화를 통해 LiFePO4 양극 폐기물의 표면에 C, N, P 원자를 코팅했다. 15% 레시틴을 첨가했을 때 재생된 LiFePO4 양극재의 첫 방전 용량은 0.2C 에서 164.9mAh/g, 첫 방전 용량은 5C에서 120mAh/g, 100주기 후 용량 유지율은 93%, 첫 충방전 용량은 20C에서 100.7mAh/g로 코팅되지 않은 LiFePO4 스크랩보다 41% 더 높았다.

그래핀은 좋은 전도성 물질이다[61]. 송(Song) 등[62]은 LiFePO4 폐 배터리를 분해하여 각각 양극과 음극 폐분말을 얻었다. 양극은 500°C 대기압에서 3시간 동안 처리하여 바인더와 전도성 카본 블랙을 제거했다. 음극 흑연은 변형된 허머스 방법으로 벗겨내 그래핀을 얻었다[63]. 처리된 음극 스크랩을 처리된 음극과 열수 반응시켜 양극 소재인 LiFePO4를 재생하며, 공정 흐름은 그림 2.17에 나와 있다. 5% GO(산화 그래핀),

180°C의 수열 반응 온도 및 6시간의 시간으로 재생된 LiFePO4양극 활물질은 0.2C에서 153.9 mAh/g의 1차 방전 용량을 가졌으며 0.5C에서 150.4mAh/g, 300회 사이클 후 용량 유지율은 100%에 가까웠다. 재생 과정의 메커니즘은 다음과 같다.

$$Li_xFePO_4+(1-x)LiOH+1-x/2C_6H_8O_6 \rightarrow LiFePO_4+(1-x)/2C_6H_6O_6+(1-x)H_2O$$

$$2FePO_4+2LiOH+C_6H_8O_6 \rightarrow 2LiFePO_4+C_6H_6O_6+2H_2O$$

$$Fe_2O_3+P_2O_5+2LiOH+C_6H_8O_6 \rightarrow 2LiFePO_4+C_6H_6O_6+2H_2O$$

고체 소결, 이온 도핑 및 표면 코팅 외에도 전기화학적 재결정화를 사용하여 음극 분말에서 리튬 손실을 복구할 수 있다[63]. 또는 음극 분말을 고농축 리튬 염 용액에 담가서 LFP 음극 재료를 재생할 수 있다. 따라서 전기 화학과 화학 리튬은 LFP를 재생하는 중요한 방법이다.

2.6.3 LFP 양극재 리사이클링의 경제성 분석

LFP 양극재는 주로 하이드로메탈러지 리사이클링과 직접 재생 공정을 통해 회수되며, 두 공정의 경제성은 다음과 같이 분석된다. 선(Sun)과 동료들이 제안한 리사이클링 공정[64]을 사용하여 1톤의 폐기물 LiFePO4를 처리하는 데 사용되는 화학 시약의 가격은 표 2.5에 나와 있다. 1톤의 폐 LiFePO4 배터리에서 260.7kg FePO4, 56.1kg 알루미늄 포일, 49.5kg Li2CO3를 회수할 수 있으며, 관련 원자재 총비용은 19,379.68위안이며, 시약 비용과 제품 가격만 고려하면 1톤의 폐 LiFePO4 배터리 처리 수익은 약 11,090.21위안이다. 또한 장비 감가상각비, 장비 유지보수 비용, 물 소비량, 인건비 및 에너지 비용도 고려된다. 이 연구의 리사이클링 프로세스는 다섯 부분으로 나눌 수 있다.

NaCl 배출 및 분해, 침출, 여과, 건조 및 체질, 불순물 제거, 침전. 현

표 2.5 선(Sun) 방식의 회수 공정을 사용하여 1톤의 폐 LiFePO4 셀을 처리하는 데 사용되는 화학 물질 가격

	물질가격(위안/kg)	수량(kg)	비용(위안)
사용한 LFP 배터리	18.50	1,000.00	-18,500.00
CH3COOH	3.60	132.00	-475.20
35wt%HO22	0.95	184.80	-175.56
Na2CO3	3.10	72.60	-225.06
NaOH	4.20	0.92	-3.86
폐기물 Al 포일	13.30	56.10	746.13
FePO4	24.30	260.70	6,335.01
Li2CO3(>99.5%)	472.50	49.50	23,388.75
합계			**11,090.21**

출처: 양(Yang) 외. [64]에서 각색

참고: 표의 재료 가격 데이터는 상하이 금속 시장(SMM), 푸바오 신에너지 리튬 파워(www.battery.f139.com), 비즈니스 소사이어티 네트워크(www.100ppi.com)에서 가져온 것이다. 데이터는 2022년 8월 1일에 업데이트되었다.

표 2.6 선(Sun) 방식의 하이드로메탈러지(Hydrometallurgy) 리사이클링 공정을 사용하여 1톤의 폐 LiFePO4 배터리를 처리하는 데 소요되는 에너지 소비량

단위 운영	에너지소비(kWh)	가격(위안)
NaCl 배출 및 해체	207.5	290.5
추출	202.5	283.5
여과, 건조, 체질	230	322
불순물 제거	120	168
침전	100	140
합계	**860**	**1204**

출처: 양(Yang) 외. [64]에서 각색

재 리사이클링 프로세스를 사용하여 1톤의 폐 배터리를 처리하기 위해 배출 및 분해, 침출, 여과, 건조 및 체질, 불순물 제거, 배터리 침전 비용을 계산한 결과, 이러한 프로세스의 비용은 2,467.29위안으로 나타났다. 1톤의 폐 리튬이온 배터리를 처리할 때의 에너지 소비량 분석은 표 2.6에 나와 있다. 에너지 소비는 주로 전기 에너지의 형태로 이루어지며, 전기 가격을 기준으로 에너지 소비 비용을 계산할 수 있다. 현재 리

표 2.7 폐 1톤의 LiFePO₄ 폐 배터리 1톤을 재생하는 데 사용되는 화학물질의 가격

항목	콘텐츠	가격(위안/kg)	수량 (kg)	비용(위안)
원자재	사용한 LFP 배터리	18.50	1,000.00	-18,500.00
보조 재료	탄산 리튬 (배터리 등급)	472.50	4.5	-2,126.25
	옥살산 제2철	12.00	3.5	-42
재생성 재료	LFP	156.50	200	31,300
합계				**10,631.75**

표 2.8 직접 재생 공정을 사용하여 폐 배터리 1톤을 처리하는 데 필요한 에너지 소비량

카테고리	소비(kWh)	가격(위안)
전력 소비	3,400	2,040

사이클링 공정의 총에너지 소비량과 총에너지 비용은 각각 860kWh와 1,204위안이다.

요약하면, 수소 제련 공정을 사용하여 1톤의 폐 LiFePO4를 리사이클링하면 7천 418.92위안의 이익을 얻을 수 있다.

고상 재생 공정은 폐 LFP 음극 분말의 분해 및 분리를 사용한다. 탄산리튬과 옥살산철을 첨가하여 회수된 LFP에서 Li/Fe/P의 비율을 조정하고 고상 로스팅을 통해 재생된 LFP를 얻는다. 고상 재생 방법을 사용할 때 약품 비용의 관점에서 볼 때 1톤의 중고 LFP를 처리하면 1만 631.75위안의 이익을 얻을 수 있다(표 2.7). 1톤의 중고 LFP를 재생하는 데 드는 에너지 소비량과 총에너지 비용은 3,400kWh와 2천 40위안이다. 약품 비용과 에너지 소비량을 종합적으로 고려하면 1톤의 폐 LFP를 재생하면 8천 591.75위안의 이익을 얻을 수 있다(표 2.8). 고상 재생 수익은 재생된 LFP의 에너지 밀도에 따라 크게 달라진다.

2.6.4 직접 리사이클링 및 재생을 위한 주요 과제

직접 재생 회수 방법의 주요 장점은 다음과 같다. (i) 비교적 간단한 공정과 높은 회수 경제성, (ii) 재생 후 직접 재사용 가능, (iii) 다른 회수 기술에 비해 배출량과 2차 오염이 현저히 감소. 직접 재생 리사이클링 공정의 주요 단점은 다음과 같다. (i) 직접 재생된 양극재의 기공은 폐 배터리의 건강 상태와 관련이 있고, (ii) 유연성이 떨어져 정밀한 활성 물질을 기반으로 엄격한 선별/전처리가 필요하며, (iii) 원래 결정 구조의 고순도와 일관성을 보장하기가 어려워 배터리 산업에서 요구하는 엄격한 기준을 충족하지 못할 수 있으며, (iv) 다양한 유형의 혼합 양극 스크랩을 처리하기에 적합하지 않다는 점이다. 그러나 단기적으로 이 기술은 배터리 제조업체에서 화학 성분이 알려져 있고 불순물 함량이 낮으며 배터리 리사이클링을 거치지 않은 전극 생산 스크랩을 리사이클링하는 데 사용될 가능성이 높다.

미국 리셀(Recell) 센터는 간접 리사이클링 기술에서 주목해야 할 4가지 핵심을 다음과 같이 제시한다.

i) 바인더 제거: 바인더를 제거하고 공정으로 인한 음극재 손상을 최소화할 수 있는 최적의 방법을 결정한다.

ii) 양극재 분리: 불순물 함량을 최소화하기 위해 양극재를 다른 구성 요소와 최대한 분리한다.

iii) 양극재 재생: 성장 중인 다양한 양극재(LCO, LMO, NCM, NCA 및 이들의 혼합물)를 수리하기 위한 친환경 저에너지 재생 프로세스를 개발한다.

iv) 재료 업그레이드 및 불순물 영향: 수리 및 재생을 통해 시장 가치가 낮은 재료를 고부가가치 재료로 업그레이드하고, 리사이클링 과정에서 불순물(예: Cu, Al, Fe 등)이 재료 성능에 미치는 영향을 평가하는 데 중점을 둔다.

2.7 배터리 리사이클링 장비

2.7.1 전처리 장비

2.7.1.1 분쇄 및 분쇄 장비

2.7.1.1.1 분쇄기

단일 배터리 셀은 주로 셸, 음극 및 양극 전해질, 분리막, 전해액으로 구성된다. 셸은 주로 금속 강철 또는 알루미늄이다. 전도체로는 주로 구리 포일(양극), 알루미늄 포일(음극)이며 음극 재료에는 리튬, 니켈, 코발트, 망간 및 기타 금속이 포함된다. 양극 재료는 일반적으로 흑연이다. 음극과 양극 재료는 알루미늄과 동박이 풍부하고 서로 감싸고 있다. 구리와 알루미늄의 연성이 더 좋으므로 분쇄기는 일반적으로 금속 껍질과 음극 및 양극 등급 조각을 찢기 위해 전단할 때 파워 배터리 리사이클링에 사용된다. 일반적으로 사용되는 분쇄기는 단일 축 분쇄기, 2축 분쇄기, 4축 분쇄기이다.

단일 축 분쇄기

단일 축 분쇄기는 이동식 나이프 입자와 고정 나이프 상호작용을 사용한다. 배출 크기를 제어하기 위해 선별기를 통해 재료가 파쇄, 전단 및 압출되고 재료가 더 작은 입자 크기로 처리된다. 그것은 종종 다양한 고체 폐기물의 미세 분쇄에 사용된다. 한 번에 작은 크기로 처리할 수 있어 자원 리사이클링, 쓰레기 파생 연료(refuse derived fuel, RDF) 생산, 폐기물 감소 등에 널리 사용된다. 배출물의 크기가 작고, 선별기 교체가 가능하며, 재료의 적용 범위가 넓고 효율이 높다는 특징이 있다.

고형 폐기물이 호퍼를 통해 단일 축 분쇄기로 들어가면 푸싱 디스크가 유압 실린더의 구동 아래에서 고형 폐기물을 나이프 축으로 밀어넣는다. 모터가 회전하여 벨트 드라이브를 통해 감속기에 동력을 전달하

고, 감속기는 나이프 축을 회전시켜 고정 및 이동식 나이프를 통해 절단
및 파쇄하고 선별기 크기에 맞는 완제품이 선별기에서 떨어진다. 선별
기에 있는 재료는 다시 분쇄를 위해 되돌아간다.

볼트는 나이프 축의 나이프 시트에 움직이는 나이프를 고정한다. 장
비가 작동 중일 때 들어오는 재료는 이동 나이프와 고정 나이프의 절단
및 분쇄를 통해 파쇄되며 조정 볼트는 이동 나이프와 고정 나이프 사이
의 간격을 조정할 수 있다. 파쇄 후 재료 입자는 선별기를 통해 압출되
고 선별기의 구멍은 배출의 입자 크기를 결정한다.

- **장비 구성:** 단일 축 분쇄기는 주로 (i) 나이프 축 메커니즘, (ii) 선별
  메커니즘, (iii) 푸싱 메커니즘 및 (iv) 구동 시스템으로 구성된다. 또
  한 피드 호퍼, 프레임 본체, 배출 호퍼 등이 있다.
- **나이프 축 메커니즘 :** 움직이는 나이프의 각도를 여러 번 변경하고 사
  용할 수 있어야 하며, 나이프와 움직이는 나이프 사이의 간격을 쉽
  게 조정할 수 있어야 하며 나이프의 재료 호환성이 양호해야 한다.
- **선별 메커니즘:** 선별기를 빠르게 변경할 수 있으며 선별기 받침을 위

그림 2.18 단일 축 분쇄기.

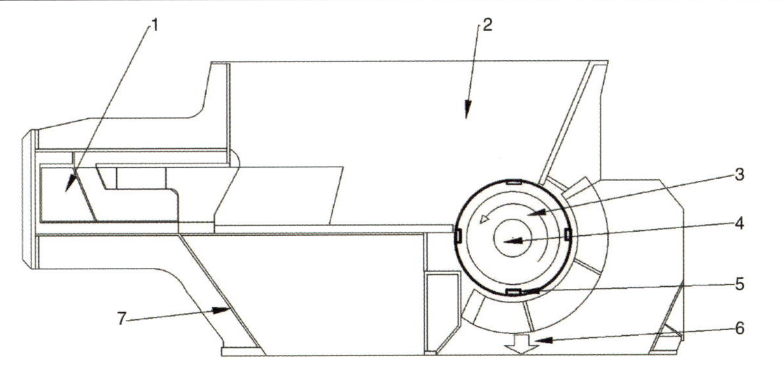

1-푸시 메커니즘, 2-피드 호퍼, 3-커터 축 메커니즘, 4-구동 시스템, 5-선별 메커니즘, 6-배출 호퍼,
7-프레임 본체

아래로 움직일 수 있다(유압 제어 사용 가능).

- 푸싱 메커니즘: 스태킹 박스에는 재료를 절단 시스템으로 밀어 파쇄할 수 있도록 조절할 수 있는 가이딩 블록이 있다.
- 드라이브 시스템: 구동 시스템에는 주파수 변환 제어가 장착되어 있으며 로터 속도는 80~240r/min이다. 공급 재료의 특성에 따라 장비를 조정할 수 있다(그림 2.18).

2축 분쇄기

2축 분쇄기는 상대적으로 회전하는 두 개의 나이프 사이의 상호 전단 및 찢어지는 원리를 사용하여 재료를 분쇄한다. 이중 모터+이중 유성 감속기(유압 모터로도 구동)로 구동되며 강력한 힘과 안정적인 작동으로 구동된다. 도시 폐기물 처리, 폐기물 소각 전처리, 부피가 큰 폐기물 처리, 장식 폐기물 처리, 산업 폐기물 처리 및 자원 리사이클링 사전 분쇄와 같은 환경 보호에 자주 사용된다(그림 2.19).

작업 시 배터리 셀은 입구에서 분쇄 공간으로 들어간다. 재료는 분쇄 공간의 상대 회전 나이프에 의해 절단되고 조각으로 찢어져 하단 배출 포트에서 배출된다. 분쇄 챔버의 크기, 칼날의 모양과 크기, 스핀들의

그림 2.19 2축 분쇄기.

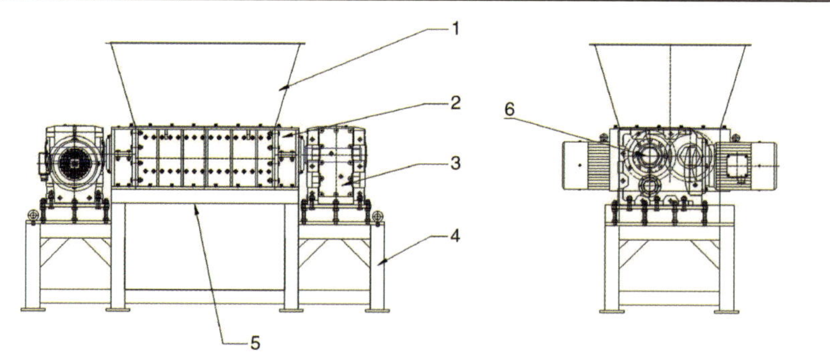

1-공급 호퍼, 2-분쇄 챔버, 3-구동 장치, 4-프레임 본체, 5-배출 포트, 6-절단 도구

회전 속도는 분쇄기의 성능에 영향을 미치는 주요 매개 변수이다.

4축 분쇄기

나이프 사이의 상호 전단, 찢어짐 및 압출의 작동 원리를 사용하여 재료를 처리하는 4축 분쇄기는 다양한 고체 폐기물을 분쇄하는 데 사용하는데, 한 번에 재료를 더 작은 크기로 처리할 수 있으며 MSW 처리, 자원 리사이클링, 폐기물 소각 전처리, 시멘트 소성 공동 처리 및 기타 환경보호 분야에서 자주 사용된다. 이 장비는 저속 및 고토크 설계를 채택하여 높은 전단력, 안정적인 장비 및 균일한 배출을 제공한다.

4개의 유압 또는 전기 모터가 4개의 나이프 축을 구동하여 앞뒤로 회전한다. 나이프 축의 상단 열과 나이프 축의 하단 열은 재료의 1차 파쇄를 수행하는 데 도움을 주며 뽑고 공급하는 기능을 가지고 있다. 2차 파쇄는 주로 로터의 아래쪽 줄에서 전단, 압착 및 찢어짐을 통해 이루어진다. 방전된 제품의 크기는 주로 나이프 축에 설치된 날의 두께와 선별기

그림 2.20 4축 분쇄기

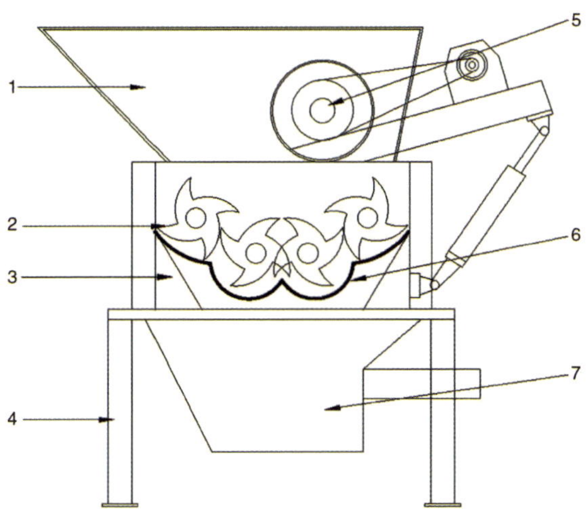

1-공급 호퍼, 2-나이프 롤 어셈블리, 3-분쇄 공간, 4-프레임 본체, 5-구동 장치, 6-선별기, 7-호퍼

개구부의 크기에 따라 결정된다. 장비는 선별기를 다른 크기의 구멍으로 교체하여 배출되는 재료의 크기를 조정할 수 있다(그림 2.20).

2.7.1.1.2 파쇄기

리튬 배터리 전처리 공정에서 배터리를 거칠게 파손하고 저온 균열 및 기타 공정을 거친 후 구리와 알루미늄 수집기에서 검은 덩어리(코발트, 리튬 등)를 제거하기 위해 추가로 파쇄해야 한다. 분쇄된 재료의 일반적인 크기는 약 30~50 메시(mesh)이다. 일반적으로 사용되는 장비는 수평 해머 파쇄기와 로터 원심 파쇄기이다.

수평 해머 밀

해머 파쇄기는 주로 충격 에너지에 의존하여 재료의 파쇄작업을 완료한다. 해머 파쇄기가 작동하면 모터가 로터를 구동하여 고속으로 회전하고 재료가 분쇄 공간에 고르게 들어간다. 고속으로 회전하는 해머 헤드는

그림 2.21 수평 해머 밀.

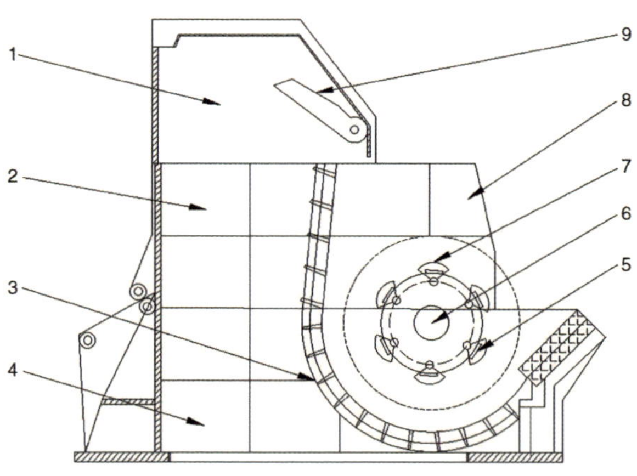

1-상부 커버 본체, 2-상부 박스, 3-체 판, 4-하부 박스 본체, 5-모루 철제, 6-스핀들 롤러, 7-해머 헤드, 8-안감 판, 9-상부 배출구

분쇄할 재료에 충격을 가하고, 절단하고, 찢어버린다. 그리고 재료 자체의 중력으로 인해 재료가 고속 회전 해머 헤드에서 프레임 내부의 배플 플레이트와 체 바까지 돌진한다. 체 구멍 크기보다 큰 재료는 체 플레이트에 남아 필요한 크기로 분쇄될 때까지 해머에 의해 계속 타격 되고 분쇄된다. 재료는 선별 플레이트를 통해 기계에서 배출된다(그림 2.21).

로터 원심 파쇄기

로터 원심 파쇄기는 수평으로 회전하는 수직 축에 장착된 로터와 내부에 링 모양의 분쇄 공간이 있는 원통으로 구성된다. 재료는 작동 시 고속으로 회전하는 로터로 위에서부터 공급된다. 재료는 러너 플레이트와 함께 수직에서 수평 나선형으로 방향이 전환된 전환 플레이트를 통해 원심 관성력을 받는다. 로터 출구의 바깥 둘레는 파쇄 공간에서 던져져 파쇄된다. 이 재료는 분쇄 공간에서 연쇄 반응 사이에 일련의 에너지 교환을 생성한다. 모래 분무 현상을 형성하여 재료 일부가 입자 구름을 형성하고, 이 구름은 충분한 속도를 잃고 떠날 때까지 분쇄 공간 주위를 흐르게 된다(그림 2.22).

그림 2.22 로터 원심 파쇄기.

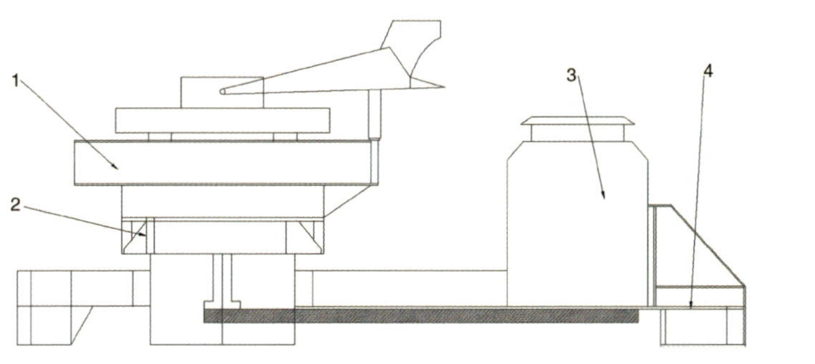

1-분쇄 공간, 2-로터, 3-구동 시스템, 4-프레임 본체

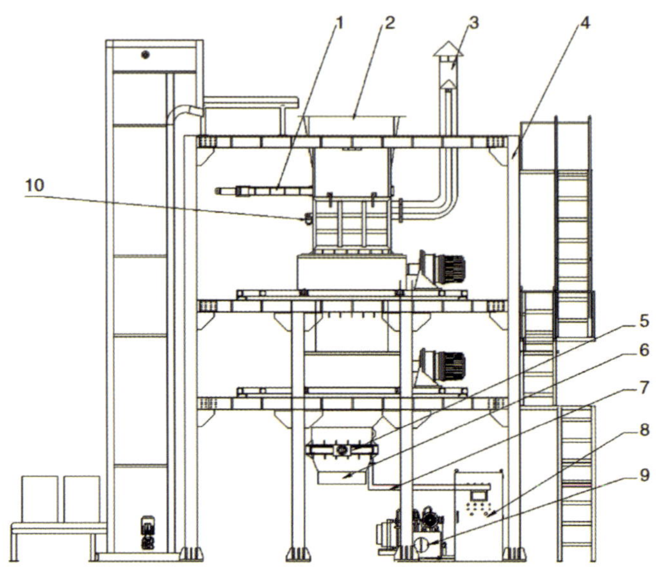

1-방화 게이트 밸브, 2-급수통, 3-폭발 방지 밸브, 4-프레임 본체, 5-방화 게이트 밸브 2, 6-배출 슈트, 7-소화 통로, 8-제어 캐비닛, 9-유압 스테이션, 10-기압 감지 시스템

2.7.1.2 질소 보호 시스템

파쇄된 전원 배터리는 미리 방전되었지만, 일부 배터리는 완벽히 방전되지 않았으며 이러한 배터리는 파쇄할 때 단락 및 화재 또는 폭발이 발생하기 쉽다. 이러한 이유로 분쇄 공정은 저산소 환경에서 수행되어야 하며, 일반적인 시스템은 질소 보호 시스템이다(그림 2.23).

배터리 공급 호퍼의 하단과 배출 호퍼의 상부에는 유압식 게이트 밸브가 장착되어 있다. 분쇄 시 분쇄 공간은 미리 질소 가스로 채워진다. 산소 농도는 8% 미만으로 제어되며, 공급 호퍼 하단의 유압 게이트 밸브가 간헐적으로 열리고 닫혀 재료 이송을 완료한다. 배출 호퍼 상단의 유압 게이트 밸브가 열리면 재료가 분쇄된 후 분쇄 사이클이 완료된다.

파쇄 시 가스 압력 센서는 파쇄 공간의 압력 데이터를 실시간으로 감지한다. 이를 산소 농도 데이터와 결합하여 분쇄 공간의 화재 및 폭발 발생 여부를 판단한다. 폭발이 발생했다고 판단되면 제어 시스템은 한 편으로는 소방 장비를 가동해 화재를 진압하고, 다른 한편으로는 능동형 폭발 완화 장치가 열리도록 제어해 고온 고압가스를 지정된 안전 위치로 방출해 파쇄기 폭발로 인한 피해를 줄인다.

2.7.1.3 분리수거 및 이물질 제거 장비

2.7.1.3.1 기류 스크린

풍력 분리기 시스템(기류 스크린)은 공기를 선별 매체로 하여 기류 작용을 통해 밀도 또는 입자 크기에 따라 입자를 분리한다. 기류 스크린의 기본 원리는 기류가 가벼운 물질을 위로 또는 수평 방향에서 더 먼 곳으로 이동시킨다는 것이다. 반대로 무거운 물질은 공기 흐름이 위로 올라가서 가라앉거나 충분한 관성으로 인해 무거운 물질을 지탱할 수 없다. 기류에 의해 빼앗긴 가벼운 물질을 가라앉히고 사이클론 집진기에 의해 더 분리하기 위해 기류를 통해 방향을 급격하게 바꿀 수 없다.

특히 리튬 배터리 분해에 기류 분리기는 주로 다음과 같은 용도로 사용된다.

(i) 배터리에서 가벼운 분리막을 제거하고, (ii) 배터리 셀과 등급을 분리하고, (iii) 이후 큰 극 조각의 상태에서 구리와 알루미늄을 분리한다. 일반적으로 사용되는 기류 스크린 장비는 접이식 플레이트 기류 분리기와 맥동 기류 분리기 컬럼이다.

접이식 판형 기류 분리기 접이식 판형 기류 분리기(단어로서 Z)는 고형 폐기물 처리에 일반적으로 사용되는 일종의 수직 기류 분리기로, 일반적으로 입자 크기를 5-40mm로 처리한다. 선별 효율이 높으므로 고형 폐기물 처리의 미세 선별 또는 정제에 사용된다. 또한 BHS 등과 같은 리튬 배터리 리사이클링에도 널리 사용된다.

접이식 판형 기류 분리기가 작동하면 재료(재료 A 및 B)가 일반적으로 회전 피더(스타 언로더)로 들어간다. 이때 원심 환풍기는 기류 분리기 바닥에서 공기 흐름을 드럼으로 돌린다. 낙하하는 과정에서 상승 기류의 역할에 의해 저밀도 재료(B)는 사이클론 분리기로 위로 이동하여 분리기의 바닥에서 배출된다. 고밀도 물질(A)은 자체의 무거움으로 인해 중력의 작용으로 아래로 이동하여 바람 분리기의 바닥에서 배출되어 물질 분리를 달성한다(그림 2.24).

맥동 기류 분리 컬럼

그림 2.25에는 맥동 기류 분리 컬럼이 나와 있다. 작업 시 재료는 공급 장치 7(일반적으로 회전식 공급 장치)을 통해 들어간다. 활성 팬 1에 의해 제어되는 기류는 맥동 밸브 4를 통과하여 맥동 가속 기류를 생성한다. 선별 기류의 맥동 주파수는 인버터에 연결된 모터에 의해 제어된다. 맥동 밸브는 버터플라이 밸브 형태이며, 밸브 스풀(valve spool)의 회전을 통해 파이프라인을 간헐적으로 전환하여 맥동하는 공기 흐름을 생성한다. 맥동 기류의 가속도가 클수록 분류할 입자의 맥동 가속도가 커진다. 맥동 기류에서 입자의 가속도와 입자의 밀도는 반비례한다.

즉, 입자의 밀도가 클수록, 맥동 가속도가 작을수록 입자는 가라앉는 경향이 있고, 입자의 밀도가 작을수록 맥동 가속도가 클수록 입자는 상승하는 경향이 있다.

기류 선택 열 6의 재료는 활성 팬 1에 의해 생성된 맥동 기류의 영향을 받는다. 가벼운 재료는 맥동 기류에 의해 바람 선택 열6의 위쪽으로 이동하여 사이클론 분리기 9로 이동하고 가벼운 재료 배출구 10을 통해 배출된다. 중력의 역할을 하는 무거운 물질은 무거운 물질 배출구 11을 통해 배출된다.

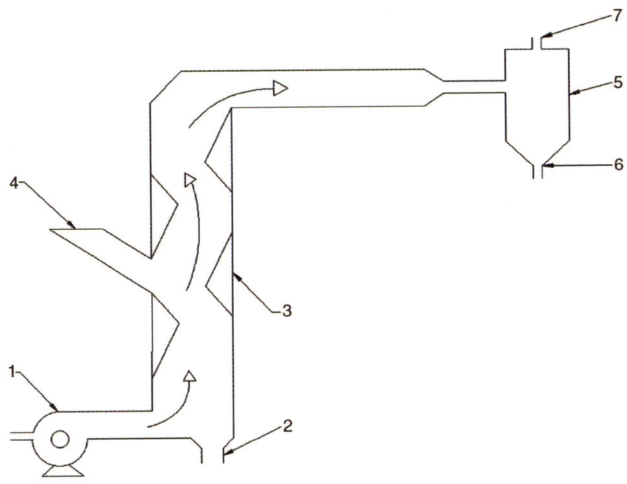

1-원심 팬, 2-배출구 1, 3-공기 분리기 본체, 4-공급 입구, 5-사이클론 분리기, 6-배출구 2, 7-출구

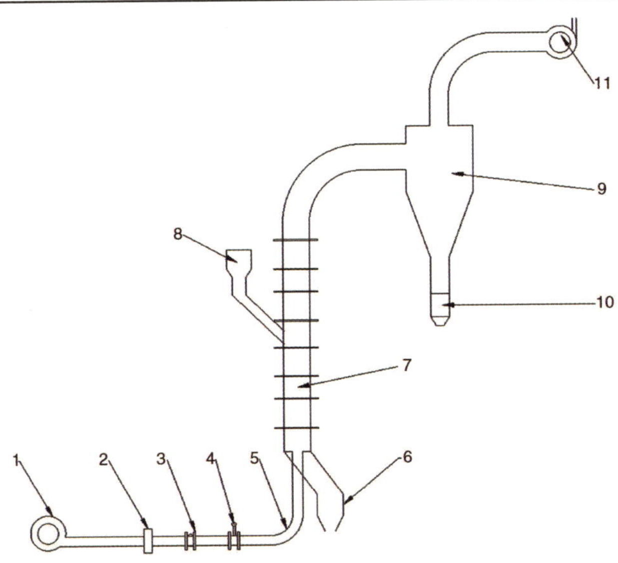

1-활성 팬, 2-밸브, 3-와류 유량계, 4-맥동 밸브, 5-공기 흡입 파이프, 6-무거운 재료 배출구, 7-공기 분리 컬럼, 8-공급 장치, 9-사이클론 분리기, 10-가벼운 재료 배출구, 11-유도 통풍 팬

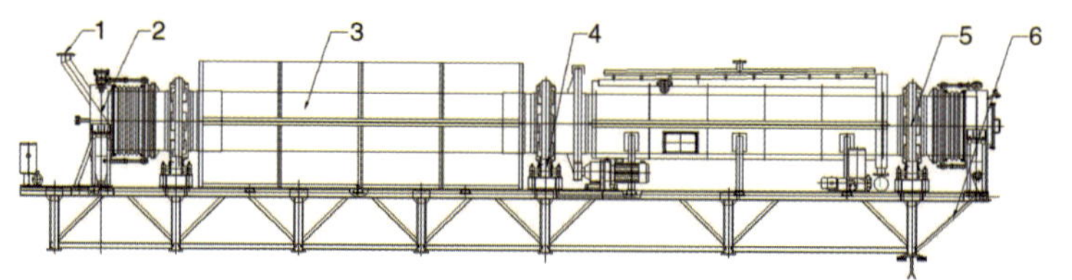

그림 2.26 회전식 가마로.

1-공급 장치, 2-실린더 장치, 3-가열 장치, 4-전송 장치, 5-배출 장치, 6-프레임 본체

2.7.1.3.2 회전식 가마로

파쇄된 일차 전지는 분리막, 쉘, 양극 및 음극 조각 등으로 분해된다. 양극재와 음극재는 바인더 PVDF로 얼룩지게 된다. 회전식 가마로는 분리막, 바인더 PVDF 및 잔류 전해질 등을 제거하여 후속 선별 및 파쇄 공정을 쉽게 하는 데 사용할 수 있다.

회전식 가마로는 약간 기울어진 강철 실린더로 내화 벽돌이 늘어서 있다. 작업할 때 배터리의 분쇄된 재료는 연소를 위해 앞쪽 끝에서 가마로 공급되고 가마는 고정된 속도로 회전하여 재료가 고르게 혼합되고 완전히 연소하도록 한다. 가마는 고정된 속도로 회전하여 재료를 고르게 혼합하고 완전히 연소시킨다.

회전은 재료가 쉽게 미끄러질 수 있도록 적절한 각도를 유지해야 한다. 충분한 연소 후 재료는 냉각되어 회전식 가마로의 끝에서 다음 공정으로 배출된다. 이 공정은 일반적으로 배터리 내 알루미늄과 같은 금속의 산화를 방지하기 위해 산소가 없는 환경에서 수행된다(그림 2.26).

2.7.1.4 선별 장비

배터리 파쇄 재료는 일반적으로 약 30~50 메쉬이다. 파쇄된 재료는 선형 진동 선별기와 원형 진동 선별기에 일반적으로 사용되는 선별 장비인 양극 및 음극 분말에서 구리와 알루미늄 분말을 분리하기 위해 다양한 크기 등급으로 나뉘어야 한다.

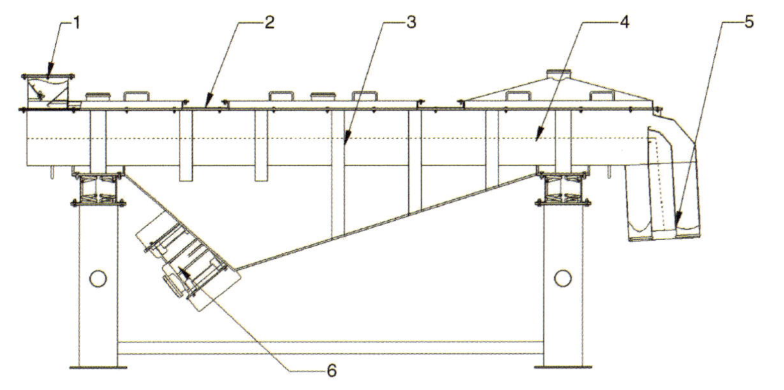

1-피드 입구, 2-먼지 커버, 3-선별기 박스, 4-선별기, 5-배출 포트, 6-구동 장치

2.7.1.4.1 선형 진동 선별기

선형 진동 선별기는 두 개의 편심 진동 모터 또는 유도기를 전원으로 사용한다. 두 개의 유도기가 동기식 역회전을 할 때 모터 축에 평행한 방향으로 유도력에 의해 생성된 편심 블록이 모터 축에 수직인 방향으로 서로 상쇄되어 결합된 힘으로 중첩되어 선별기 궤적이 직선으로 움직인다. 두 모터 축은 선별기 표면을 기준으로 경사각을 갖는다. 여기 힘과 재료의 중력이 결합한 힘으로 재료는 선별기 표면에서 직선으로 앞으로 던져져 재료 선별 및 등급 지정 목적을 달성한다(그림 2.27).

2.7.1.4.2 원형 쉐이킹 선별기

스윙 선별기는 수동 선별을 직접 모방한 저주파 회전식 선별기이다. 이 선별기의 모션 궤적은 이 변위의 반경 방향 변위와 원운동을 축으로 결합한다. 유도기의 편심 거리를 조정하여 낭비되는 선형 3차원 모션을 생성할 수 있다. 재료는 수동 스크리닝과 유사한 방식으로 선별기 표면에서 이동하여 재료 스크리닝 효과를 얻는다. 스윙 선별기는 원통형, 시트 및 기타 불규칙한 모양의 재료를 정밀하게 선별하는 데 특히 적합하다(그림 2.28).

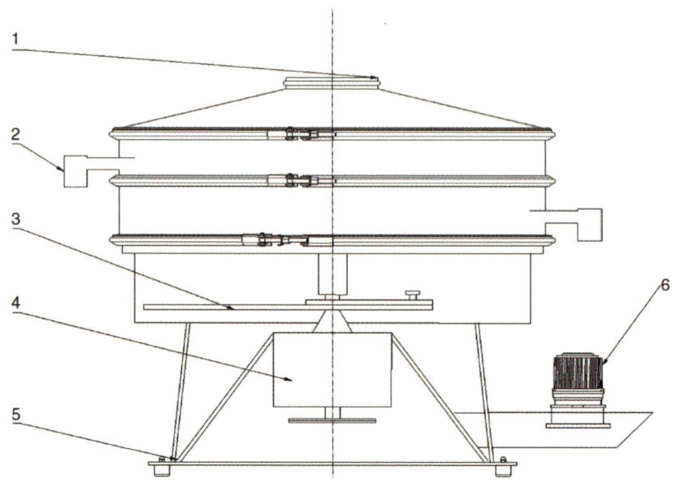

그림 2.28 원형 쉐이킹 선별기.

1-피드 입구, 2-배출구, 3-스윙 본체, 4-메인 피벗 어셈블리, 5-선반, 6-구동 장치

2.7.2 하이드로메탈러지 장비

2.7.2.1 침출 장비

2.7.2.1.1 기계식 교반 침출 탱크

그림 2.29는 기계식 교반 침출 탱크의 간단한 구조를 보여준다. 주요 구성 요소는 다음과 같다.

재료는 처리할 용액에 대한 내식성이 우수해야 한다. 알칼리성, 중성 비산화성 매질에는 일반 탄소강을 사용할 수 있다. 산성 매질의 경우 에나멜을 사용할 수 있다. 그러나 고온 및 농축 염산 조건에서, 특히 원재료에 불소가 포함되어 있으면 에나멜의 수명은 매우 짧다. 일반적으로 강철 쉘은 에폭시 수지로 라이닝된 다음 흑연 벽돌 또는 고무 라이닝으로 라이닝된다. HNO_3 매질에 대해, $NH_4OH–(NH_4)_2SO_4$ 매질의 경우 스테인리스 스틸을 사용할 수 있다. 농축 황산 시스템은 실온에서 주철 및 탄소강, 페로

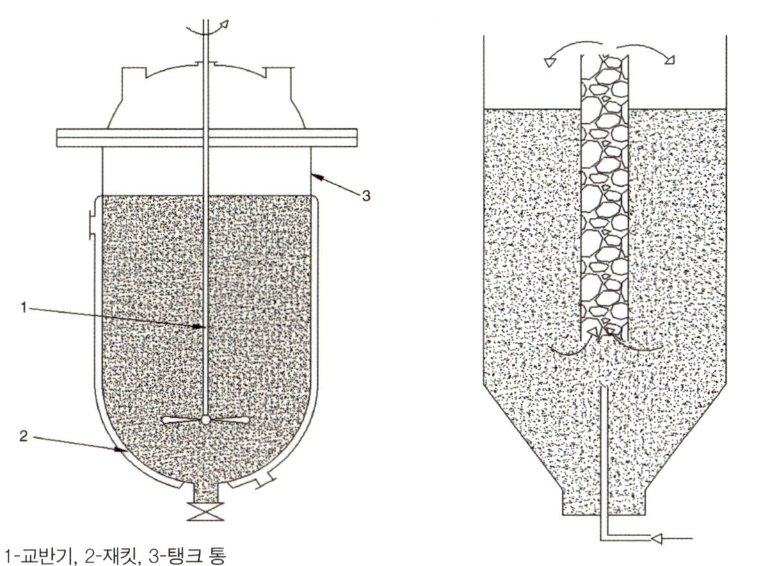

실리콘의 고온 적용에 사용할 수 있다.

- 가열 시스템: 라이너 흑연 또는 고무 외에도 에폭시 수지 홈을 재킷 또는 나사 간접 증기 가열에 사용할 수 있다. 고무 또는 흑연 모루가 늘어선 길고 깊은 홈인 트로프(trough)는 일반적으로 증기로 직접 가열한다.
- 교반 시스템: 기계식 교반기는 종종 터빈 유형, 앵커 유형, 나사 유형, 프레임 유형, 레이크 유형 및 기타 유형이다. 교반 속도와 출력은 탱크의 크기와 전처리된 펄프의 특성에 따라 조절된다.

2.7.2.1.2 공기 교반 침출 탱크(파추카 탱크)

공기 교반 침출 탱크(파추카 탱크)의 간단한 구조는 그림 2.30에 나와 있다. 양쪽 끝에 개구부가 있는 중앙 튜브가 홈에 배치되고 압축 공기가 중

앙 튜브의 하부로 유입된다. 튜브를 따라 기포가 상승하는 과정에서 펄프
가 흡입되어 튜브 하부에서 상승한다. 튜브의 상단에서 기포가 흘러나오
면 액체가 튜브 외부로 돌출된다. 기계식 교반 침출에 비해 파추카 탱크는
구조가 간단하고 유지 보수가 쉬우며 기체-액체 또는 기체-액체-고상 반
응에 도움이 되는 작동이 특징이지만 전력 소비는 기계식 교반 탱크의 약
3배이다. 파추카 홈의 높이-지름 비율은 일반적으로 (2~3) : 1이며, 일부는
최대 5 : 1이다.

2.7.2.1.3 유체화 침출탑

유체화 침출탑 구조는 그림 2.31에 나와 있다. 고체 원료는 공급 포트를
통해 침출 탑에 추가되고 침출제 용액은 노즐을 통해 지속해 탑으로 유

그림 2.31 유체화 침출탑 구조의 개략도

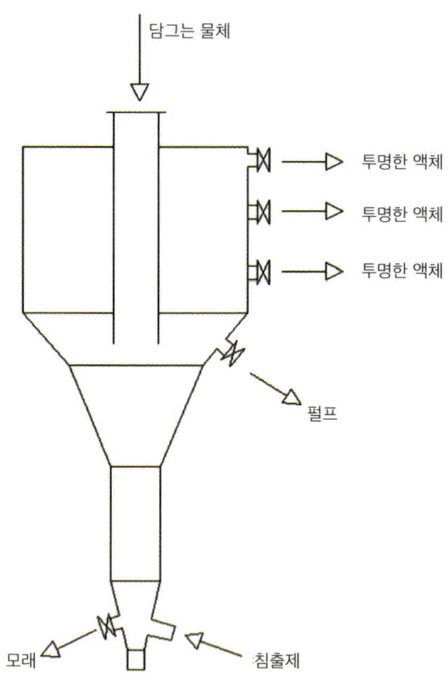

입된다. 타워에서 선형 속도가 임계 속도를 초과하기 때문에 고체 물질이 유동화되고 유동층이 형성된다. 베드의 두 상 사이의 질량 및 열전달 조건이 양호하여서 다양한 침출 반응을 신속하게 수행할 수 있다.

침출액이 확장된 부분으로 흐르면 유속이 임계 속도 이하로 감소하고 고체 입자가 침전되며 투명한 액체가 오버플로 포트에서 흘러나온다. 침출 온도를 보장하기 위해 타코(taco, U자 또는 V자 모양의 금속 껍질이거나 꼬인 파이프)는 증기 가열을 통해 재킷으로 만들 수 있으며 다른 가열 방법으로도 가열할 수 있다.

유체화 침출 공정에서 컬럼 내 액상의 선속도는 중요한 파라미터이며, 그 값은 원료의 밀도와 입자 크기에 따라 달라진다. 유동화 침출의 특성은 다음과 같다. 컬럼의 용액 흐름은 피스톤 흐름과 유사하므로 용액 변환 및 다단계 역류 침출을 쉽게 수행할 수 있다. 기계적 교반 침출에 비해 입자 분쇄 효과가 작으므로 침출 후 고형물의 입자 크기를 일정하게 유지하는 것이 유리하다. 유동층은 질량 및 열전달 조건이 더 좋아서 반응 속도가 더 빠르고 생산 능력이 더 크다.

2.7.2.1.4 고압 침출 반응기(高壓浸出反應器)

침출 속도는 일반적으로 온도가 상승함에 따라 증가하며, 일부 침출 공정은 용액의 끓는점 이상에서 수행해야 한다. 가스가 반응에 참여하는 일부 침출 공정의 경우, 가스 반응제의 압력 증가가 침출 공정에 도움이 되므로 고압에서 수행된다. 이 침출 과정을 고압 침출 또는 사전 침출이라고 한다. 고압 침출은 오토클레이브(autoclave)라고 부르는 장치에서 수행된다.

오토클레이브의 작동 원리와 구조는 기계식 교반 침출 탱크와 유사하지만, 고압을 견뎌야 하고 밀폐가 잘 되어야 한다. 누출이 장비에서 발생하는 경우 기계적 교반 침출에 기인할 수 있다. 오토클레이브에는 수직형과 수평형의 두 가지 유형이 있다. 그림 2.32는 수평 오토클레이

그림 2.32 수평 오토클레이브의 구조.

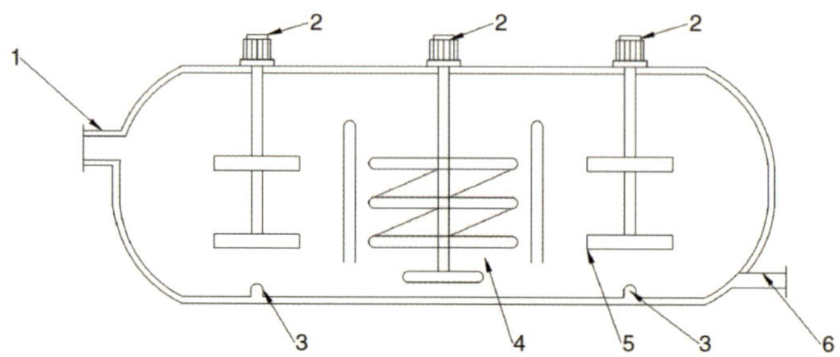

그림 2.32 수평 오토클레이브의 구조.

1-공급 입구, 2-교반기, 3-산소 입구, 4-냉각 파이프, 5-교반 패들, 6-배출구

브의 구조를 보여준다. 이는 앞서 언급한 기계식 교반 탱크와 유사하다. 일반적으로 침출조는 여러 개의 격실로 나뉘며 현탁액은 각 격실을 통해 연속적으로 흐르고 각 격실에는 별도의 교반기가 있다.

2.7.2.2 추출 장비

추출 장비는 재료 액체에 함유된 성분의 완벽한 분리를 실현할 수 있다. 구조는 혼합 정화기, 추출 타워 및 원심 추출기로 나눌 수 있다.

2.7.2.2.1 혼합 정화 탱크

혼합 정화기는 생산에 사용되는 가장 초기의 고전적인 추출 장비이다. 단일 단계 또는 직렬 또는 병렬로 작동할 수 있다. 교반기는 두 단계의 접촉 면적을 늘리고 난류 운동을 강화하기 위해 혼합 탱크에 설치되는 경우가 많다.

펄스(pulse, 짧고 강한 압력 또는 유량의 급증) 또는 이젝터(ejector, 유체 흐름을 이용하여 다른 유체를 흡입하고 함께 혼합하는 장치)를 사용하여 두 단계의 완전한 혼합을 달성할 수 있다. 정화 탱크의 역할은 평형 상태에 가까운 추출 단계와 정제 단계를 분리하는 것이다. 정화하기 쉬운 혼합물은 일반적으로 두

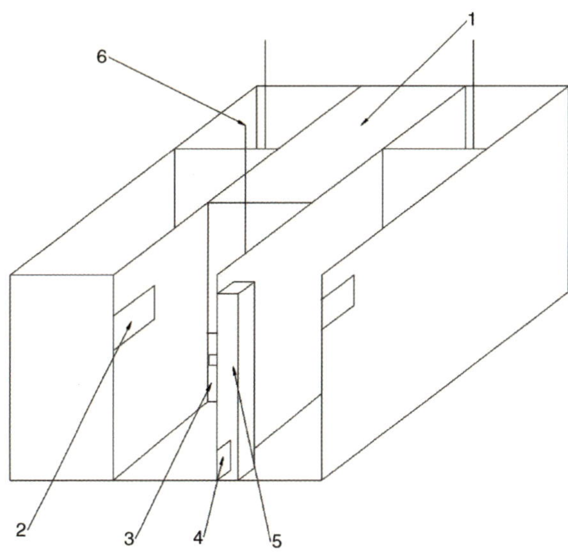

1-정화실, 2-유상 조절문, 3-혼합 격실 배출구, 4-수상 배출구, 5-수상 조절문, 6-회전기

상 사이의 밀도 차이에 의해 계층화된다.

두 상 사이의 밀도 차이와 계면 장력이 작은 재료 시스템의 경우 회전 액체 분리기 또는 디스크 원심분리기를 사용하여 두 상 분리를 가속화할 수 있다. 작동 과정에서 원료 재료 액체를 먼저 추출제와 균일하게 혼합하고, 한 상 방울을 다른 연속 상에 분산시켜 재료와 용매가 밀착되도록 한다. 정화 탱크의 크기가 너무 커지는 것을 방지하려면 분산된 물방울이 유화되기는커녕 너무 작아서는 안 된다.

그림 2.33은 잠수정 격실이 없는 혼합 정화 탱크의 구조를 보여준다. 일반적으로 전위 격실이 없는 혼합 및 정화 탱크에는 지름이 큰 블레이드가 사용된다. 블레이드는 회전하여 와류를 형성하여 오일과 물을 두 단계로 혼합하여 혼합 격실로 직접 들어간다. 휘저으면서 혼합 후 유체는 상 분리를 위해 혼합 상 배출구를 통해 정화 격실로 들어간다. 혼합

상 출구는 두 개의 액상 입구에서 멀리 떨어져 배치되며, 두 상은 상 분리가 완료된 후 다음 단계의 장비로 들어간다. 혼합 및 정화 탱크에서 블레이드의 설치 높이와 속도에 대한 수중 격실의 변형을 고려할 필요가 없다. 교반을 위한 회전기의 설치 위치를 선택할 수 있으며, 필요에 따라 해당 교반 속도를 설정하여 과도한 교반으로 인한 유화 없이 재료가 완전히 혼합될 수 있도록 할 수 있다. 그러나 전위 격실이 있는 혼합 정화기의 재료는 완벽히 혼합되지 않고 혼합 격실 밖으로 흘러 나와 유체 회로가 단락될 수 있다. 한편, 장비 내 재료의 단계 간 흐름 용량이 약하고 같은 부피를 가진 장비의 처리 용량은 전위 격실이 있는 장비의 처리 용량보다 작다[65].

혼합 정화 탱크에는 다음과 같은 특징이 있다.

(1) **고효율**: 장비의 각 단계에서 휘젓기와 정화 매개 변수를 조정하여 추출 효율을 90% 이상 달성할 수 있다.

(2) **강력한 적응성**: 물질의 목표 용질 농도나 비율이 크게 변해도 안정적인 작동과 효율적인 추출이 가능하다.

(3) **간단한 증폭**: 혼합 정화 탱크의 부피는 소형에서 세제곱미터까지 단계적으로 확대할 수 있으며, 다양한 크기의 장비에 대해 유사한 증폭 원리를 따른다.

(4) **강력한 작동성**: 장비의 유체에 액체가 넘치거나 유화 및 기타 생산 사고가 발생하면 정상적으로 복구한 후 작업을 중지하고 세워서 신속하게 작업을 재개하여 해결할 수 있다.

(5) **넓은 바닥 면적**: 혼합 정화 탱크는 일반적으로 다단계 시리즈로 운영되며 재료의 추출 단계가 클 때 전체 추출 공정이 넓은 면적을 차지한다.

(6) **큰 재료 보유량**: 다단계 시리즈 작동 모드에서는 작동을 시작하기 전의 탱크에 충분한 재료와 액체를 추가해야 한다. 대형 시리즈 추출 공정의 경우 장비의 재료와 액체의 양이 방대하고 추출 및 분리 기업의 일

회성 투자비용이 많이 든다.

혼합 정화 탱크는 더 일찍 등장했지만, 여전히 석유, 화학, 야금, 원자력 및 기타 분야에서 널리 사용되고 있다. 현재 가장 일반적으로 사용되는 추출 장비이다. 따라서 국내외 연구자들은 혼합 정화 탱크의 종합적인 성능을 향상하기 위해 보다 효율적이고 에너지 절약적이며 단순한 형태의 혼합 정화 탱크를 지속적으로 개발하고 있다.

2.7.2.2.2 추출 타워

추출 타워는 추출 컬럼, 화학 산업, 석유 정제, 환경 보호 및 기타 산업 분야에서 일반적으로 사용되는 액체-액체 품질 이송 장비 타워라고도 한다. 내부 구조는 중력 또는 기계적 작용을 사용하여 액체를 다른 연속 액체, 액체-액체 추출에 분산된 물방울로 분해하는 것이다.

추출 타워는 포장 추출 타워, 거름 판 추출 타워, 회전판 추출 타워, 진동 선별기 플레이트 타워, 다단 원심 추출 타워 등 구조와 유형이 다르다. 회전식 테이블 추출 타워와 포장 추출 타워의 개략도(그림 2.34)는 다음과 같다.

회전 디스크 추출 타워에는 턴테이블이라고 하는 같은 크기와 간격의 복수의 디스크가 회전축의 중앙에 위치하여 축의 회전에 따라 균일하게 회전한다.

턴테이블은 고정판이라고 하는 타워 벽에 고정된 같은 크기와 간격의 원형 디스크로 분리되어 있다. 부력의 효과로 인해 타워 바닥에서 타워로 곧장 유입되는 용액의 밀도가 낮은 용액은 타워 상단으로 흐른다. 상향 흐름 과정에서 밀도가 낮은 용액은 회전 원심분리의 연속 회전으로 부서지고 물방울로 흩어진다. 밀도가 높은 용매는 중력의 영향으로 타워 상단으로 곧장 올라가 타워 아래로 흘러내려 타워를 가득 채운다. 연속 용매에 분산된 액체 방울은 액체 방울과 용매 사이의 접촉을 통해

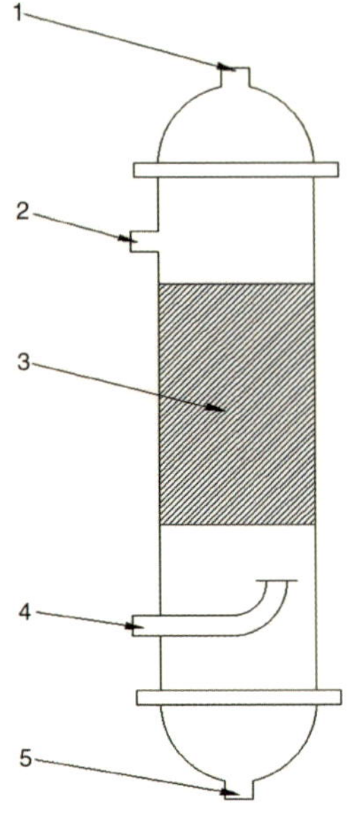

용액의 하나 이상의 성분이 질량 전달을 위해 연속 용매에 선택적으로 용해된다.

포장된 추출 컬럼에서 용액 분쇄는 필러의 작용을 통해 이루어진다. 턴테이블의 수, 간격 및 기타 구조, 필러의 크기 및 높이는 재료의 성능과 분리 정도 및 순도 및 기타 요인에 따라 계산된다.

2.7.2.2.3 원심 추출기

원심 추출기는 모터를 사용하여 원심 추출기에 의해 구동되는 고속 회전 드럼인 새롭고 신속하고 효율적인 액체-액체 혼합 세분화 장비로 밀도가 다르다. 드럼 또는 블레이드에 있는 두 가지 비 혼합성 액체는 각각 완전한 혼합 및 질량 전달 때문에 생성되는 전단력의 작용으로 회전하고 고속 회전 드럼에서는 빠른 분리로 생성되는 원심력의 작용으로 회전한다. 따라

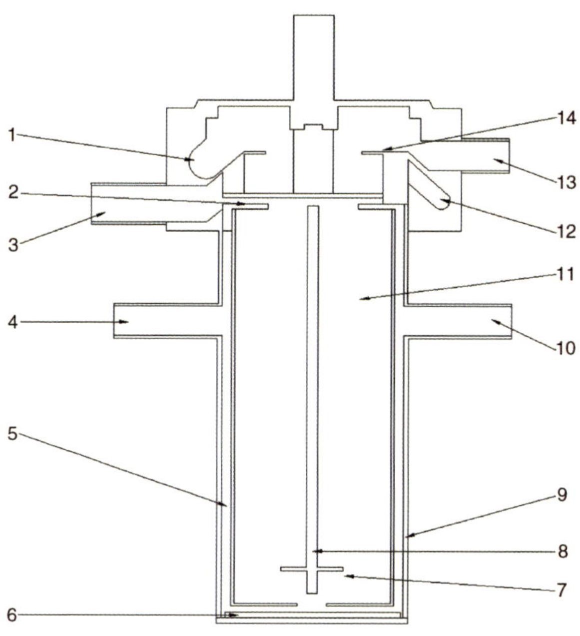

1-수집 공간, 2-경상 조절문 판, 3-경상 유입구, 4-경상 또는 혼합상 유입구, 5-링 혼합 구역, 6-하단 임펠러, 7-분산판, 8-블레이드, 9-쉘, 10-이중 또는 혼합 위상 입구, 11-분리 구역, 12-수집 공동, 13-단계 조절 배출구, 14-단계 조절이 가능한 수문판

서 원심 추출기는 정밀 화학, 제약, 하이드로메탈러지, 석유 화학, 환경 보호, 식물 추출 및 기타 산업에서 널리 사용된다(그림 2.35).

원심 추출기는 주로 혼합 질량 이동과 원심분리라는 두 가지 공정을 포함한다. 원심 추출기는 혼합 및 분리 공정을 자동으로 연속적으로 완료할 수 있다.

혼합 물질 이송 원심 추출기에 들어간 후 물과 유기 상은 고속으로 회전하는 드럼 또는 블레이드에 의해 작은 방울로 절단되고 분산된다. 두 단계가 완전히 접촉하여 질량 전달의 목적을 달성한다.

질량 전달 효과에 영향을 미치는 요소는 다음과 같다:

(1) 혼합 강도: 특정 범위 내에서 혼합 강도가 클수록 두 단계의 분산 입
자가 작아지고 접촉 면적이 커질수록 질량 전달에 도움이 되지만
작은 물방울은 분리에 도움이 되지 않는다. 회전 속도를 높이거나
블레이드를 강한 전단력으로 교체하여 혼합 강도를 높일 수 있다.
(2) 접촉 시간: 2상 접촉 시간을 늘리면 질량 전달에 도움이 된다. 질량
전달 프로세스가 평형에 도달하면 접촉 시간을 늘려도 질량 전달
효과가 향상되지 않는다.
(3) 온도: 온도는 물질 전달 효과에 영향을 미친다. 일부 시스템의 물질
전달 효과는 온도가 상승함에 따라 향상되고, 일부 시스템의 질량
전달 효과는 온도가 상승함에 따라 감소한다.
(4) 물질 농도가 좋지 않다: 물질 농도의 차이가 클수록 질량 전달에 더 도
움이 된다.

원심분리 드럼과 그 바큇살 플레이트의 구동으로 혼합 액체와 드럼
이 고속으로 동시에 회전하여 원심력을 생성한다. 원심력에 의해 밀도
가 높은 액체는 드럼의 중심에서 점차 멀어지면서 드럼의 벽 쪽으로 이
동한다. 밀도가 낮은 액체는 드럼 벽에서 점차 중심으로부터 멀어진다.
마지막으로, 2상 액체는 각 채널을 통해 수집 격실로 던져진다. 두 상이
각 수집 격실에서 흘러나오면서 2상 분리 프로세스가 완료된다.
분리에 영향을 미치는 요인은 다음과 같다:

(1) 속도: 속도가 빠를수록 드럼의 두 위상 분리가 빨라지고 두 위상의
혼입이 줄어든다. 동시에 속도를 높이면 장비의 처리 용량도 향상
될 수 있다.
(2) 드럼 높이: 혼합물은 드럼의 아래쪽에서 위쪽으로 천천히 분리된

다. 드럼이 높을수록 분리 효과가 더 좋다.

⑶ 수문판: 원심 추출기는 상단의 마모판 조정을 통해 2상 액체의 유출
을 제어한다. 적절한 수문판은 두 단계의 완전한 분리를 보장하는
중요한 요소이다.

⑷ 재료 특성: 유화, 발포, 밀도 차이 크기와 같은 재료 자체의 물리적
특성은 2상 분리에 큰 영향을 미친다.

⑸ 원심 추출기의 최대 분리량이다:

$$Q=1.386\times10^{-4}\omega D_i^2 L$$

여기서 ω는 원심 추출기의 속도, D_i는 드럼의 안지름, L은 드럼의 높이이다.

2.7.2.3 고체-액체 분리 장비

하이드로메탈러지 공정은 본질적으로 재료에서 유가 금속을 점진적으
로 분리하는 과정이다. 제품은 일반적으로 침출 처리를 통해 광물 원료
(또는 야금에서 생산된 2차 원료)와 같은 고체와 액체의 혼합물인 펄프이다. 불
순물이 주 금속에서 분리되더라도 공정의 최종 목적을 달성하기 위해서
는 펄프를 분리해야 한다. 이름에서 알 수 있듯이 고체-액체 분리는 혼
합물에서 고체와 액체를 분리하는 것을 말한다. 고체-액체 분리는 다음
과 같은 목적을 달성하기 위해 여러 공정에서 사용된다.

⑴ 유용한 고체(폐액체) 리사이클링

⑵ 액체(폐고체) 리사이클링

⑶ 고체 및 액체 리사이클링

실제 생산 공정에서 고체-액체 분리를 위한 방법은 여러 가지가 있지
만, 그 원리에 따라 농축과 여과의 두 가지 범주로 나눌 수 있다.

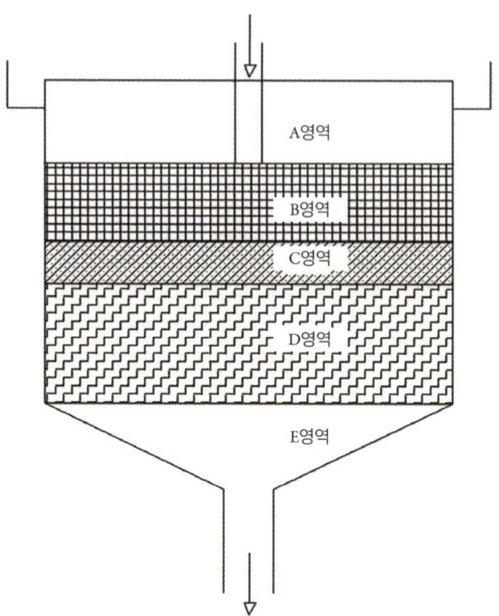

A-상등액 영역, B-상등액 정화 영역, C-혼합 정화 영역, D-슬러지 정화 영역, E-두꺼운 슬러지 영역

2.7.2.3.1 농축 시설

농축을 위한 주요 장비는 농축기라고도 하는 농축 탱크이다. 농축 탱크는 물에 섞인 고체 물질의 농도를 완전히 개선하고 침전 과정을 통해 맑은 액체를 얻을 수 있는 산업 장비이다. 탱크, 레이크 암, 전송 장치, 리프팅 장치 및 기타 구성 요소로 구성된다. 농축기는 다양한 전송 모드에 따라 중앙 전송과 주변 장치로 나뉜다. 지름이 큰 농축기는 주변 전송 모드를 채택한다. 탱크의 모양에 따라 농축 탱크는 콘 바닥과 경사 바닥의 두 가지로 나뉘며, 생산 공정에서는 콘 바닥 농축 탱크가 가장 많이 사용된다.

다음은 그림 2.36과 같이 중앙 구동용 콘 바닥 농축 탱크에 관한 설명이다.

(1) 탱크 본체: 농축 탱크의 상부는 원통형이며 일반적인 지름은

10~18m, 높이는 3~7m이다. 탱크의 바닥은 원뿔꼴이고 원뿔 각도는 160°로 깔때기를 형성한다. 이러한 바닥은 침전된 고체 물질이 중앙으로 이동하고 물에 섞인 두꺼운 고체 물질이 원뿔의 바닥 구멍에서 방전될 수 있다. 탱크는 철근 콘크리트로 만들어졌으며 납 스킨, 안티몬 알루미늄 판, 에폭시 유리 천, 부식 방지 소재를 덧댄 강판으로 제작되었다. 완충 실린더가 탱크 중앙에 매달려 있고 바닥에 거름 판이 있다. 이 실린더는 길이 1.5m, 높이 1.5m이며 얼룩이 적은 강판으로 압연된다. 버퍼 실린더를 설치할 때 상부 입구가 액체 레벨보다 높아야 한다.

실린더는 농축 탱크로 농축될 슬러지를 상등액 영역에서 분리하여 상등액의 품질을 보장하고 거름 판은 완충 역할을 한다. 침출된 펄프는 정화액을 혼합하지 않고 공급 실린더로 공급된다. 맑은 상등액은 농축 탱크의 상단 가장자리에 있는 흐름 탱크를 통해 방출되고, 중간에 농축된 슬러지는 모래 펌프로 펌프질하거나 다른 방법으로 배출된다.

⑵ 긁개 팔(Rake arm): 농축 탱크에는 긁개 톱니가 있는 교차 긁개 팔로 구성된 특수 메커니즘이 장착되어 있어 탱크 바닥의 침전 입자를 휘저어 침전 입자를 중앙으로 이동시킨다.

⑶ 전송 장치: 긁개 톱니가 있는 전체 교차 긁개 팔의 움직임을 보장하기 위해 모터, 기어 감속기, 웜 기어 감속기 및 기타 부품으로 구성된 전송 장치 세트가 농축기 슬롯 표면에 제공된다. 중앙 축은 슬라이딩 키를 통해 웜 휠의 중앙 구멍에 설치된다. 그런 다음 모터가 기어 감속기를 구동할 때 웜 감속기가 구동되어 중앙 축을 구동한다. 탱크의 지름에 따라 중앙 축의 회전 속도는 10분에 약 1회전 범위 안에서 제어할 수 있다.

⑷ 리프팅 장치: 농축 탱크 상단에 나선형 리프팅 장치를 배치하여 중앙 샤프트와 긁개 막대를 들어 올려 하중을 조정하고 장비의 점검 및 유지 보수를 수행한다.

2.7.2.3.2 필터링 장비

여과의 기본 원리는 다공성 물질을 매체로 사용하여 매체의 양면 사이에 압력 차이 만들어 작은 채널을 통과하는 액체와 부유 물질이 매체에 간히도록 구동력을 만드는 것이다. 매체 유형에는 직조 직물, 다공성 세라믹, 다공성 금속, 종이 펄프 및 석면이 포함된다. 필터 매체 양쪽의 압력 차이에 따라 필터는 압력 필터(양압)와 진공 필터(음압)로 나뉜다.

플레이트 및 프레임 필터 프레스 플레이트 프레임 필터 프레스는 가장 널리 사용되는 간헐적 필터 중 하나이다. 일반 플레이트 및 프레임 필터 프레스는 멀티플 필터 플레이트, 필터 천, 필터 프레임이 교대로 배열된 형태로 구성된다. 각 필터에 사용되는 필터 플레이트, 천 및 프레임을 교대로 배열한 다음 헤드 나사를 돌려 플레이트와 프레임을 단단히 조인다. 작동 중에 원료 액체는 그림 2.37과 같이 압력을 받고 필터 프레임의 구멍을 통해 필터 프레임으로 들어간다. 압력의 작용으로 여

그림 2.37 플레이트 및 프레임 필터 프레스의 구조.

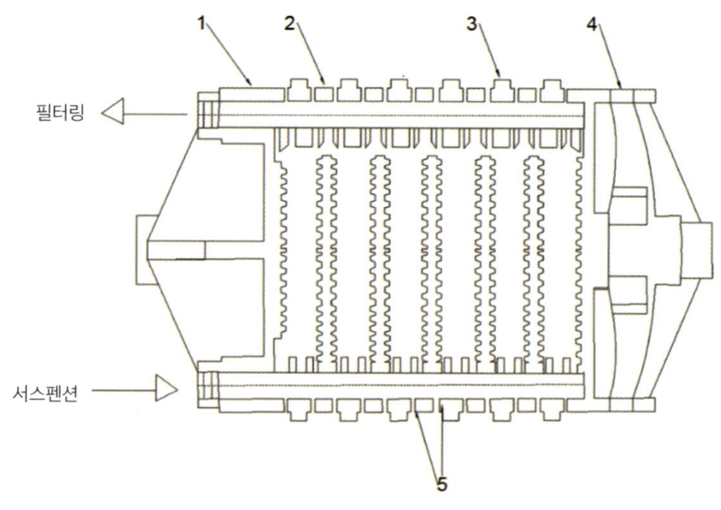

1-고정 헤드, 2-플레이트, 3-상자, 4-이동식 헤드, 5-필터 천

과액은 필터 플레이트에 부착된 필터 천을 통과하여 채널을 따라 플레이트의 구멍에서 배출되고 결과물인 여과액은 프레임에 남아 필터 케이크를 형성한다.

필터 프레임에 필터 잔여물이 가득 차면 헤드 나사를 풀고 필터 프레임을 꺼낸 다음 필터 케이크를 제거하고 필터 프레임과 필터 천을 씻은 후 다시 설치한다. 케이크를 씻어야 하는 경우 필터 플레이트에는 두 가지 구조가 필요하다. 한 종류의 플레이트에는 세척액 유입구인 세척 플레이트가 있고, 다른 플레이트에는 세척액 유입구가 없는 비 세척 플레이트라고 한다. 세척은 여과가 끝날 때, 즉 필터 프레임에 필터 케이크가 가득 차면 공급 밸브가 닫히고 세척 판 아래의 여과 액 배출 밸브가 닫힐 때 수행된다.

그런 다음 세척액은 일정한 압력으로 물속으로 보내진다. 세척액은 세척 판에서 유입되어 필터 천을 통과하고, 필터 프레임은 반대쪽 필터

그림 2.38 박스 필터 프레스의 개방 압축 개략도.

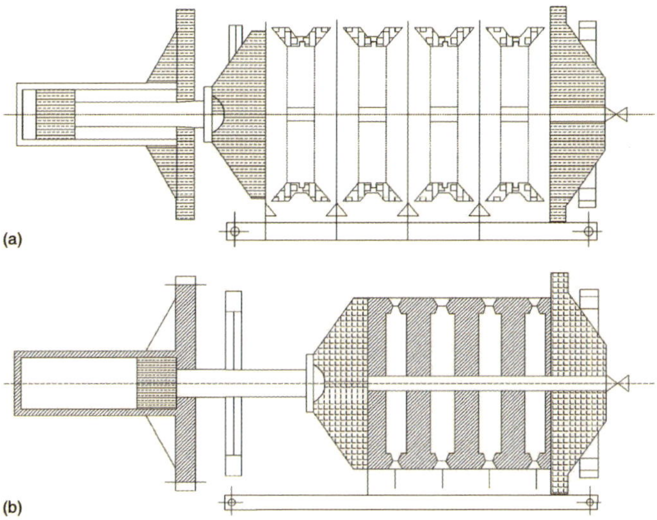

(a) 개방 조건; (b) 프레스 건조 필터 케이크

판과 함께 배출구로 흘러내려 배출된다.

박스 필터 프레스 그림 2.38은 박스 필터 프레스를 보여준다. 필터 플레이트의 늑골 표면이 필터 프레임 대신 안쪽으로 오목하게 들어가 있어 인접한 필터 플레이트 사이에 별도의 필터 박스가 형성된다. 그림 2.38a는 개방 상태를, 그림 2.38b는 필터 케이크의 프레스 건조 상태를 보여준다.

피드 채널은 일반적으로 플레이트 및 프레임 필터 프레스와 다르다. 필터 박스는 각 플레이트 중앙에 있는 상당히 큰 구멍으로 연결되며, 필터 천은 필터 플레이트에 구멍이 있는 나사 조인트로 제자리에 고정된다. 케이크를 말리기 위해 두 개의 필터 플레이트 사이에 확장할 수 있는 비닐봉지를 끼워넣는다. 여과가 완료되면 케이크는 액체 함량을 줄이기 위해 확장할 수 있는 비닐봉지에 눌려서 붙는다.

2.8 글로벌 산업 참여자와 지적 재산

2.8.1 주요 LIB 리사이클링 업체 소개

주요 LIB 리사이클링 업체는 표 2.9에 나와 있다. 일반적인 파이로메탈러지컬 공정이 하이드로메탈러지컬 공정에 비해 투입물에 더 적합하여서 대부분 리사이클링에 파이로메탈러지컬 공법을 사용한다. 하지만 파이로메탈러지컬 공정은 에너지 집약적이며 CO_2 배출량이 많으므로 이 시나리오는 변경될 가능성이 높다. 새로 계획된 생산설비나 건설된 공장은 주로 열수 야금 공정에 초점을 맞추고 있다는 것이 입증될 수 있다. 자세한 리사이클링 공정 경로는 3장에서 확인할 수 있다.

그림 2.9 폐 배터리 복구 기술의 글로벌 특허 출원 동향

회사	수요 제품	기술	국가
보트리 사이클링 (Botree Cycling)	니켈/코발트/망간 수산화물, Li_2CO_3	Hydro 우선	중국
브런프 리사이클링 (Brunp Recycling)	니켈/코발트/망간수산화물, 리튬 염	Hydro 우선	중국
화유 코발트 (Huayou Cobalt)	니켈/황산코발트, Li_3PO_3	Hydro 우선	중국
GEM	니켈/코발트/망간 수산화물	Hydro 우선	중국
순화 리튬 (ShunHua Lithium)	Li_2CO_3, $FePO_4$	Hydro 우선	중국
Ganpower	$NiSO_4$, $CoSO_4$, Li_2CO_3	Hydro 우선	중국
첸타이 기술 (Qiantai Technology)	배터리 분말, 구리와 알루미늄 금속	물리적	중국
SDM	쉘, 전해질, 분리막, 음극 분말, 양극 분말	물리적	중국
유미코어(Umicore)	Ni-Co 합금, $NiCO_3$, $NiSO_4$, $CoCO_3$, $CoSO_4$	열+수력	벨기에
TES(레쿠필, Recupyl)	Li_2CO_3, $Co(OH)_3$	Hydro 우선	프랑스
SNAM	NR	Pyro 우선	프랑스
에라메트(ERAMET)	특수강용 원자재	Pyro 우선	프랑스
Accurec GmbH	Co 합금, Li_2CO_3	Pyro 우선	독일
BHS-손토펜 (Sonthofen) GmbH	배터리 분말, 구리와 알루미늄	물리적	독일
바트렉(Batrec) AG	배터리 스크랩	Pyro 우선	스위스
글렌코더 (Glencore) plc. (Xstrata)	Co 합금	Pyro 우선	스위스
아쿠세르 오이 (AkkuSer Oy)	금속 분말	Pyro 우선	핀란드
포르툼(Fortum)	Co, Ni, Mn 염	Hydro 우선	핀란드
리튬 사이클 (Li-Cycle)	$NiSO_4$, $CoSO_4$, Li_2CO_3, $MnCO_3$	Hydro 우선	캐나다
인메트코(Inmetco)	Co 합금	Pyro 우선	미국
리트리브(Retriev)	Li2CO3, 혼합 금속 산화물	Hydro 우선	미국, 캐나다
아메리칸 망간 (American Manganese)	Ni 수산화 코발트,Li_2CO_3	Hydro 우선	미국
레드우드 머터리얼 (Redwood Materials)	$NiSO_4$, $CoSO_4$, $MnSO_4$	Hydro 우선	미국
어센드 엘리먼츠 (Ascend Elements)	$NiSO_4$, $CoSO_4$, $MnSO_4$	Hydro 우선	미국
일본 리사이클 센터 (Nippon Recycle Center)	특수강용 원자재	Pyro 우선	일본
스미토모 금속 광업 (Sumitomo Metal Mining)	Co 합금, Co 금속	Pyro 우선	일본
GS 건설 (GS Engineering &Construction Corp.)	Ni, Co, Li, Mn 금속	Pyro 우선	한국

2.8.2 지적 재산 및 개발 동향 분석

2.8.2.1 특허 개발 동향 분석

트렌드 분석은 출원 시기와 기술 발전을 반영하여 특허 출원인의 연도별 특허 출원 건수 추이를 보여준다. 그림 2.39는 2001년 이후 폐 배터리 회수 기술 특허 출원(항목)의 변화 곡선을 보여준다. 그림 2.39에서 볼 수 있듯이, 연간 출원 건수는 2018년 1,065건, 2019년 1,053건을 기록했다. 2013년에는 연간 출원 건수가 419건으로 최고치를 기록했는데, 이는 2013년 일부 출원인이 166건의 비정상적인 출원을 했기 때문이다. 이 영향을 제외하면 2001년부터 현재까지 폐 배터리 리사이클링 기술 특허의 연평균 증가율은 약 30%를 유지하고 있으며, 출원 건수도 증가 추세에 있음을 알 수 있다. 또한 2013년 데이터의 간섭을 배제하고 연도별 특허 건수와 출원인 수를 분석하면 그림 2.40과 같이 특허 기술 라이프 사이클 다이어그램이 형성된다.

그림 2.39 폐 배터리 복구 기술의 글로벌 특허 출원 동향

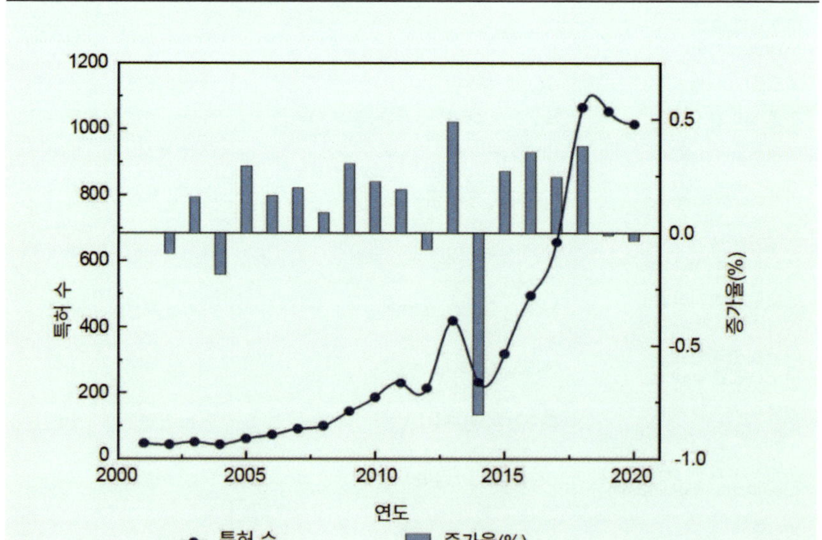

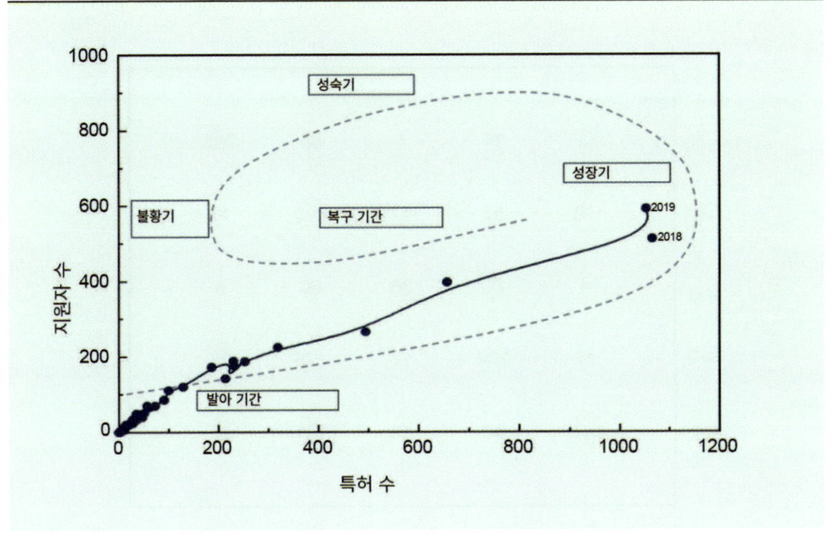

여기서, 세로축은 특허 수이고, 가로축은 출원 연도이다. 지금까지 관련 기술 출원인은 완만하게 증가해 왔으며, 주로 소수의 출원인을 중심으로 연구개발이 이루어지고 있다. 특허 건수는 빠르게 증가하고 있다. 매칭 비교 차트(점선)는 특허 기술이 고도로 집중된 배아 단계임을 보여준다. 최근 몇 년 동안 폐기된 배터리의 수가 증가함에 따라 최근 몇 년 동안 폐기되는 배터리의 수가 증가함에 따라 이론적으로 폐기되는 리튬이온 파워 배터리의 수는 2025년까지 94.48GWh에 달할 것이며, 연평균 성장률은 47.16%에 달할 것이다[66]. 또한 각국은 최근 몇 년 동안 성장 단계에 접어들 것으로 예상되는 리튬이온 파워 배터리 및 리사이클링 기술을 중요시하고 있다.

일반적으로 폐 배터리 회수 기술의 향후 발전 전망은 양호하며, 현 단계에서는 기술 연구 및 개발을 위해 더 많은 기초 기술 특허를 확보할 수 있다.

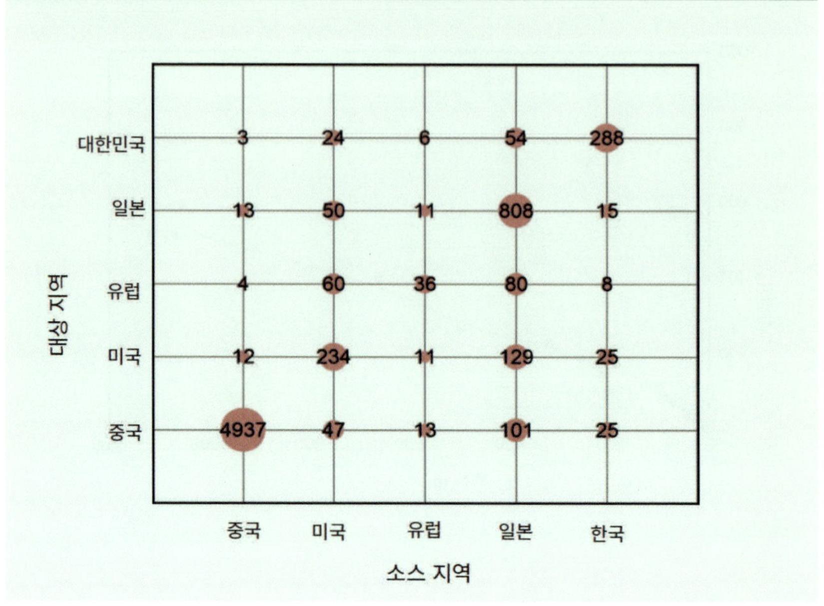

2.8.2.2 특허 영역 분석

지역별 분석에 따르면 뚜렷한 우위를 점하고 있는 국가 중에서는 중국의 전반적인 경쟁 상황이 양호한 것으로 나타났다. 시장 지역별로는 중국 출원 비중이 56%로 가장 높았고, 일본(10%), 미국(6%)이 그 뒤를 이었다. 기술 원산지별로는 중국 출원인이 55%의 특허를 출원했고, 일본(15%), 미국(5%)이 그 뒤를 이었다. 그림 2.41과 같이 특허 기술 시장 분석에서 시장 영역 및 원천 기술과 결합하여 출원을 분석했다.

중국, 미국, 일본, 한국 및 유럽의 기술 시장 출원과 비교하면 다양한 국가의 출원인이 주로 자국 배열을 사용한다. 그중 중국 출원인의 특허 출원이 더 많지만 대부분 자국에 집중되어 있으며 유럽은 4개, 일본은 13개에 불과하다. 그러나 일본 출원인의 글로벌 출원은 더 합리적이다. 일본 출원인의 총특허 수는 중국 출원인의 총특허 수 808개 국내 출원을 기준으로 미국 129개, 중국 101개, 유럽 80개에 미치지 못하지만, 일

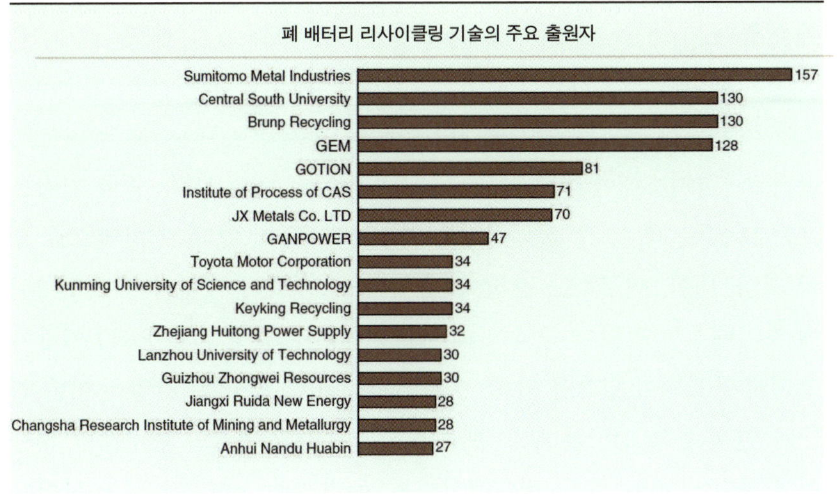

본 출원인의 총특허 수는 중국 출원인의 총특허 수만큼 좋지 않다. 상대적으로 외국 출원 지원자가 중국 출원인보다 글로벌 비전을 가지고 있으며 중국 출원인의 국제 출원의 주요 경쟁자가 될 것이며 관련 기술은 중국 출원인이 국제 시장을 개척하는 데 있어 기술 장벽이 될 수 있음을 알 수 있다. 앞으로 중국 특허권자는 세계 시장에서 특허 출원을 강화하기 위해 일본, 한국, 유럽, 미국 및 기타 지역에 적극적으로 출원해야 한다.

2.8.2.3 주요 특허 출원인 분석

그림 2.42에서 보는 바와 같이 출원인(특허권자)의 특허 수에 따른 출원인 순위는 폐 배터리 회수 기술에 관한 출원인별 연구 현황과 기술 수준을 반영한다. 해당 기술 분야의 경쟁사 분포, 과학적 연구 수준, 기술 전문성 등을 반영한다. 더 많은 혁신 성과를 확인할 수 있는 특허 출원인은 스미토모 금속(Sumitomo Metal), 중앙남방대학교(Central South University), 브런프(BRUNP), 젬(GEM), 고션(GOTION), 중국과학원 공정과학연구소, XJ금속 등이다. 또한, 출원인 국가 및 유형별로는 일본 기업인 스미토모 금속이

157건의 특허를 출원하여 1위를 차지했으며, XJ금속과 도요타가 그 뒤를 이었다.

중국 대학과 연구기관으로는 중앙남방대학교, 공정과학연구원(Institute of Process Sciences), 쿤밍과학기술대학(Kunming University of Science and Technology), 란저우과학기술대학(Lanzhou University of Technology) 등이 있다. 중국 기업으로는 브런프, 젬, 고션, 하이파워(HIGHPOWER) 등이 있다. 전반적으로 중국 기업, 대학, 연구소는 강점이 있다. 중국 대학과 기업이 모두 1, 2위에 자리매김하고 있어 중국의 폐 배터리 리사이클링 기술 R&D 기관이 고르게 분포되어 있음을 알 수 있다. 중국 대학, 연구소, 기업은 이론 연구와 실제 응용 연구를 모두 보유하고 있으며 지속적인 연구개발 역량이 강하다. 그러나 출원 건수에서는 중국 기업과 스미토모 금속 사이에 아직 격차가 있다.

2.8.2.4 특허 기술 분야 분석

방전, 분해, 침출, 금속 분리 및 추출, 전구체 합성 등 해체 배터리 회수 기술의 5가지 기술 분야별 특허를 분석해 분야별 혁신 열기를 파악했다. 그림 2.43은 해체 배터리 리사이클링 기술의 특허 비중 및 출원 동향을 나타낸 것으로, 주로 해체 및 금속 분리-추출 기술이 출원되고 있다. 해체 및 금속 분리-추출 기술 출원은 3,374건으로 47.12%, 금속 분리-추출 기술 출원은 3,264건으로 45.59%를 차지한다.

그다음으로는 침출, 전구체 합성, 배출 기술이 그 뒤를 이었다. 추세를 보면 2013년 쓰촨 사범대학을 제외하고 5개 기술 분야의 특허는 상승 추세를 보였다. 2008년 이전에는 5개 기술 분야의 특허 건수가 제자리걸음이었다. 2009년 이후 분해 및 금속 분리 추출 기술에 대한 특허 출원이 급격히 증가했다. 2014년 이후에는 배출, 침출, 전구체 합성 기술에 대한 특허 출원이 많이 증가했다. 2009년부터 2015년까지는 금속 분리 추출 특허 출원 건수가 해마다 분해 특허 출원 건수보다 많았고,

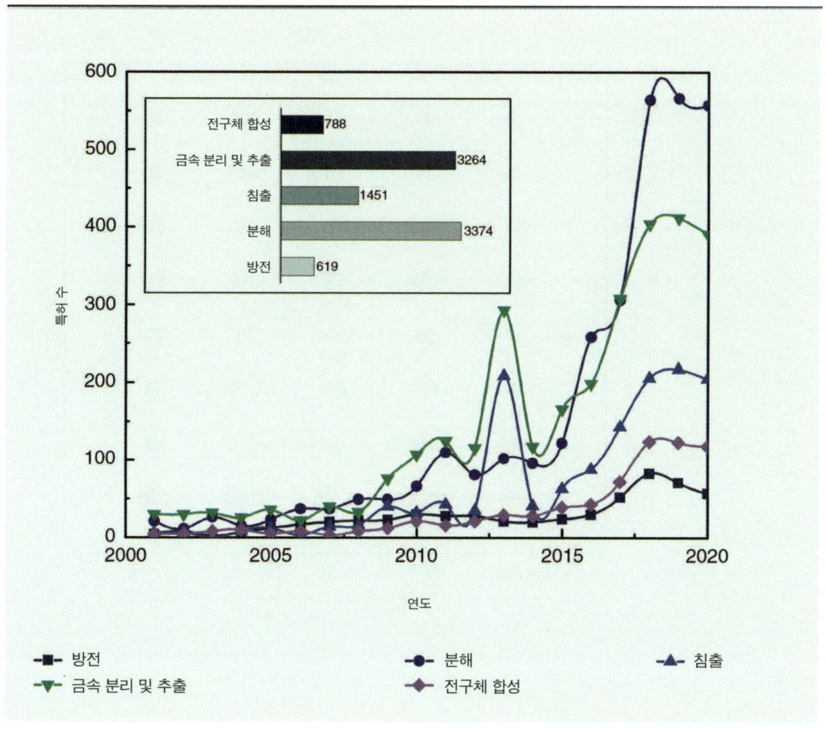

2016년부터 2019년까지는 금속 분리 추출 특허 출원 건수가 최근 몇 년 동안 다른 기술 분야보다 많았다.

배터리의 종류와 사양이 다양하고 복잡하여서 배터리는 셀, 양극, 음극, 전해질, 다이어프램 등으로 구성되어 있어 분해가 어렵다. 환경오염을 줄이고 재생 가능 자원의 포괄적인 활용 수준을 향상하기 위해 해체는 해체된 배터리 리사이클링 기술의 기초이다. 해체 장비는 고도로 집적화되어 있어 해체 배터리 리사이클링 산업화 이전의 핵심 기술이었다. 그림 2.44는 폐 배터리 리사이클링 분야 기술의 시장 구도를 보여준다. 중국 시장의 특허 수는 모든 기술 분야, 특히 해체와 금속 분리 및 추출 기술 분야에서 다른 국가보다 많다.

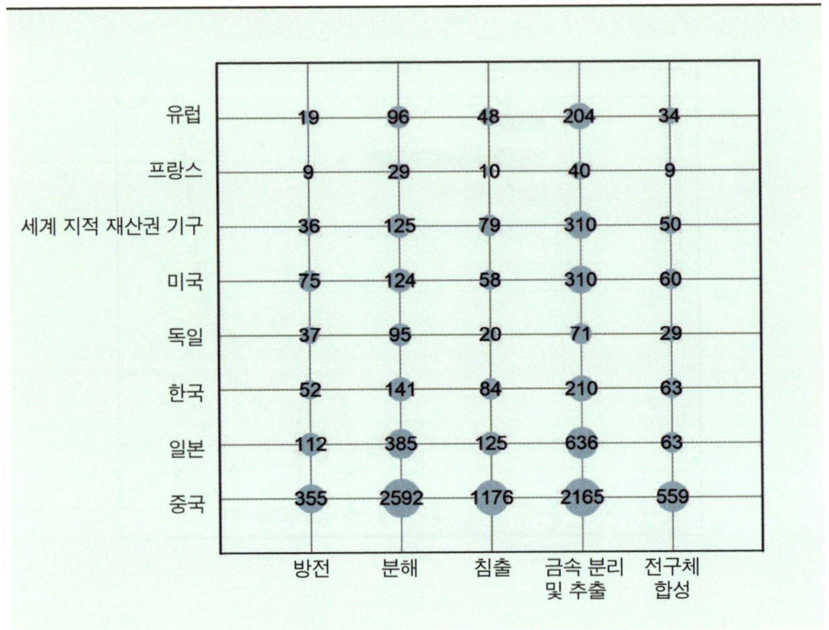

다양한 기술 가지치기 비율은 중국 시장과 해체 기술이 금속 추출 기술보다 더 크다는 것을 보여준다. 일본, 미국, 한국, 유럽 연합, 세계 지적재산권기구와 같은 다른 국가 및 지역에서는 일반적으로 금속 분리 기술 특허 수량이 해체보다 크며, 중국의 지사는 주요 국가의 은퇴한 배터리 리사이클링 기술 및 시장 혁신이다.

최근 몇 년 동안 주요 기술의 급속한 발전은 리사이클링 기술, 핫 기술, 분해 및 금속 분리 및 추출에 중점을 두었으며 분해 문제를 해결하기 위해 지속해 연구 개발했다. 동시에 금속 분리 및 추출 기술의 다른 국가 및 지역은 금속 회수를 개선하기 위한 연구개발의 주요 방향에 속한다. 각 기술 분야 출원인의 관점에서 볼 때, 중국의 지역 특허 수는 각 기술 분야에서 다른 국가 및 지역보다 훨씬 많지만, 중국 출원인은 각 기술 분야의 주요 연구개발 주제에서 절대적인 우위를 가지고 있지 않

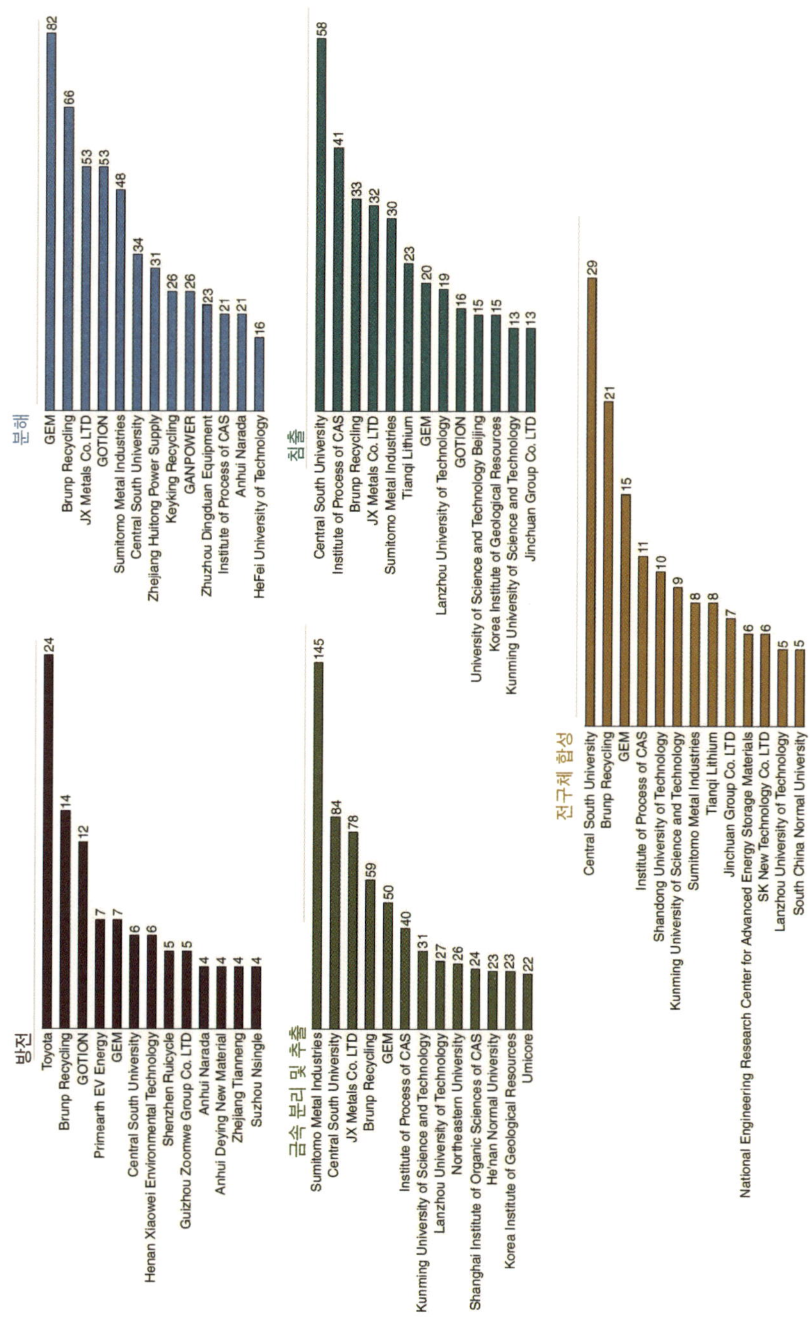

다. 방전 기술에서는 도요타가 1위를 차지했고, 해체 기술에서는 GEM, BRUNP, GOTION 등 중국의 주요 기업이 선두를 달리고 있으며, 일본의 XJ금속과 스미토모 금속이 선두를 달리고 있고 일정 수의 특허도 보유하고 있다. 침출 기술 측면에서 중국은 주로 중앙남방대학교, 공정과학 연구소(Institute of Process Sciences) 및 기타 대학과 연구소에 집중하고 있으며, 그 뒤를 이어 BRUNP, XJ 금속, 일본의 스미토모 금속이 뒤따르고 있다. 스미토모 금속은 금속 분리 및 추출 기술에서 절대적인 우위를 점하고 있으며, 중앙남방대학과 XJ 금속이 그 뒤를 따르고 있으며, 중국 기업 BRUNP와 GEM도 어느 정도 특허를 보유하고 있다. 중국 대학과 연구소도 이 분야에서 일정한 특허를 보유하고 있다. 전구체 합성에서는 다음과 같다. 주로 중국 기업과 대학에 집중되어 있다(그림 2.45).

2.8.2.5 금속 분리 및 추출 특허 분야 분석

다양한 배터리 유형을 분석하여 금속 분리 및 추출은 NCM 배터리, LFP 배터리 및 납산 배터리로 나눌 수 있다. 희귀금속 추출에 따라 NCM 배터리에는 코발트, 망간, 니켈 및 기타 금속 배터리를 포함한 리튬 코발트산 배터리와 리튬 망간산 배터리도 포함된다.

그림 2.46에서 볼 수 있듯이 금속 분리 및 추출 기술 측면에서 NCM 배터리가 주요 구성 요소로 2,825개 항목으로 73.02%를 차지하며 LFP 배터리와 납축 배터리가 그 뒤를 잇는다. 기존 전기차의 주요 리리튬이온 파워 배터리로서 배터리 퇴출 조류의 주요 배터리이기도 하다. 글로벌 기술은 주로 리튬 배터리를 리사이클링하는 방법에 집중되어 있다. 주요 버스, 마이크로버스 전원 리튬이온 배터리로서의 LFP 배터리 수명은 약 8년이며 향후 몇 년 안의 폭발성 전원 리튬이온 배터리가 폐기될 것이며, 이는 회수 가치가 있다. NCM 배터리는 적지만 리튬 회수의 주요 가치인 고온을 사용하여 모든 구성 요소 리사이클링 기술을 수리하는 것은 높은 리튬, 철과 인 회수를 실현할 수 있다[67].

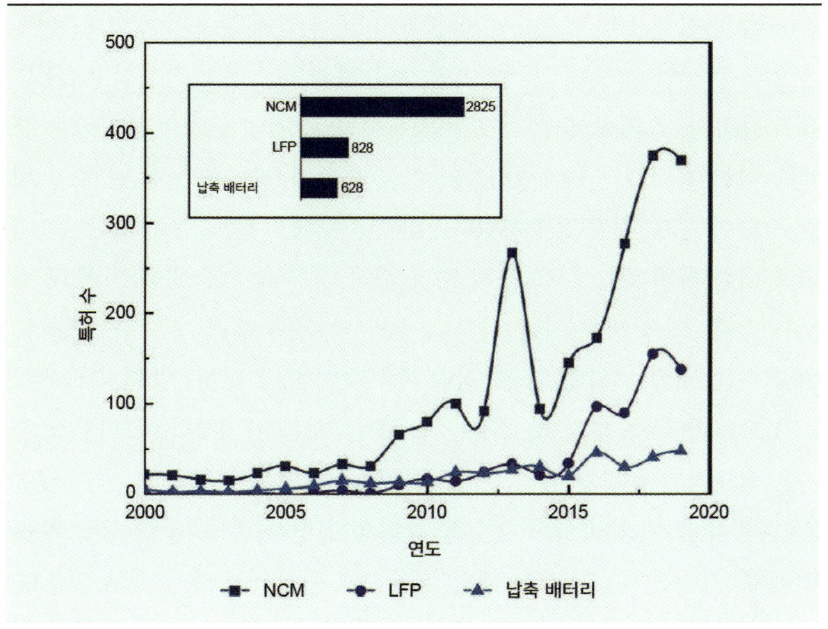

그림 2.46 금속 분리 및 추출 기술 분야의 특허 출원 동향

2.9 결론

본 장에서는 특허 검색 및 분석 방법을 통해 배터리 리사이클링 기술 연구에 대한 특허 검색 및 분석 방법을 통해 (i) 현재 단계의 기존 배터리 리사이클링 기술은 새싹 단계에 있으며 최근 몇 년 동안 높은 집중이 예상되며 전반적으로 폐 배터리 리사이클링 기술은 향후 발전 전망이 좋고 현재 단계에서 기술을 연구 개발할 수 있으며 더 많은 기본 기술 특허를 보유할 수 있음을 보여주었다. (ii) 중국 시장과 중국 출원인은 각각 폐 배터리 리사이클링 기술의 주요 국가와 출원인이지만, 중국 출원인은 국제적 인지도가 낮고 외국 출원인은 글로벌 비전을 가지고 있어 향후 국제 시장을 확대하는 데 기술적 장벽이 있을 수 있다. 향후 중국 특허 출원인은 일본, 한국, 유럽, 미국 등에 적극적으로 출원하여 세계 시

장에서의 특허 유통을 강화해야 한다. (iii) 중국 대학, 연구기관, 기업은 특허 출원 건수가 많고 연구개발 주제가 균형 있게 분포되어 있다. 이들은 이론 연구와 실용화 연구를 모두 보유하고 있으며 지속적인 R&D 역량이 강하다. 그러나 출원 건수 측면에서 중국 기업과 스미토모 금속 간에는 여전히 격차가 존재한다. (iv) 기술 분야에서는 최근 몇 년 동안 해체 기술이 주요 출원 방향이었다. 중국 시장에서 금속 분리 및 추출 기술에 대한 특허 수는 금속 특허 수가 분리 및 추출 기술에 대한 특허 수보다 많다. 이에 비해 다른 국가 및 지역의 금속 분리 및 추출 기술 특허 건수는 금속 분리 및 추출 기술 특허 건수보다 많다. 방전 기술에서는 도요타가 금속 분리 및 추출 기술에서 1위를 차지했다. 스미토모 금속은 절대적인 우위를 점하고 있으며, 중국 기업은 여전히 방전 및 금속 분리 및 추출 기술의 특허 출원을 강화해야 한다. (v) 세분된 금속 분리 및 추출 기술은 주로 NCM 배터리 기술에 중점을 둔다. NCM 및 LFP 배터리의 특허 출원이 주요한 몇 년이 될 것이다. 중국 기업, 대학과 연구소는 폐 배터리 리사이클링 기술을 더욱 촉진하고 산업, 대학과 연구의 결합을 강화하는 동시에 국제적 출원과 기술 지점의 개선을 확대하고 중국의 폐 리튬이온 파워 배터리 리사이클링 기술의 지속 가능하고 건강한 발전을 촉진하고 "이중 탄소" 전략을 구현하며 에너지 전환 속도를 높여야 한다.

참조

1 Li, H. (2017). Recovery of lithium, iron, and phosphorus from spent LiFePO4 batteries using stoichiometric sulfuric acid leaching system. ACS Sustainable Chemistry & Engineering 5: 8017-8024.

2 Tang, Y.Q., Xie, H.W., Zhang, B.L. et al. (2019). Recovery and regeneration of LiCoO2-based spent lithium-ion batteries by a carbothermic reduction vacuum pyrolysis approach: controlling the recovery of CoO or Co. Waste Management

97: 140-148.

3 Liu, P.C., Xiao, L., Tang, Y.W. et al. (2018). Study on the reduction roasting of spent LiNixCoyMnzO2 lithium-ion battery cathode materials. Journal of Thermal Analysis and Calorimetry 136 (3): 1323-1332.

4 Zhang, G.W. (2019). Research on Dissociation and Flotation of Waste Lithium Ion Battery Electrode Materials Based on Pyrolysis. Xuzhou: China University of Mining and Technology.

5 Zhang, T. (2020). Basic Research on Flotation of Cobalt Rich Products from Waste Lithium Ion Batteries. Xuzhou: China University of Mining and Technology.

6 oma, C.M., Ghica, G.V., Buzatu, M. et al. (2017). A recovery process of active cathode paste from spent Li-ion batteries. Materials Science and Engineering 209: 012034.

7 Liu, J.S. (2020). Research on Low Temperature Crushing, Grinding and Flotation Separation of Electrode Materials for Waste Lithium Ion Battery. Xuzhou: China University of Mining and Technology.

8 Li, L., Zhai, L., Zhang, X. et al. (2014). Recovery of valuable metals from spent lithium-ion batteries by ultrasonic-assisted leaching process. Journal of Power Sources 262: 380-385.

9 Jha, M.K., Kumari, A., Jha, A.K. et al. (2013). Recovery of lithium and cobalt from waste lithium ion batteries of mobile phone. Waste Management 33 (9): 1890-1897.

10 Qian, W., Zhang, W.Y., Dong, H.X. et al. (2021). Experimental study of ultrasonic enhanced organic acid leaching of cobalt from waste lithium ion battery. Guangdong Chemical Industry 48 (443): 48-50.

11 Wei, Z., Cheng, J., Wang, R. et al. (2021). From spent Zn-MnO2 primary batteries to rechargeable Zn-MnO2 batteries: a novel directly recycling route with high battery performance. Journal of Environmental Management 298: 113473.

12 Liu, Y.L., Liu, D.T., Xia, S.Z., et al. (2018). Equipment for alkaline solution and recycling method of aluminum material of lithium ion battery. CN207474626U[P]. 2018.6.8.

13 Fane, S., Li, L., Zhang, X. et al. (2018). Selective recovery of Li and Fe from spent lithium-ion batteries by all environmentally friendly mechanochemical approach. ACS Sustainable Chemistry & Engineering 6: 11029-l1035.

14 Barik, S.P., Prabaharan, G., and Kumar, L. (2017). Leaching and separation of Co and Mn from electrode materials of spent lithium-ion batteries using hydrochloric acid: laboratory and pilot scale study. Journal of Cleaner Production 147: 37-43.

15 Kang, J., Senanayake, G., Sohn, J., and Shin, S.M. (2010). Recovery of cobalt sulfate from spent lithium ion batteries by reductive leaching and solvent extraction with Cyanex 272. Hydrometallurgy 100 (3-4): 168-171.

16 Lee, C.K. and Rhee, K.I. (2002). Preparation of LiCoO2 from spent lithium-ion batteries. Journal of Power Sources 109 (1): 17-21.

17 Joulie, M., Laucournet, R., and Billy, E. (2014). Hydrometallurgical process for the recovery of high value metals from spent lithium nickel cobalt aluminum oxide based lithium-ion batteries. Journal of Power Sources 247 (3): 551-555.

18 Xu, J.Q., Thomas, H.R., Francis, R.W. et al. (2008). A review of processes and technologies for the recycling of lithium-ion secondary batteries. Journal of Power Sources 177 (2): 512-527.

19 Chen, L., Tang, X.C., Zhang, Y. et al. (2011). Process for the recovery of cobalt oxalate from spent lithium-ion batteries. Hydrometallurgy 108 (1-2): 80-86.

20 Zheng, Y., Long, H.L., Zhou, L. et al. (2016). Leaching procedure and kinetic studies of cobalt in cathode materials from spent lithium ion batteries using organic citric acid as leachant. International Journal of Environmental Research 10: 159-168.

21 Zhang, X.H., Cao, H.B., Xie, Y.B. et al. (2015). A closed-loop process for recycling LiNi1/3Co1/3Mn1/3O2 from the cathode scraps of lithium-ion batteries: process optimization and kinetics analysis. Separation and

Purification Technology 150: 186-195.

22 Xin, B., Zhang, D., Zhang, X. et al. (2009). Bioleaching mechanism of Co and Li from spent lithium-ion battery by the mixed culture of acidophilic sulfur-oxidizing and iron-oxidizing bacteria. Bioresource Technology 100: 6163-6169.

23 Zeng, G.S., Deng, X.R., Luo, S.L. et al. (2012). A copper-catalyzed bioleaching process for enhancement of cobalt dissolution from spent lithium-ion batteries. Journal of Hazardous Materials 199: 164-169.

24 Zeng, G.S., Luo, S.L., Deng, X.R. et al. (2013). Influence of silver ions on bioleaching of cobalt from spent lithium batteries. Minerals Engineering 49: 40-44.

25 Horeh, N.B., Mousavi, S.M., and Shojaosadati, S.A. (2016). Bioleaching of valuable metals from spent lithium-ion mobile phone batteries using Aspergillus niger. Journal of Power Sources 320: 257-266.

26 Niu, Z.R., Zou, Y.K., Xin, B.P. et al. (2014). Process controls for improving bioleaching performance of both Li and Co from spent lithium ion batteries at high pulp density and its thermodynamics and kinetics exploration. Chemosphere 109: 92-98.

27 Higuchi, A., Ankei, N., Nishihhama, S., and Yoshizuka, K. (2016). Selective recovery of lithium from cathode materials of spent lithium ion battery. JOM Journal of the Minerals Metals and Materials Society 68: 2624-2631.

28 Zhu, H.S., Yuan, Z.Z., Zeng, W.Q. et al. (2020). Study on combined leaching of waste lithium cobaltate and LFP positive materials. Chinese Journal of Power Sources 5: 653-672.

29 Zeng, X.L., Li, J.H., and Shen, B.Y. (2015). Novel approach to recover cobalt and lithium from spent lithium-ion battery using oxalic acid. Journal of Hazardous Materials 295: 112-118.

30 Zhang, X.X., Bian, Y.F., Xu, S.W.Y. et al. (2018). Innovative application of acid leaching to regenerate Li(Ni1/3Co1/3Mn1/3)O2 cathodes from spent lithium-ion batteries. ACS Sustainable Chemistry & Engineering 6: 5959-5968.

31 Chen, X., Ma, H., Luo, C., and Zhou, T. (2017). Recovery of valuable metals from waste cathode materials of spent lithium-ion batteries using mild phosphoric acid. Journal of Hazardous Materials 326: 77-86.

32 Bian, D., Sun, Y., Li, S. et al. (2016). A novel process to recycle spent LiFePO4 for synthesizing LiFePO4/C hierarchical microflowers. Electrochimica Acta 190: 134-140.

33 Nan, J.M., Han, D.M., and Zuo, X.X. (2005). Recovery of metal values from spent lithium-ion batteries with chemical deposition and solvent extraction. Journal of Power Sources 152: 278-284.

34 Wang, S., Wang, C., and Lai, F. (2020). Reduction-ammoniacal leaching to recycle lithium, cobalt, and nickel from spent lithium-ion batteries with a hydrothermal method: effect of reductants and ammonium salts. Waste Management 102: 122-130.

35 Ku, H., Jung, Y., Jo, M. et al. (2016). Recycling of spent lithium-ion battery cathode materials by ammoniacal leaching. Journal of Hazardous Materials 313: 138-146.

36 Zhu, S.G., He, W.Z., Li, G.M. et al. (2012). Recovery of Co and Li from spent lithium-ion batteries by combination method of acid leaching and chemical precipitation. Transactions of the Nonferrous Metals Society of China 22: 2274-2281.

37 Guan, J., Li, Y.G., Guo, Y.G. et al. (2017). Mechanochemical process enhanced cobalt and lithium recycling from wasted lithium-ion batteries. ACS Sustainable Chemistry & Engineering 5: 1026-1032.

38 Bertuol, D.A., Machado, C.M., Silva, M.L. et al. (2016). Recovery of cobalt from spent lithium-ion batteries using supercritical carbon dioxide extraction. Waste Management 51: 245-251.

39 Li, J., Shi, P., Wang, Z. et al. (2009). A combined recovery process of metals in spent lithium-ion batteries. Chemosphere 77 (8): 1132-1136.

40 Zou, H., Gratz, E., Apelian, D. et al. (2013). A novel method to recycle mixed cathode materials for lithium ion batteries. Green Chemistry 15 (5): 1183.

41 Kang, J., Sohn, J., Chang, H. et al. (2010). Preparation of cobalt oxide from concentrated cathode material of spent lithium ion batteries by hydrometallurgical method. Advanced Powder Technology 21 (2): 175-179.

42 Nayl, A.A., Elkhashab, R.A., Badawy, S.M. et al. (2017). Acid leaching of mixed spent Li-ion batteries. Arabian Journal of Chemistry 10: S3632-S3639.

43 Sattar, R., Ilyas, S., Bhatti, H.N., and Ghaffar, A. (2019). Resource recovery of critically-rare metals by hydrometallurgical recycling of spent lithium ion batteries. Separation and Purification Technology 209: 725-733.

44 Xiao, S.W., Mao, Y.J., Ren, G.X., et al. Methods for recycling valuable metals from waste lithium ion batteries. Changsha Institute of Mining and Metallurgy Co., LTD. CN104611566B [P]. 2017.2.22.

45 Gaines, L., Dai, Q., Vaughey, J.T., and Gillard, S. (2021). Direct recycling R&D at the ReCell Center. Recycling 6 (2): 31.

46 Shi, W., Hu, X., Wang, J. et al. (2016). Analysis of thermal aging paths for large-format LiFePO4/graphite battery. Electrochimica Acta 196: 13-23.

47 Jiang, G., Zhang, Y., Meng, Q. et al. (2020). Direct regeneration of LiNi0.5Co0.2Mn0.3O2 cathode from spent lithium-ion batteries by the molten salts method. ACS Sustainable Chemistry & Engineering 8 (49): 18138-18147.

48 Chen, M., Ma, X., Chen, B. et al. (2019). Recycling end-of-life electric vehicle lithium-ion batteries. Joule 3 (11): 2622-2646.

49 Gao, H., Yan, Q., Xu, P. et al. (2020). Efficient direct recycling of degraded LiMn2O4 cathodes by one-step hydrothermal relithiation. ACS Applied Materials & Interfaces 12 (46): 51546-51554.

50 Wang, L., Li, J., Zhou, H. et al. (2018). Regeneration cathode material mixture from spent lithium iron phosphate batteries. Journal of Materials Science-Materials in Electronics 29 (11): 9283-9290.

51 Xu, P., Dai, Q., Gao, H. et al. (2020). Efficient direct recycling of lithium-ion battery cathodes by targeted healing. Joule 4 (12): 2609-2626.

52 Song, X., Hu, T., Liang, C. et al. (2017). Direct regeneration of cathode materials from spent lithium iron phosphate batteries using a solid phase sintering method. RSC Advances 7 (8): 4783-4790.

53 Li, X., Zhang, J., Song, D. et al. (2017). Direct regeneration of recycled cathodemate rial mixture from scrapped LiFePO4 batteries. Journal of Power Sources 345: 78-84.

54 Shi, H., Zhang, Y., Dong, P. et al. (2020). A facile strategy for recovering spent LiFePO4 and LiMn2O4 cathode materials to produce high performance LiMnxFe1-xPO4/C cathode materials. Ceramics International 46 (8): 11698-11704.

55 Clemens, O. and Slater, P.R. (2013). Topochemical modifications of mixed metal oxide compounds by low-temperature fluorination routes. Reviews in Inorganic Chemistry 33 (2-3): 105-117.

56 Zhang, Y., Huo, Q.-y., Du, P.-p. et al. (2012). Advances in new cathode material LiFePO4 for lithium-ion batteries. Synthetic Metals 162 (13-14): 1315-1326.

57 Xu, B., Dong, P., Duan, J. et al. (2019). Regenerating the used LiFePO4 to high performance cathode via mechanochemical activation assisted V5+ doping. Ceramics International 45 (9): 11792-11801.

58 Yang, Z., Dai, Y., Wang, S., and Yu, J. (2016). How to make lithium iron phosphate better: a review exploring classical modification approaches in-depth and proposing future optimization methods. Journal of Materials Chemistry A 4 (47): 18210-18222.

59 Wang, J. and Sun, X. (2015). Olivine LiFePO4: the remaining challenges for future energy storage. Energy & Environmental Science 8 (4): 1110-1138.

60 Zhu, P., Yang, Z., Zhang, H. et al. (2018). Utilizing egg lecithin coating to improve the electrochemical performance of regenerated lithium iron phosphate. Journal of Alloys and Compounds 745: 164-171.

61 Eftekhari, A. (2017). LiFePO4/C nanocomposites for lithium-ion batteries. Journal of Power Sources 343: 395-411.

62 Song, W., Liu, J., You, L. et al. (2019). Re-synthesis of nano-structured

LiFePO4/graphene composite derived from spent lithium-ion battery for booming electric vehicle application. Journal of Power Sources 419: 192-202.

63 Harper, G., Sommerville, R., Kendrick, E. et al. (2019). Recycling lithium-ion batteries from electric vehicles. Nature 575 (7781): 75-86.

64 Yang, Y., Meng, X., Cao, H. et al. (2018). Selective recovery of lithium from spent lithium iron phosphate batteries: a sustainable process. Green Chemistry 20 (13): 3121-3133.

65 Zou, Y., Wang, Y.D., and Fei, W.Y. (2014). Research Progress of Mixed Clarifier. State Key Laboratory of Chemical Engineering, Tsinghua University.

66 Li, J.L., Li, Y.X., and Guo, L.J. (2021). Development situation and policy system of reti red power battery echelon utilization. Distributed Energy 6 (03): 32-37.

67 Chen, Y.Z., Li, H.L., Song, W.J. et al. (2019). Research progress on recycling technology of waste lithium iron phosphate batteries. Energy Storage Science andTechnology 8 (02): 237-247.

산업계의 일반적인 사례

3.1 중국

리튬이온 배터리(LIB) 리사이클링 산업은 중국에서 일찍부터 시작되어 수백 개의 기업이 설립되었거나 설립을 계획하고 있으며, 리사이클링 공정은 주로 습식 공정을 기반으로 한다. 여기서는 보트리 사이클링(Botree Cycling), 브런프 리사이클링(Brunp Recycling), 화유 코발트(Huayou Cobalt), GEM, 순화 리튬(Shunhua Lithium), 간파워(Ganpower), 첸타이 테크(Qiantai Tech), 후난 장예(Hunan Jiangye), 딩두안 장비(Dingduan Equipment) 등 중국의 대표적인 기업 9곳을 선정하여 자세히 소개해보도록 하겠다.

3.1.1 보트리 사이클링

보트리 사이클링은 희귀 금속 추출 및 고급 금속 재료 리사이클링을 위한 완벽한 솔루션을 제공하는 데 전념하고 있다. 혁신적인 분리 시스템, 공정 흐름의 단거리 폐쇄 루프 설계, 지능형 장비 개발을 통해 보트리사이클링은 리사이클링 기업, 전기 자동차(EV) 기업, 배터리 제조업체 및 기타 리사이클링을 담당하는 기관이 배터리 재료의 단거리, 폐쇄 루프, 지속 가능한 리사이클링 공정을 실현할 수 있도록 지원한다. 이 프로세스의 개략적인 그림은 그림 3.1에 나와 있다. 방전 후 사용한 리튬 배터리는 엘리베이터를 통해 파쇄 구역으로 들어 올려진다. 1단계 거친 파쇄 후, 파쇄된 물질은 열분해 가마에서 열분해하거나 유기 용매로 세척 및 건조하거나 직접 건조하여 배터리의 유기 성분을 제거할 수 있다. 유기 성분을 제거한 후, 거친 재료를 자기 분리기로 처리하여 철판/셀을 제거한다. 그런 다음 2차 분쇄, 진동 선별, 진동 체질로 전극 분말과 구리 알루미늄 포일을 분리한다. 먼지 제거, 2차 연소, 냉각 후 전처리 공정(파쇄, 열분해, 선별)에서 발생한 폐가스는 폐가스 처리 시

그림 3.1 보트리 사이클링의 폐 리튬이온 배터리 회수 프로세스

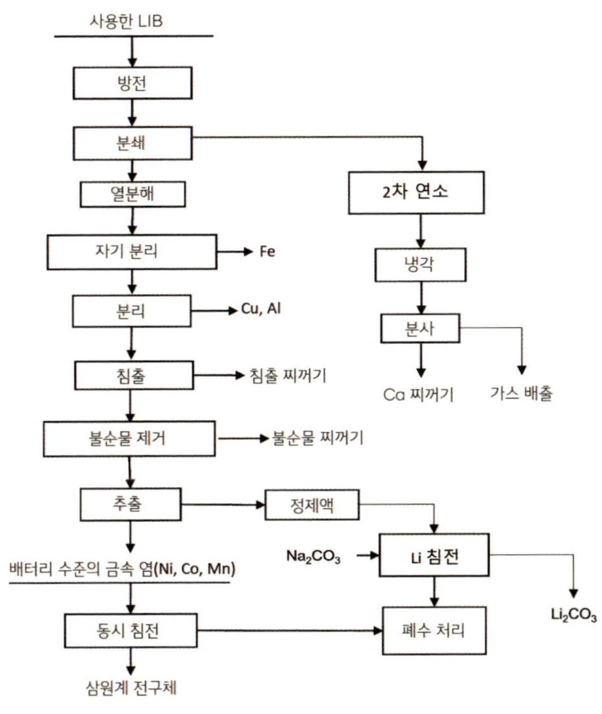

스템으로 이동한다.

　전극 분말은 침출 용기를 통해 침출된 다음 추출 공정에 들어가 배터리 등급의 금속염(Ni, Co, Mn)을 얻는다. 유기 성분 제거 및 니켈-코발트-망간 동시 추출 공정에 대한 자세한 내용은 아래에서 확인할 수 있다.

⑴ 유기 성분을 제거하는 방법에는 크게 열분해, 유기 용제 세척, 휘발성 포집의 세 가지가 있다.

① 열분해

분쇄 후 원료는 벨트 컨베이어에 의해 상부 호퍼를 통해 열분해로 공급되고 350~600°C에서 열분해 반응이 수행되어 바인더와 잔류 유기물을 분해 및 제거한다. 열분해 연도 가스는 가스 수집 후드에 의해 수집되어 2차 연소실로 들어간다. 연소 보조 공기가 노즐을 통과하여 $C_xH_yO_z$ 알칸류 가스가 완전히 연소하여 H_2O 및 CO_2로 변환된다.

$$C_xH_yO_z + O_2 \rightarrow CO_2 \uparrow + H_2O \uparrow$$

2차 연소실 배출구에서 나오는 연도 가스는 먼저 표면 냉각기에 의해 110~120°C로 냉각된 후 집진을 위해 여과집진기로 들어간다. 여과집진기 배출구에서 나온 연도 가스는 팬에 의해 잿물 분무탑으로 보내져 HF 및 OPF_3와 같은 불소 가스를 제거한 후 배출 표준을 만나면 최종적으로 대기 중으로 배출된다. 순환하는 액체 흡수제는 주기적으로 산화칼슘과 반응하고 침전물을 분리하여 용액에서 인산염과 불소 이온을 제거한다.

②유기 용제 세척

배터리의 유기 물질은 녹색 유기 용매로 용해되어 제거된다. 그런 다음

증류를 통해 용해된 유기물 혼합물을 분리하고 회수된 유기 용매를 세척 공정에 다시 투입한다. 세척된 부품은 다음 공정에 들어간다.

유기 용제 세척 공정의 특징:

△ 유기 용제 자체는 녹색 유기물이다.

△ 유기 용매는 용매 소비가 거의 없이 세척 구획에서 리사이클링하여 반복적으로 사용할 수 있다. 운영비용이 저렴하다.

③휘발성 포집

배터리에 있는 유기 물질의 휘발성 특성을 이용해 저온 가열 조건에서 휘발성 포집이 작동하고, 응축으로 유기 성분이 포집된다.

휘발성 컬렉션의 특성:

△ 낮은 가열 온도와 낮은 에너지 소비.

△ 모든 유기물은 응축을 통해 수집할 수 있다. 또한 유기 물질의 배출이 거의 없다.

⑵ 니켈-코발트-망간 동시 추출 도입

불순물을 제거한 후 침출액은 주로 니켈, 코발트, 망간, 마그네슘, 리튬의 염 용액이다. 기존 공정은 각 금속을 단계별로 추출하고 혼합하여 삼원계 전구체를 준비한다. 보트 리사이클링이 독자 개발한 BC196 추출제는 용액에서 니켈-코발트-망간을 한 번에 동시 추출할 수 있으며, 스트리핑을 통해 삼원계 전구체 물질을 직접 생산할 수 있다. 공동 추출 과정은 비누화, 추출, 세척, 스트리핑, 재생의 다섯 부분으로 이루어진다.

비누화: 추출 구획 이전의 사전 균형잡기 프로세스이다. 리사이클링된 유기물 층은 염기성 화합물(수산화나트륨 및 암모니아)과 잘 혼합되어 다음과 같이 비누화된 유기물 형태가 얻어진다.

$$2HA(org)+NaOH \rightarrow 2NaA(org)+H_2O$$

추출: 비누화 유기물과 추출제를 정해진 유량 비율로 혼합하고, 니켈-코발트-망간과 같이 추출하기 쉬운 금속을 유기물 층으로 추출하여, 로드된 유기물을 얻고 추출하기 어려운 칼슘과 마그네슘은 정제액이라고 하는 물로 이루어진 층에 남긴다. 그러나 칼슘과 마그네슘을 제외하고는 여전히 유기물 층으로 추출할 수 있다.

$$2NaA(org)+MSO_4 \rightarrow MA_2(org)+Na_2SO_4$$

세척: 이 과정은 로드된 유기물 층의 칼슘과 마그네슘 불순물을 제거한다. 로드된 유기물 층의 칼슘 및 마그네슘 불순물은 유기 불순물과 혼입된 물로 이루어진 층에서 비롯된다. 세척 공정은 이온 교환, 즉 세제가 과잉 니켈-코발트-망간을 물로 세척하고, 물과 섞인 니켈은 로드된 유기 칼슘 및 마그네슘과 교환되며, 칼슘과 마그네슘은 세척 용액으로 교환되는 방식을 사용한다. 로드된 유기 니켈-코발트-망간은 정제된다.

$$Mg(Ca)A_2(org)+MSO_4 \rightarrow MA_2(org)+Mg(Ca)SO_4$$

스트리핑: 추출된 금속은 물로 이루어진 층으로 추출된다. 니켈-코발트-황산망간 생성물을 얻기 위해 pH를 조정한다. 유기 추출제는 리사이클링할 수 있다.

$$MA_2(org)+H_2SO_4 \rightarrow 2HA(org)+MSO_4$$

재생: 철과 같은 원소의 축적을 방지하기 위해 유기상은 세척 단계와

같은 방식으로 더 강한 산으로 씻어야 한다.

$$2FeA_3(org)+3H_2SO_4 \rightarrow 6HA(org)+Fe_2(SO_4)_3$$

* 참고: M은 Ni^{2+}, Co^{2+}, Mn^{2+}, 기타 금속이다.

3.1.2 브런프 리사이클링

브런프 리사이클링은 폐 배터리 리사이클링 경제를 위한 국가 표준화 시범 사업, 광둥성 신에너지 자동차 동력 배터리 리사이클링 시범 사업, 국가 폐화학물질 처리 표준화 기술위원회 폐 배터리 화학 처리 작업반 (SAC/TC294/WG1) 리더 유닛이다. 국가 자동차 표준화 기술위원회 차량 리튬이온 파워 배터리 리사이클링 표준 초안 작성 작업 그룹 리더, 국가 자동차 표준화 기술위원회 도로 차량 리사이클링 작업 그룹 구성원, 국가 자동차 표준화 기술위원회 전기 자동차 표준 연구 작업 그룹 구성원, 중국 비철금속 표준화 기술위원회 중금속 분과위원회 위원, 광둥성 제품 리사이클링 및 관리 표준화 기술위원회 사무국, 중국 비철금속 산업 협회 관리 단위, 중국 자원 종합 활용 협회 상임 이사, 중국 재생 가능 자원 산업 기술 혁신 전략 연합 관리. 리튬 배터리 재생 사업의 주요 기술 경로는 그림 3.2에 나와 있다. 브런프 리사이클링은 주로 단일 배터리를 리사이클링한다. 배터리 회수 과정에는 전처리 과정과 2차 처리 과정이 포함된다.

전처리공정에는 주로 분해, 방전, 열분해, 분쇄 및 체질이 포함되며, 결국 구리-알루미늄 분말과 검은 덩어리(전극 분말)를 얻게 된다. 방전 공정은 일반적으로 쉘 세트 전기 방전 또는 3C 염수 방전 방법을 적용한다. 열분해 공정은 회전 소성로를 사용하며, 열분해 연도 가스는 2차 연소+사이클론 먼지 제거+알칼리 분무로 처리한다. 2차 처리 공정에는 침출, 구리 제거, 철 및 알루미늄 제거, 불순물 추출, 니켈-코발트-망간 동시 추출, 총 침전 등이 포함된다. 마지막으로 수산화 니켈-코발트-망간

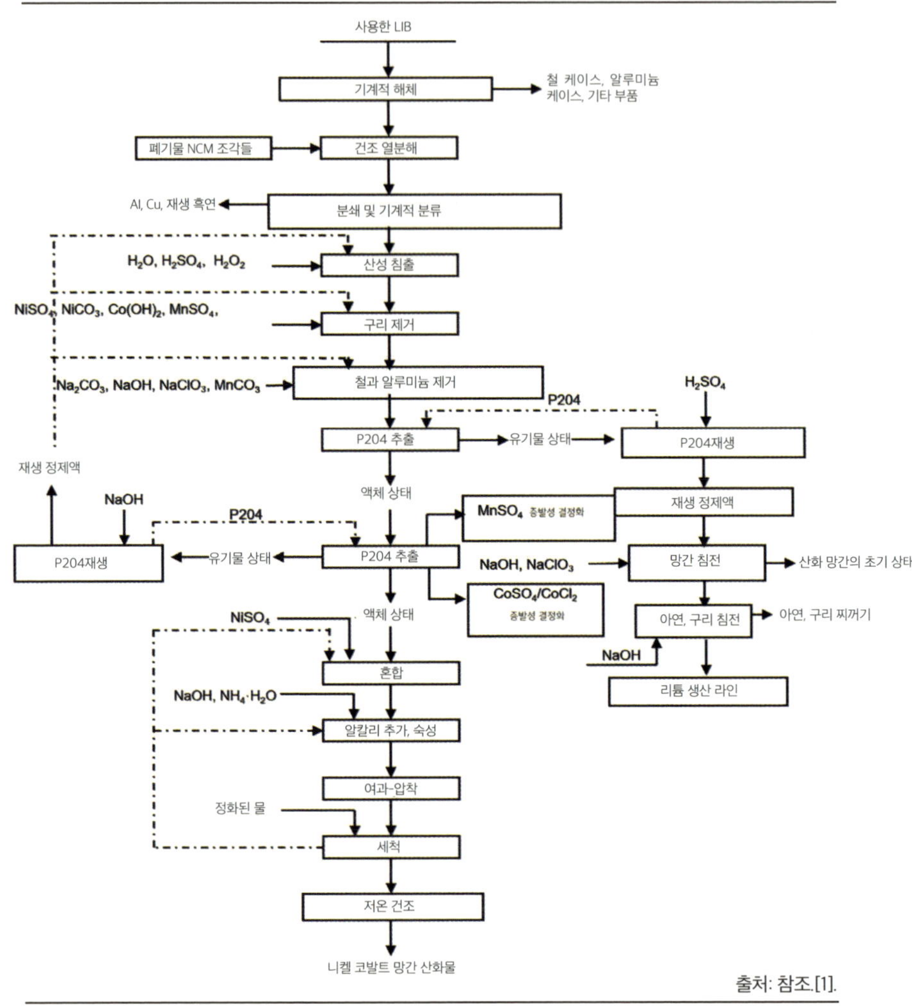

전구체가 생성된다. 구체적인 공정은 간접 증기 가열로 온도를 40°C로 안정화하고 검은 덩어리를 산 침출로 처리하며, 침출제는 황산과 과산화수소이다. 그런 다음 황산니켈, 탄산니켈 등을 첨가하여 액체의 pH를 1.5에서 1.7 사이로 안정시키고 철 분말을 첨가하여 변위 반응을 통해 구리가 침전 및 분리되도록 한다. 이렇게 얻은 스펀지 구리는 부산물로 판매할 수 있다.

90℃에서 온도를 조절하고 pH를 6~7 사이에서 조절하면 1.5 및 1.7, 염소산나트륨, 수산화나트륨 용액 및 탄산 망간을 공급 액체에 첨가하여 모든 2가 철을 3가 철로 전환한다. 니켈-코발트-망간의 비율을 조정하기 위해 적절한 양의 탄산망간을 사용한다. 그런 다음 수산화나트륨 용액으로 pH 값을 2.0~2.4로 조정하여 철과 알루미늄 이온이 철-알루미늄 슬래그를 생성하도록 하여 철과 알루미늄을 제거하는 과정을 완료한다. 그 후 깊은 함량 제거 및 정제는 추출 방법에 따라 수행되었으며 추출제는 P204이다. 먼저 칼슘, 마그네슘, 리튬 불순물을 제거하기 위해 특정 온도와 pH에서 동시 추출을 수행한다. 정제액은 계속해서 정제된다. 황산 시스템의 온도와 pH는 공급 액체에서 니켈-코발트-망간을 함께 추출하고 정제하도록 조정된다. 산 안개액 흡수탑은 공정에서 발생하는 황산 안개액을 수집하고, 스트리핑 후 추출제는 재사용할 수도 있다. 니켈-코발트-황산망간을 배치한 후 알칼리화 처리를 위해 수산화나트륨과 암모니아를 첨가한다. pH 값은 약 12.5로 조정해야 한다. 50℃에서 일정 시간 동안 유지한 후 압력 여과, 세척 및 건조를 통해 삼원 전구체를 얻을 수 있다. 탈아민 처리 후 암모니아는 재사용할 수도 있다.

브런프 리사이클링은 리튬, 니켈, 코발트, 망간의 리사이클링 목적을 달성하기 위해 주로 P204 추출제를 사용하여 폐리튬 배터리의 해체 및 분쇄부터 니켈-코발트-망간 수산화물 및 리튬 염 생성에 이르는 전 과정을 포함한 완전한 NCM 배터리 기술 경로를 제안했다. 전처리 공정은 비교적 간단하지만, 후속 처리 공정은 비교적 복잡하고 시간이 오래 걸리지만 리사이클링 제품은 비교적 순도가 높다.

3.1.3 화유 코발트

화유 코발트는 새로운 LIB 소재, 새로운 코발트 기반 소재의 연구 개발

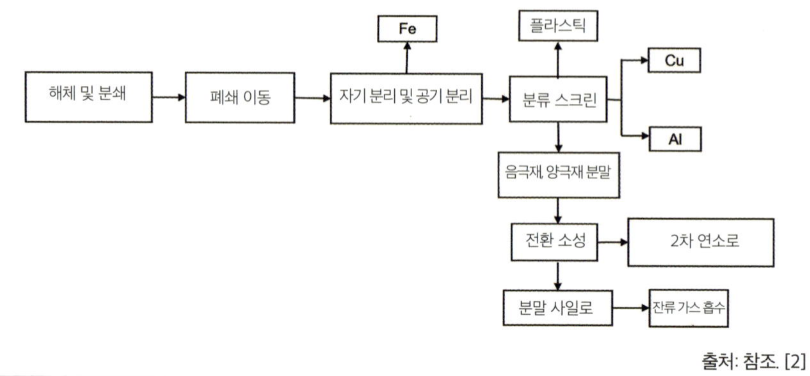

출처: 참조. [2]

및 제조를 전문으로 하는 새로운 첨단 기술 기업으로서 코발트 및 구리 금속의 채굴, 선별, 제련을 담당한다.

2017년, 화유 코발트는 폐 리튬 배터리 리사이클링 사업을 전문으로 하는 취저우 화유 자원 재생 기술 유한회사를 설립했다. 화유 코발트의 폐 리튬 배터리 리사이클링 공정의 전처리 단계는 분쇄, 선별, 소성 과정을 거쳐 검은 덩어리(전극 분말)를 얻는 것이다. 전처리 공정의 흐름도는 그림 3.3에 나와 있다.

삼원계 폐 배터리는 먼저 파쇄실에서 파쇄된다. 파쇄 공정은 전단 찢기 방식을 채택한다. 고속 나이프 롤러가 챔버 내부에 설치되어 배터리를 특정 입자 크기의 플레이크 재료로 분해한다. 대부분의 플라스틱 입자는 크므로 이 과정에서 체질로 대부분 제거할 수 있다. 나머지 물질은 철 입자를 분리하기 위해 자기 분리 공정에 들어간다. 그런 다음 한번 더 분쇄하고 체질하면 나머지 플라스틱을 추가로 걸러낼 수 있다. 그 후, 금속 입자(구리와 알루미늄 입자)는 풍력 분리를 통해 분리할 수 있다. 마지막으로, 얻은 검은색 덩어리(양극 및 음극 재료 분말)를 컨버터에서 소성하여 사일로에 저장한다.

후속 처리는 주로 환원 침출, 망간 추출, 불순물 추출, 코발트 추출, 니켈 추출, 리튬 농축, 마지막으로 Na3PO3에 의한 리튬 침전을 거치는 검은 덩어리의 하이드로메탈러지(Hydrometallurgy)에 중점을 둔다. 특히 검은 덩어리는 황산과 과산화수소에 의해 침출된다. 침출 과정에서 pH는 약 1.5, 온도는 70°C, 침출 시간은 6시간으로 제어되며, 니켈-코발트-망간 침출 비율은 모두 98% 이상이다. 그런 다음 다른 금속 이온에 대한 다른 추출제의 다른 용해도에 따라 침출 용액을 단계별로 추출한다. 먼저 추출제 C272를 사용하여 망간을 추출한다. 그런 다음 추출제 P204를 사용하여 정제액의 불순물(주로 칼슘과 마그네슘)을 제거한다. 그런 다음 P507을 사용하여 코발트와 니켈을 추출한다. 마지막으로 정제액은 비교적 순수한 리튬을 함유하고 있으며, 리튬을 침전시키기 위해 Na₃PO₃를 첨가한다.

화유 코발트가 제공하는 전처리 공정은 비교적 완벽하며, 현재 시장에서 일반적으로 사용되는 전처리공정이기도 하다. 각 구성 요소의 분류 회수를 실현하여 후속 공정을 위해 준비된 삼원 양극/음극 재료를 얻을 수 있다. 화유 코발트의 전처리공정에는 산 침출 및 추출 공정도 포함된다. 그러나 세 가지 추출제인 C272, P204, P507을 적용하는 긴 추출 공정으로 인해 추출비용과 하수 처리량이 증가한다. 하지만 이 방식은 추출 단계에서 망간을 완전히 회수할 수 있고, 회수된 니켈과 코발트를 후속 공정에서 더 순수하게 만들 수 있다는 점은 주목할 만하다.

3.1.4 GEM

GEM은 중국에서 폐 배터리 리사이클링을 선도하는 기업이다. 폐 배터리 리사이클링 상자, 전자 폐기물 리사이클링 슈퍼마켓, 3R 리사이클링 소비 커뮤니티 체인 슈퍼마켓의 다단계 리사이클링 시스템을 통해 GEM은 2만 개 이상의 리사이클링 지점을 구축했다. GEM은 중국 전체 전자 폐기물의 10% 이상, 중국 전체 폐 배터리(납배터리 제외)의 10% 이상, 중국 전체 폐자동차의 4% 이상을 리사이클링하고 있다. GEM의 폐 리튬 배터리 리사이클링 공정은 주로 파쇄-분리 공정과 후처리 공정으로 구성된다. 파쇄-분리 부분은 주로 염수 배출, 해체, 파쇄 및 분리의 네 가지 모듈을 포함하며, 이는 전극 분말을 얻기 위해 쉘과 수집기를 제거하는 것이다. 후처리 공정은 주로 산 침출 및 추출 공정을 채택하여 최종적으로 니켈-코발트-망간의 수산화물을 얻는다. 자세한 내용은 그림

그림 3.4 GEM의 폐 리튬 배터리 리사이클링 공정 흐름.

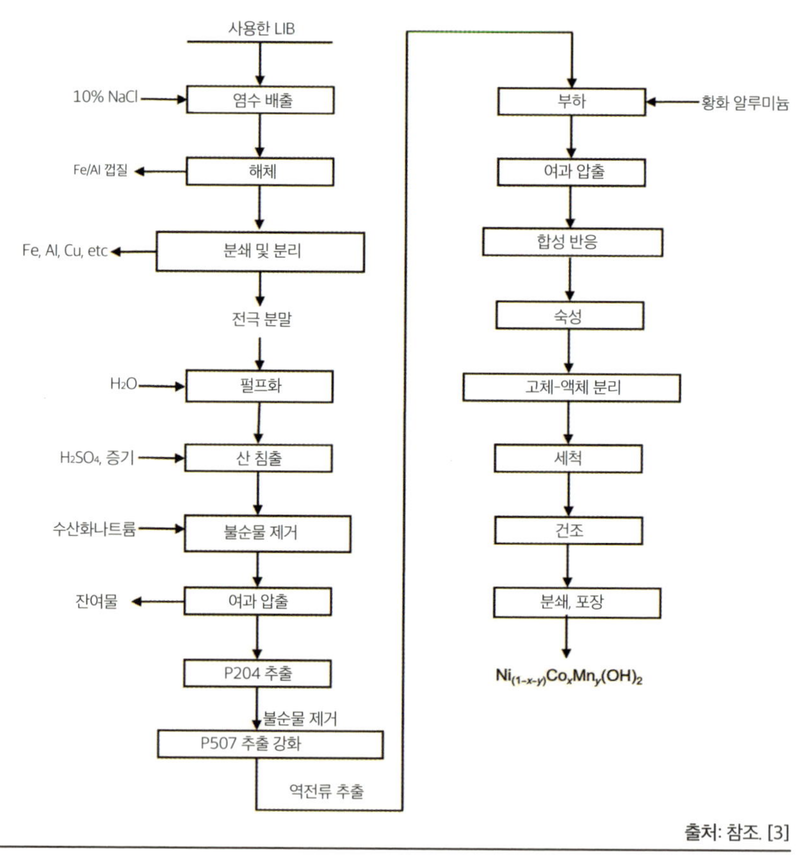

출처: 참조. [3]

3.4에 나와 있다.

산성 침출 공정에서 온도는 60°C로 제어된다. 침출 후 수산화나트륨 용액으로 pH 값을 조정하여 철과 알루미늄과 같은 불순물을 침전시킨다. 침출 용액을 여과하여 추출 공정에 사용할 수 있도록 준비한다. 추출 공정에서는 불순물을 제거하기 위해 추출제 P204를 사용하고 금속을 농축하기 위해 P507을 사용한다. 역류 추출 후 순수한 니켈-코발트-황산망간 용액을 수집한다. 그 후 전구체 생산 공정에서 니켈-코발트-망간 수산화물을 준비한다. 수산화나트륨 용액과 암모니아가 주로 합성 공정에 사용된다. 반응 후 생성물은 대기압에서 숙성되어야 한다. 원심 분리를 통해 고체를 분리하고 씻어 불순물을 제거한 후 건조한다. 마지막으로 선별을 통해 입자 크기를 제어하고 철 입자를 제거한다.

GEM의 접근 방식은 니켈-코발트-망간산염 리튬 배터리와 니켈-코발트-알루미늄산 염 리튬 배터리를 회수하는 데 사용할 수 있는 NCM 배터리에도 초점을 맞추고 있다. 순수한 삼원계 배터리 전구체는 리사이클링 공정의 전체 세트를 통해 얻을 수 있다. 이 비교적 전통적인 공정은 현재 시장에서 지배적인 리사이클링 공정이다. 한편, P204와 P507은 리튬 배터리 리사이클링에 가장 널리 사용되는 상업용 추출제이다.

3.1.5 순화 리튬

순화 리튬은 기술 기반 스타트업으로 고효율, 친환경, 에너지 절약, 환경 친화라는 목적을 고수하며 폐 리튬 배터리의 안전하고 무해한 리사이클링을 목표로 한다. 순화 리튬은 폐 리튬 배터리의 '리튬 추출 우선' 기술의 선구자이다. 중국에서 유일하게 배터리 등급 탄산리튬(연간 1천 톤)을 생산하기 위한 리튬인산철(LFP) 폐분말 선택적 침출 생산설비를 운영하고 있다. 주요 제품으로는 배터리 등급 탄산리튬과 무수 황산나트륨이 있다. 주요 원료는 LFP 배터리의 음극 스크랩이며, 주요 공정은 파쇄-선

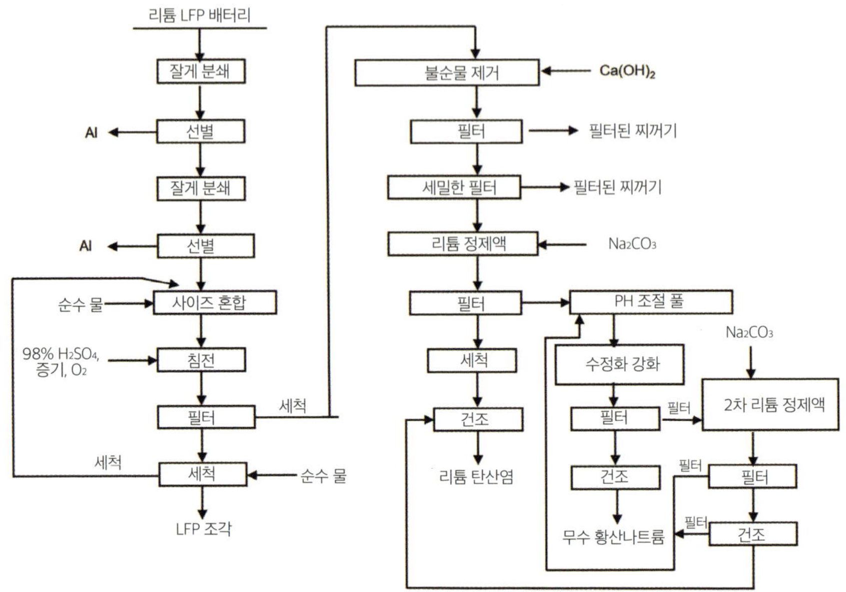

별-분쇄-선별-침출-불순물 제거-리튬 침전-농축-2차 리튬 침전이며, 최종적으로 배터리 등급 Li_2CO_3 및 무수 황산나트륨 제품을 얻는다. 프로세스 흐름은 그림 3.5에 나와 있다.

전처리 공정은 양극 스크랩을 파쇄 및 분쇄하여 LFP 원료를 얻는 것이다. 선별 처리에는 80메쉬와 120메쉬 선별기를 사용하고, 회수된 LFP 분말의 고체 대 액체 비율을 약 1 : 3으로 조정한다. 이후 약 80°C에서 농축 황산을 첨가하여 산 침출을 진행한다. 침출 현탁액을 여과한다. 잔류물은 대부분 인산철이며 세척 후 폐기된다. 여과액은 주로 수산화칼슘을 첨가하여 정제하고 리튬 침전 준비가 되도록 미세 여과한 Li_2SO_4를 포함한다. 리튬 침전 시약은 탄산나트륨 수용액이고 침전물은 탄산리튬이며 추가로 세척 및 건조된다. 침전물은 농축 및 결정화를 위해

pH 조정 풀로 들어간다. 결정화 후 건조하여 무수 황산나트륨을 얻는다. 마지막으로, 여과액에는 여전히 일부 리튬이온이 남아 있어 남은 탄산리튬을 회수하기 위해 리튬 침전 공정을 다시 수행해야 한다.

순화 리튬은 주로 LFP 배터리 리사이클링에 주력하고 있다. 전처리 공정은 양극재 리사이클링을 우선시하기 때문에 비교적 간단하다. 이후 공정에서 순화 리튬은 LFP의 저렴한 가격 때문에 LFP의 불순물을 리사이클링하고 제거하는 추출 공정을 채택하지 않고 산 침출 공정을 채택하여 잔류 리튬을 회수한다. 리사이클링 공정은 부산물로 무수 황산나트륨을 생성한다. 리사이클링 공정은 비교적 간단하지만 회수된 탄산리튬은 순도가 높고 배터리 등급에 도달할 수 있어 배터리 생산에 직접 사용할 수 있다.

3.1.6 간파워

간파워는 폐 배터리 리사이클링 서비스, 단계별 폐 전기차 배터리 활용, 폐 배터리 무해 처리, 고순도 금속염 생산을 전문으로 하는 하이테크 기업이다. 주요 제품으로는 코발트염, 니켈염, 리튬염 및 캐스케이드 활용 시리즈 제품이 있다. 간파워는 황산코발트 및 황산니켈 생산에 주력하고 있으며, 그 원료는 니켈-금속수소 배터리와 LIB이다. 펀치 방전-분해-열분해-파쇄-자기 분리 과정을 통해 산화철과 니켈-코발트 스크랩을 회수할 수 있다. 알루미늄을 제거하기 위한 알칼리 침출 후 습식 회수 공정이 적용된다. 이 공정의 연간 생산량은 2천 500톤의 고순도 황산니켈과 500톤의 고순도 황산코발트를 생산할 수 있다. 공정 흐름은 그림 3.6에 나와 있다.

전처리 공정은 주로 분해된 폐리튬 배터리를 350~900°C의 용광로에 3~6시간 동안 넣는 과정으로 이루어진다. 열분해된 물질은 수직형 고속 로터리 밀 기계로 분쇄되고 진동 선별 기계로 선별된다. 그런 다음 처리

사용한 LIB
불순물을 포함한 니켈과 코발트
H₂SO₄
증기
방전
침전
니켈, 코발트 용액
플라스틱, 배터리 케이스 등
해체
Na₂SO₄
소성
황산염 침전 희토류
필터링
염화나트륨
비자기성 물질
자기분리
철과 망간에서 산소 제거
필터링
자기성 물질
P204, 석탄 오일
가성 소다, 염산, 황산
p204추출과 불순물 제거
철, 산화 니켈
분류
P507, 석탄 오일
코발트 니켈의 P507 추출
구리, 망간, 아연 그리고 칼슘 용액
수용 상태
유기 상태
황화 니켈 용액
재추출
p204추출과 불순물 제거
순수 황화 코발트 용액
화학적 정체
화학적 정체
석탄 오일
분리
분리
증기 가열
증발 수정화
증발 수정화
증기 가열
농축된 물
원심력 이용한 탈수
원심력 이용한 탈수
배터리 급의 황화 니켈
배터리 급의 황화 코발트

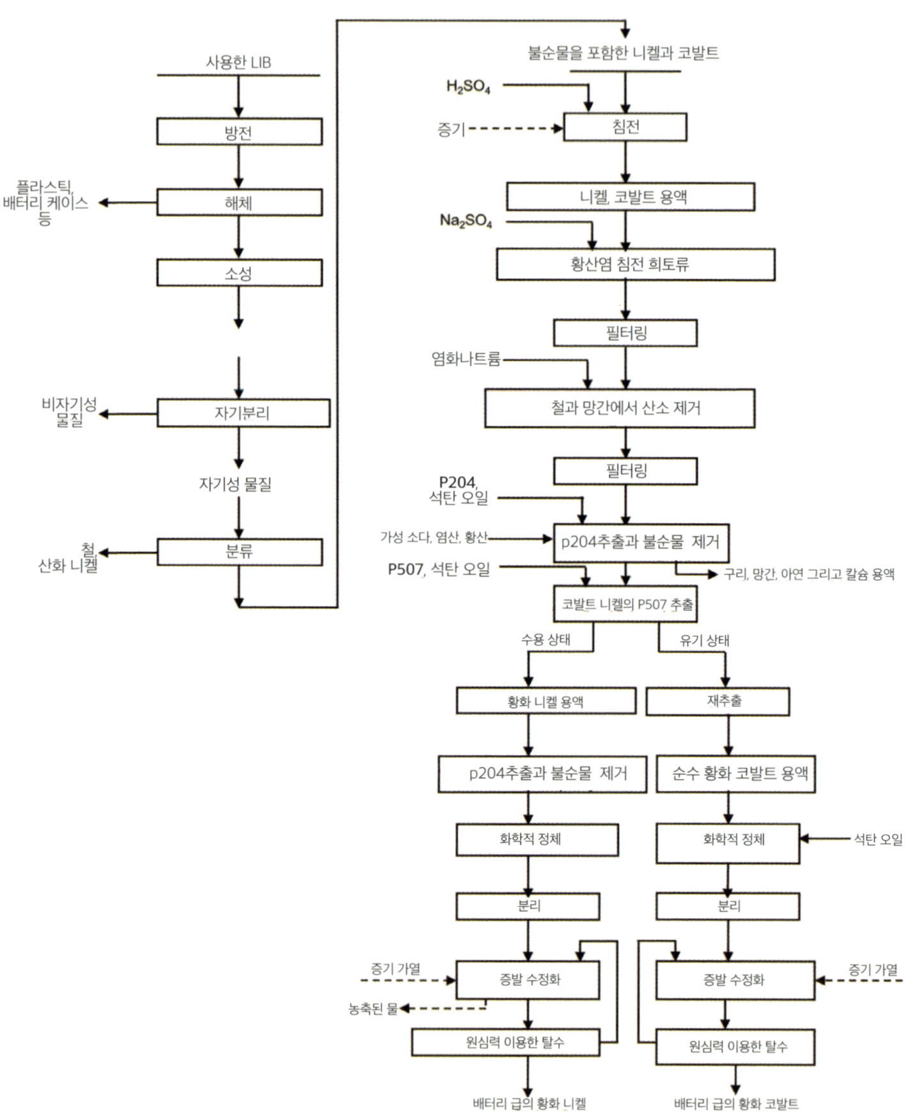

출처: 참조. [5]

된 분말을 자기 분리기로 선별하여 자성 물질(산화철 및 니켈, 니켈 및 코발트 스크랩)과 비자성 물질을 얻는다. 생성된 니켈과 코발트 스크랩은 침출 공정에 들어가고 금속은 무기산에 의해 용해된다. 그런 다음 용액의 철과 알루미늄 불순물을 가수분해하여 제거할 수 있다. 이 화학적 정제 후 용액은 추출 공정에 들어가서 P204에 의해 연속적으로 추출되어 불순물을 제거하고 P507에 의해 코발트와 니켈을 각각 분리하여 최종적으로 배터리 등급 황산니켈 및 황산코발트 용액을 얻는다.

간파워의 리튬 폐 배터리 리사이클링 공정은 산 침출 및 추출 공정도 사용한다. 추출 공정에도 P204와 같은 P507 추출제가 사용된다. 이와는 대조적으로, P204와 P507은 이온에 따라 용해도 특성이 다르다는 점을 활용한다. 니켈과 코발트의 분리 및 회수는 추출 공정의 pH를 조정하고 이온 종을 제어함으로써 이루어진다. 이 공정은 여러 금속 화합물을 고순도로 회수할 수 있다. 하지만 세 번의 추출이 필요하고 공정이 길고 복잡하여서 비용이 많이 들고 폐수가 많이 발생하며 산과 알칼리를 더 많이 사용한다.

3.1.7 첸타이 테크놀러지

선전 첸타이 테크놀로지는 2016년 선전 첸타이 에너지 재생 기술 유한회사, 광둥 완중후이 투자 유한회사, 선전 쿤펑이창 전략 신흥 산업 주식 투자 펀드 파트너십(합자회사), 선전 고속도로 인프라 환경 보호 개발 유한회사 등 여러 투자 회사의 합작투자로 설립되었다.

첸타이 테크놀로지의 주요 사업 범위에는 파워 배터리 모듈 리사이클링 및 캐스케이드 활용, 폐 배터리의 포괄적 활용 및 리사이클링, 폐차 리사이클링 및 분해가 포함된다. 첸타이 테크놀로지는 중국 공업정보화부가 허용한 배터리 리사이클링 기업 목록의 두 번째 배치에 이름을 올렸으며, 그 유형은 캐스케이드 활용이다. 첸타이의 배터리 리사이클링

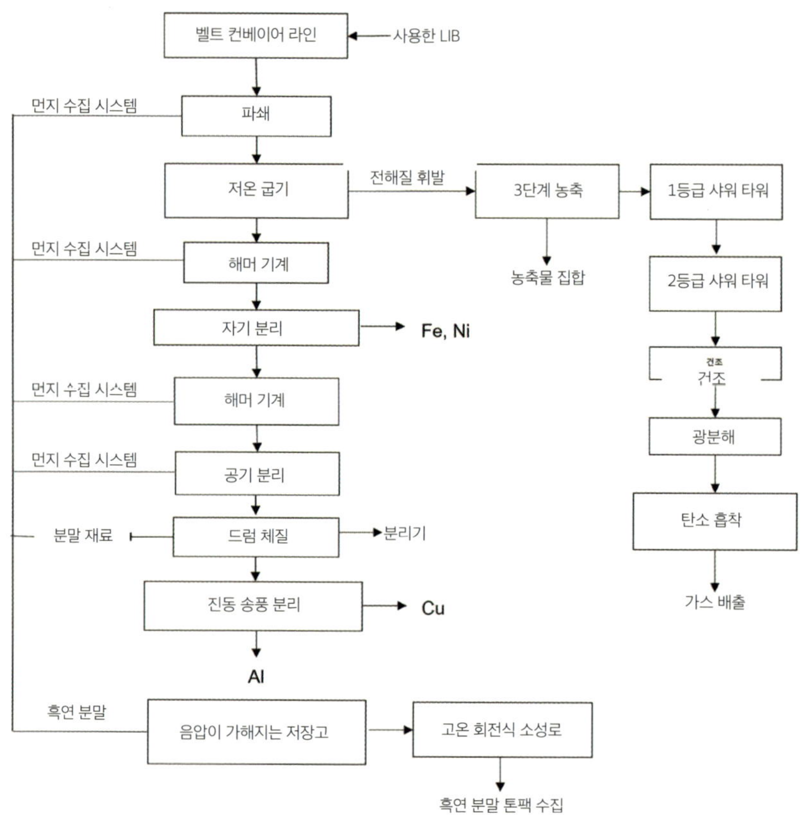

출처: 참조. [6]

및 해체 라인에는 네 가지 공정이 있다. 코드 스캔, 배터리 팩 분해, 배터리 방전, 파쇄 분류가 그것이다(그림 3.7). 배터리의 모양과 크기에 따라 서로 다른 방전 공정이 사용된다.

시험 기준을 충족하는 소형 원통형 배터리는 방전 없이 바로 파손할 수 있으며, 기준에 미달하는 배터리는 방전 탱크에서 먼저 방전시킨 후 파손한다. 소프트 팩 배터리는 방전 캐비닛에서 방전하고 니켈 및 구리

탭을 수동으로 꺼낸 후 파손하고, 사각 배터리도 먼저 방전한 다음 껍질을 자르고 탭을 수동으로 꺼내서 파손한다. 배터리 방전 후 분쇄 및 체선별 과정은 정확히 같다. 첫 번째 파쇄 공정은 질소 보호 조건 아래 수행된다. 전체 해체 라인은 밀폐된 음압 상태에서 진행된다. 프로세스는 다음과 같이 자세히 설명되어 있다.

QR 코드 스캔: 배터리 팩, 모듈 및 셀의 일련번호는 일대일로 대응된다. 분해 장비에는 QR 코드 스캔 시스템이 장착되어 있다. 분해하기 전에 모든 QR 코드를 스캔하여 셀이 어느 배터리 팩에서 나온 것인지 추적해야 한다. 확보한 데이터는 수작업으로 확인하고 수정한 후 중국 공업정보화부의 리튬이온 배터리 추적 관리 시스템에 업로드된다.

배터리 팩 분해: 배터리 팩의 포장을 풀기 전에 전압과 잔여 전력을 확인한다. 전압이 30%를 초과하면 배터리 팩은 배터리 관리 시스템 (BMS) 보호 전압 이하로 방전된다. 배터리 팩은 방전 캐비닛에서 방전되며, 강제 방전을 위해 음의 전압이 적용된다. 용량이 30% 미만인 배터리 팩은 수동+로봇 팔을 사용하여 반자동으로 방전할 수 있다. 배터리 팩은 먼저 모듈로 분리된 다음 배터리 셀로 분리된다.

배터리 팩의 분해 과정은 일반적으로 다음과 같이 진행된다. (i) 상단 덮개를 분해한다. (ii) 전압을 낮추기 위해 탠덤 플랫폼을 분해하고, (iii) 케이블과 센서를 분해한다. 이 세 단계는 수동 분해이다. (iv) BMS를 분해하고, (v) 모듈을 분해한다. 모듈을 분리한 후 QR 코드를 스캔하여 모듈의 전압, 내부 저항, 전력을 기록하고 테스트하며, (vi) 모듈을 배터리 셀로 분해한다. 분해된 셀도 코드를 스캔하고 전압, 내부 저항, 전력을 테스트해야 한다. 분해하는 동안 용접되었으면 배터리의 2차 사용에 영향을 미칠 수 있으므로 용접된 니켈 시트가 찢어지지 않도록 기계적 지원이 필요하다. 이륜차의 소형 팩은 기본적으로 수동으로 분해하고 대형 배터리 팩은 기계 장비로 들어올려야 한다. 배터리 팩을 배터리 셀로 분해하는 전체 장비 세트는 방전 캐비닛을 포함하여 200만 위안 이상이다. 포장을 푸는 과정에서 작업자는 배터리 셀의 모양과 크기에 따라 작은 원통형, 소프트 팩, 사각형 셀 배터리로 수동으로 나누고, 배터리를 파쇄하기 전 전처리 공정에 들어간다.

배터리 셀 방전: 모든 배터리는 파쇄 및 분류 공정에 들어가기 전에 전류 및 전압값을 확인하기 위해 테스트를 거친다. 18650 소형 원통형 배터리 셀의 전압이 차단 전압 이하이면 방전 없이 바로 파쇄할 수 있다. 소프트 팩 및 정사각형 배터리는 파쇄하기 전에 방전해야 한다. 첸타이 테크놀로지에서 사용하는 방전 방법은 전자 부하 방전이다. 사용되는 방전 캐비닛의 전압 사양은 300, 500, 600V이며 전류 사양은 300 및 500A이다. 500A 유형으로 배터리를 방전하는 데 3~5분이 걸린다. 방전 후 잔여 에너지를 회수하는 또 다른 방법은 재사용하는 것이다. 하지만 현재 회수 비용이 장비 투자비보다 적어 경제성이 떨어진다.

파쇄 및 분류 과정: 전처리는 배터리 모양과 크기에 따라 별도로 진행된다. 테스트 기준을 충족하는 소형 원통형 배터리는 방전하지 않고 직접 파쇄할 수 있으며, 기준을 충족하지 않는 배터리는 방전 탱크로 방전 후 파쇄하고, 소프트 팩 배터리는 방전 캐비닛에서 방전하고 니켈 및 구리를 수동으로 꺼낸 다음 파쇄하고, 사각 배터리도 먼저 방전한 다음 껍질을 자르고 탭을 수동으로 꺼낸 다음 최종적으로 파쇄한다.

다른 유형의 배터리로 교체할 때는 기계 내부의 잔여물을 청소하기 위해 생산설비를 30분 동안 유휴 상태로 가동해야 한다. 전처리 후 파쇄 및 분류 공정은 정확히 같다. 첫 번째 파쇄 공정은 질소 보호 아래 진행되며, 전체 해체 라인은 밀폐된 음압에서 생산된다. 이 과정은 다음과 같이 자세히 설명할 수 있다.

방전 없이 분쇄: 배터리 셀은 질소 보호 아래 분쇄되고 모든 산소는 격리실의 음압으로 대체되며 연속 공급이 완료된다. 그런 다음 분쇄기

가 배터리를 조각으로 파쇄하고 생성된 검은 덩어리는 통합 시스템을 통해 보관함으로 빨려 들어간다. 이때 재료에는 다량의 전해질이 포함되어 있다. 전해질은 저온 굽기를 통해 제거된다. 굽기 온도는 200°C를 넘지 않아 전해질, 탄산염 및 기타 유기 용매의 휘발이 촉진된다. 따라서 전해질이 제거된다.

전해질 처리: 파쇄 공정에서 발생하는 물질 분진과 휘발성 전해질 가스는 먼저 응축 장치를 통해 3단계에 걸쳐 응축된다. 1단계는 상온의 순환수를 사용하여 전해질과 분진 혼합물을 200°C에서 40°C로 응축하고, 2단계는 40°C에서 15°C로 냉각된 유기 가스를 응축하며, 3단계는 15°C에서 -5°C로 냉각한다. 3단계 응축을 통해 혼합물의 95%가 액체로 응축된다. 나머지 가스는 1차 및 2차 세척탑을 통과하여 불소, 인, 먼지를 제거한다. 건조 후 40J 광원으로 광분해한다. 유기물은 이산화탄소와 물로 광분해된다. 활성탄이 불순물과 악취를 흡수한 후 생성된 가스는 공기 중으로 직접 배출된다.

금속, 분리막 및 기타 재료 리사이클링: 전해질 휘발 후의 물질은 해머 밀을 거친 다음 자기 분리를 통해 98~99%의 철-니켈과 금속 껍질을 제거한다. 남은 물질은 두 번째 해머 밀링을 통해 전극 표면의 분말을 떨어뜨리고, 분말과 분리막을 결합하여 층화시킨 다음 원통형 체를 통해 분말과 분리막을 분리한다.

구리와 알루미늄의 분쇄 및 분리: 원통형 선별기로 총 65~70%의 흑색 덩어리를 얻을 수 있으며 구리와 알루미늄 불순물 함량은 2% 미만이다. 또한 전체 분쇄 및 분리 공정에는 분말을 수집하는 집진 시스템이 있으며, 흑색 덩어리 함량은 약 30%이고 전체 분말 회수율은 95%를 초과한다. 분말과 분리기를 회수한 후, 구리와 알루미늄 집전기는 진동 체질과 체질에 의해 분리된다.

분말 전처리: 모든 분말은 회전식 소성로 바인더와 잔류 전해질을 제거하기 위해 처리되며, 발생하는 폐가스는 전해질 처리 시스템으로 연결된다. 처

리된 흑색 덩어리는 후속 하이드로메탈러지 공정을 위해 대형 파우더 백에 수집된다. 첸타이 테크놀로지는 전극 재료에 대한 하이드로메탈러지 (Hydrometallurgy) 리사이클링 생산설비를 보유하고 있지 않다.

3.2 유럽

이 장에서는 유럽 기업의 대표적인 산업용 LIB 리사이클링 프로세스 세 가지를 소개한다. 제품은 비슷할지 몰라도 공정은 회사마다 많은 차이가 있다. 유미코아 발레아스(Umicore Valéas™)와 아큐렉(Accurec) 공정은 각각 3.2.1절과 3.2.2절에서 자세히 설명하는 열 야금과 하이드로메탈러지 (Hydrometallurgy)을 조합하여 사용한다. 레쿠필(Recupyl) 공정은 3.2.3절에 소개된 하이드로메탈러지(Hydrometallurgy)법에 중점을 두고 있다.

3.2.1 유미코아

유미코아는 유럽에서 가장 큰 리튬이온 리사이클링 기업 중 하나로 벨기에 호보켄에 7천 톤 규모의 배터리 리사이클링 공장을 보유하고 있다. 유미코아는 독자적인 파이로메탈러지 처리와 최첨단 하이드로메탈러지 공정인 발레아스(Valéas) 공정을 독자적으로 개발하여 모든 유형과 크기의 리튬이온(LFP, NCM, 리튬 코발트 산화물[lithium cobalt oxide, LCO]) 및 니켈 금속 수소화물(Ni-MH) 배터리를 리사이클링할 수 있는 기술을 보유하고 있다. 이 프로세스의 도식적 표현은 아래 그림 3.8에 나와 있다. 파이로메탈러지 공정은 유미코아의 독자적인 초고기술(Ultra High Technology, UHT)을 사용한다. 이 기술은 다양한 유형의 복잡한 금속 함유 폐기물을 대량으로 안전하게 처리할 수 있도록 설계되었으며 다음과 같은 장점이 있다(https://csm.umicore.com/en/battery-recycling/our-recycling-process/).

(i) 기존 공정에 비해 높은 금속 회수율과 직접 판매할 수 있는 제품 생산, (ii) 배터리를 직접 공급하여 잠재적으로 위험한 전처리가 필요 없음, (iii) 가스 세정 시스템을 통해 모든 유기 화합물이 완전히 분해되고 유해한 다이옥신이나 휘발성 유기 화합물(VOC)이 생성되지 않음을 보장한다. 불소는 연도 분진에서 안전하게 포집되며, (iv) 배터리 구성 요소(전해질, 플라스틱, 금속) 내부에 존재ス하는 에너지를 사용하여 에너지 소비와 CO_2 배출을 최소화하고, (v) 폐기물이 거의 발생하지 않는다. 발레아스

그림 3.8 유미코아 발레아스 프로세스의 개략도.

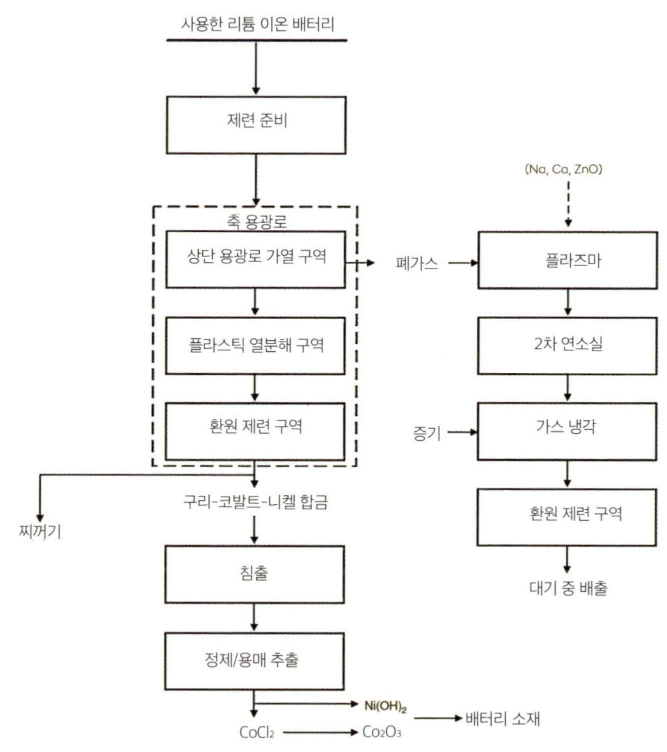

출처: 다음에서 각색 csm.umicore.com/en/battery-recycling/our-recycling-process/

프로세스는 아래와 같이 세 단계로 나눌 수 있다.

첫 번째 단계에서는 배터리, 코크스, 환원제(Al 및 Zn), 슬래그 형성제를 혼합하여 수직축 용광로에 공급하고 300°C로 예열하여 전해질이 천천히 증발하도록 하여 폭발 위험을 줄인다. 그런 다음 재료는 플라스틱 열분해 구역으로 옮겨진다. 온도가 700°C까지 올라가면 플라스틱이 녹고 바인더가 증기로 분해된다. 열분해 가스와 전해질 증기는 고산소 환경에서 연소한다. 염화칼슘과 나트륨염이 첨가되어 할로겐화물을 포획하고 다이옥신과 퓨란(furan) 형성을 방지한다. 두 번째 단계에서는 예열된 산소가 풍부한 공기 흐름이 노즐을 통해 용광로의 바닥으로 주입되어 나머지 원료와 반응한다. 이 원료는 용광로 바닥의 제련 구역에서 환원되어 1,200~1,450°C의 온도에서 제련된다. Li는 Al과 Si로 구성된 용광로 슬래그로 들어가고 Cu, Co, Ni, Fe는 합금상으로 들어간다. 합금상은 이후 하이드로메탈러지(Hydrometallurgy)법으로 처리하여 금속을 추출한다.

세 번째 단계에서는 정련에 하이드로메탈러지(Hydrometallurgy)법이 사용된다. 정련 공정의 첫 번째 단계는 황산에 Co, Ni, Cu, Fe가 포함된 합금을 용해하는 것이다. Cu는 SO_2를 첨가하여 CuS 및 Cu_2S 침전물을 생성하여 제거하고, Co와 Ni는 용매 추출을 사용하여 추출 및 분리한다. 분리된 니켈 함유 용액에 NaOH를 첨가하여 pH를 높여 고체 $Ni(OH)_2$ 침전물을 얻고, 이를 다시 새로운 배터리 소재로 가공한다. 농축된 하이드로클로릭산(hydrochloric acid) 용액으로 제거한 후 코발트 함유 유기물 층을 소성로에 주입하여 고온에서 산소와 반응시켜 Co_2O_3로 변환한다. 발레아스 공정의 장점은 다음과 같다: (i) 폭넓은 원료 적응 능력과 대규모 시스템 처리 용량, (ii) 복잡한 기계적 해체 및 물리적 체질을 통해 서로 다른 양극재/음극재 소재를 가진 LIB의 혼합 처리를 실현하고, (iii) 알루미늄, 흑연 탄소, 플라스틱 등 소재에 포함된 환원성과 에너지를 최대한 활용하여 독성/위험 물질의 중앙 집중식 무해 처리를 실현하고 친환경 고형 폐기물을 생산한다.

3.2.2 아큐렉

아큐렉 공정은 독일 기업 Accurec GmbH®에서 개발한 것으로, 처음에는 Ni-Cd 배터리를 리사이클링하다가 LIB로 적용 범위를 넓혔다. 이 공정은 주로 물리적 분리를 위한 기계적 전처리, 코발트 기반 합금 생산을 위한 파이로메탈러지컬 공정, 리튬을 생산하는 하이드로메탈러지 공정(Li_2CO_3)의 세 부분으로 구성된다. 이 공정의 흐름은 그림 3.9에 나와 있다. 이 공정은 수작업으로 체로 쳐서 세척하고 셀로 분해하는 것부터 시작하여 플라스틱, 전자 부품, 연결 부품을 동시에 분리한다. 그런 다음

그림 3.9 아큐렉 프로세스의 개략도.

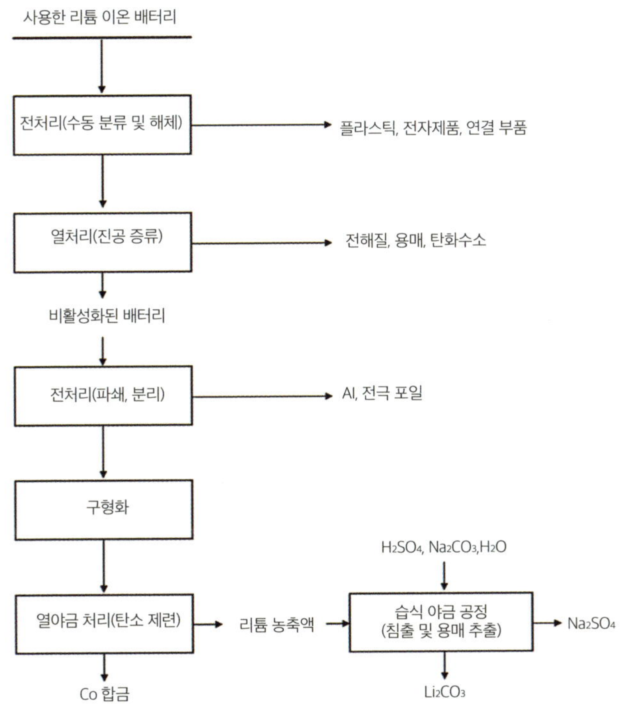

해체된 셀을 진공 상태에서 열처리로 보내 전해질, 용매, 탄화수소를 제거하고 온도를 250°C로 엄격하게 제어한다. 유기 성분을 제거한 후 비활성화된 배터리는 밀링 및 분쇄, 작은 조각으로 파쇄, 포일과 분말 분리를 위한 진동 스크린, Fe의 자기 분리 등 일련의 기계적 처리를 거친다.

상대적으로 크기가 큰 Fe, Al, Cu 포일은 상대적으로 크기가 작은 음극/양극 분말에서 분리된다. 음극/양극 분말은 바인더의 도움으로 구상화 과정을 거쳐 파이로메탈러지컬 공정을 위한 준비가 완료된다. 열분해 공정은 800°C의 회전식 가마에서 진행되며, 이 과정에서 탄화 환원 반응을 통해 코발트 합금이 생성되고 리튬은 농축되어 슬래그 단계로 넘어간다. 마지막 단계에서는 리튬 함유 슬래그를 하이드로메탈러지 공정으로 처리하여 Li_2CO_3을 생산한다. 슬래그는 100μm보다 작은 크기의 작은 입자로 분해된 다음 H_2SO_4를 사용하여 침출된다. 용매 추출 후 리튬은 초미립자화된다.

3.2.3 TES(레쿠필)

프랑스 그르노블에 본사를 둔 레쿠필은 폐 배터리 리사이클링을 전문으로 하는 국제적인 기업이다. 2018년, 세계 최대 전자 폐기물 리사이클링 업체인 싱가포르-TES는 레쿠필(Recupyl SAS)의 자산을 인수하여 유럽 내 배터리 처리 시장 진출에 더욱 적극적으로 나서겠다고 발표했다. 레쿠필의 회수 공정은 저온 및 저에너지의 순수 하이드로메탈러지(Hydrometallurgy)법을 사용한다. 이 공정의 개략적인 그림은 그림 3.10에 나와 있다. 사용한 LIB는 먼저 CO_2 및 Ar이 혼합된 불활성 대기의 보호 아래 저속 로터리에 의해 파쇄된다. 이 대기는 충전된 배터리가 있을 때 안전을 보장할 수 있다. 파쇄된 부품은 밀링 머신을 통해 3mm보다 작은 입자로 더 세분된다. 기계적 해체 과정에서 발생하는 폐가스는 배출되기 전에 추가 처리를 위해 보내진다.

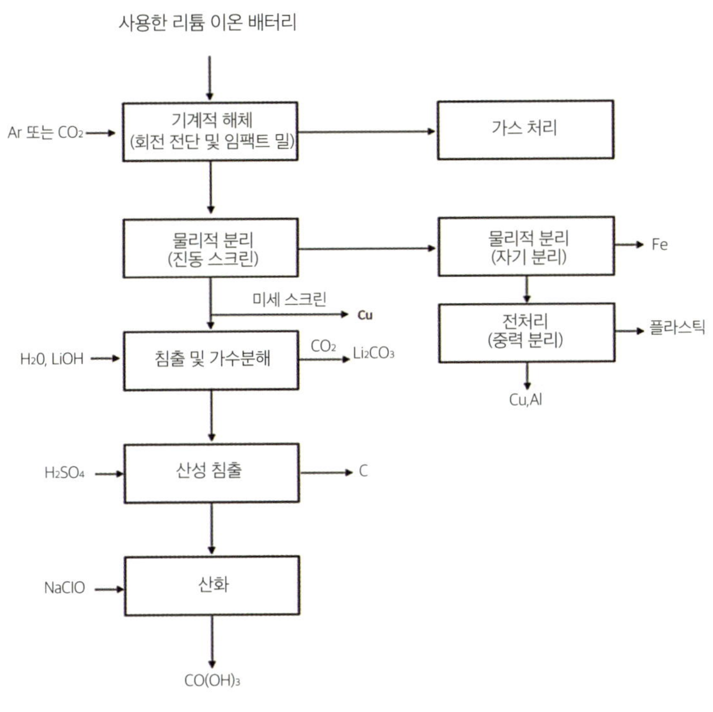

파쇄된 부품은 진동 선별기의 도움으로 분리된다. 큰 입자는 자기적으로 분리되어 Fe 입자를 제거하고, 나머지 입자는 중력 분리기로 이송되어 고밀도 Cu/Al과 가벼운 플라스틱/종이를 분리한다. 크기가 작은 입자는 개구부 크기가 $500\mu m$인 미세한 체를 통과하여 남아 있는 대부분의 구리 입자를 제거하고, 나머지 분획은 주로 활성 전극 재료로 구성되며 후속 하이드로메탈러지 공정을 위해 보내진다. 먼저 활성 전극 물질을 물과 혼합하고 LiOH 염을 첨가하여 pH를 12로 조정한다. 이 과정에서 전기분해 반응으로 인해 H_2가 생성된다. 리튬은 수용액에 용해되고 흑연은 액체 표면에 떠다니며 여과를 통해 분리할 수 있다. 리튬은 용액에 CO_2 가스를 거품화하여 Li_2CO_3로 침전된다.

남은 미용해 부분은 80℃에서 H_2SO_4에 의해 침출되고, 이후 탄소 분말이 여과된다. 마지막 단계에서는 $NaClO$를 용액에 첨가하여 Co^{2+}를 산화시켜 Co^{3+}로 침전시켜 $Co(OH)_3$로 만든다.

3.3 북미

대중 매체의 보도에 따르면, 북미에서 가장 먼저 설립된 배터리 리사이클링 업체는 주로 인멧코(Inmetco)와 리트리브(Retriev, 이전의 Toxco)이다. 인멧코는 주로 협력 제련을 통해 구리, 니켈, 코발트와 같은 희귀금속을 회수한다. 리트리브는 리튬 추출에 중점을 둔다. 지난 2년 동안 리튬 사이클(Li-Cycle), 레드우드(Redwood), 배터리 리사이클(Battery Recycle)과 같은 새로운 회사들이 이 분야에 합류했다.

3.3.1 리튬-사이클

2016년에 설립되어 2021년에 뉴욕증권거래소(NYSE)에 상장된 리튬-사이클은 혁신적인 스포크 및 허브 기술(Spoke & Hub Technologies™)을 활용하여 고객 중심의 전 생애 솔루션을 제공하는 동시에 중요한 배터리 재료의 2차 공급을 창출하는 것을 사명으로 삼고 있다.

리튬-사이클은 GM, 다임러-벤츠, 현대, LG 등 주요 전기차 업체들과 협력하고 있으며 북미, 유럽, 아시아 태평양 지역에서 사업을 확장하고 있다. 스포크 및 허브 배터리 공정 용량은 2025년까지 각각 연간 6만 5천 톤과 9만 톤에 달할 것이다. 독점적인 스포크 기술은 완전히 충전된 상태에서 전체 모듈의 모든 LIB를 수용할 수 있으며, 다른 배터리 화학 성분을 분리할 필요가 없다. 특허받은 중화 용액 분쇄기 덕분에 이 공정은 깨끗한 물 배출을 최대화하고, 현장에서 물 리사이클링을 극대화하

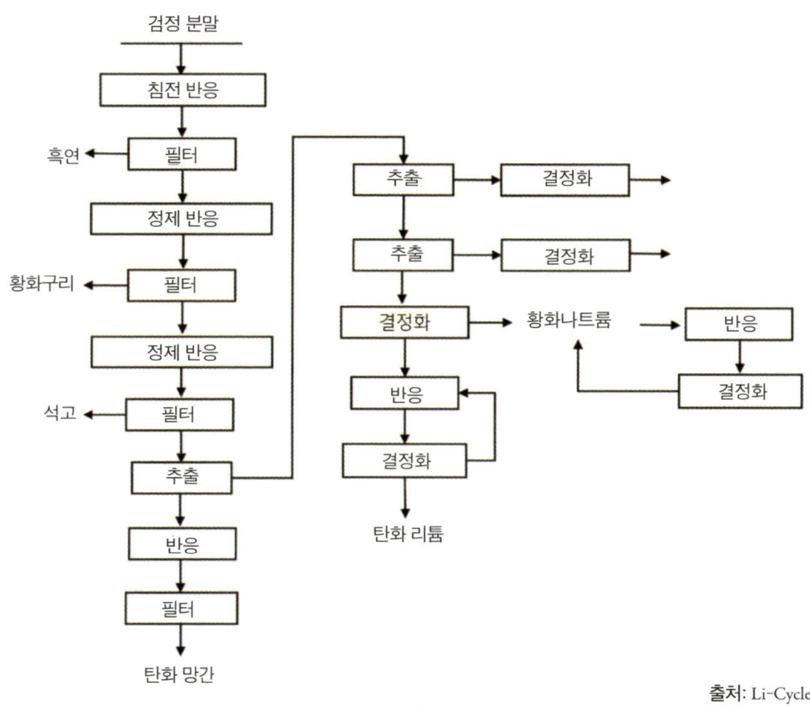

며, 대기 배출을 최소화한다. 스포크 공정에서 얻은 검은 덩어리는 허브 공정을 통해 추가로 회수된다(그림 3.11). 리튬-사이클은 배터리용 탄산리튬, 황산코발트, 황산니켈, 산업용 탄산망간, 황화구리, 황산나트륨, 석고 등 모든 화학물질과 제품 형태에서 최대 95%의 회수율을 달성했다고 발표했다.

3.3.2 인멧코

인멧코는 미국 엘우드(Elwood)에 위치한 국제적인 금속 리사이클링 회사이다. 미국 철강업계의 선도적인 환경 서비스 제공업체인 인멧코는

1970년대에 캐나다 INCO의 투자로 설립되었다. 이 회사는 주로 스테인리스 스틸 공장의 폐기물을 처리하는 컨버터를 사용하여 직접 환원철(DRI)을 생산하고 Ni와 Cr와 같은 희귀금속을 회수한다. 이 회사의 초기 공정은 폐 리튬 배터리를 처리하도록 설계되지는 않았다. 리튬 배터리에 포함된 Co, Ni, Fe는 철 기반 합금 생산에 사용할 수 있어서 인멧코는 공장의 컨버터를 사용하여 폐 리튬 배터리를 처리하기로 했다. 주요 기술 경로는 그림 3.12에 나와 있다.

수거된 폐리튬 배터리는 분해 및 파쇄를 통해 전처리한 후 탄소 기반 환원제와 잘 혼합한다. 이렇게 해서 얻어진 양극재는 구상화 과정을 거쳐 1,260°C에서 환원 용융을 위해 컨버터로 옮겨진다. 컨버터에서 재

그림 3.12 인멧코의 폐 리튬이온 배터리 회수 프로세스.

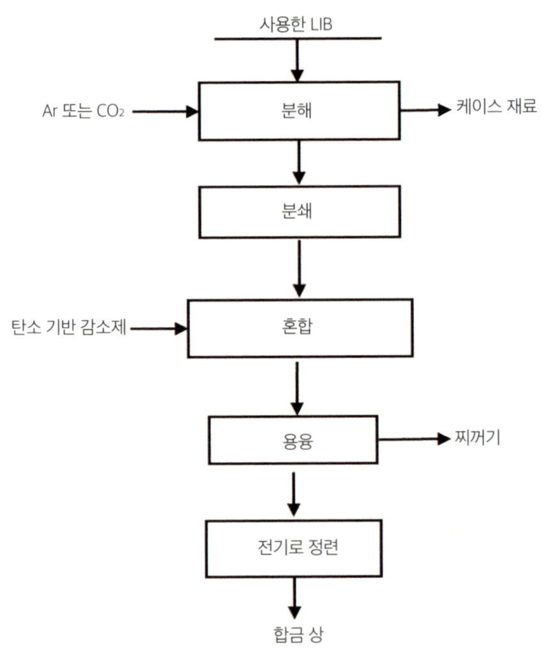

출처: 다음에서 각색 https://azr.com/about/inmetco

료의 체류 시간은 약 20분이다. 환원 제련 공정이 끝나면 배터리의 Ni, Co, Mn 및 기타 산화물은 금속 상태로 환원되어 합금 상으로 들어가고 리튬은 슬래그 상으로 들어간다. 제련 슬래그는 건축 자재용 골재로 판매되며, 합금 상은 전기로에서 정제된다. 정련 후 철계 합금인 니켈, 코발트, 크롬, 뮴이 포함된 제품이 생산된다. 이 공정은 공동 제련 공정에 속하며 폐 배터리는 원래 주 공정 시스템에서 원료 중 하나로 사용된다. 처리 후 배터리의 리튬과 알루미늄은 슬래그 단계로 들어가 리사이클링할 수 없는 반면, 니켈, 코발트, 마그네슘, 구리 등은 제품에 들어가 철계 합금의 형태로 리사이클링된다.

3.3.3 리트리브

리트리브 테크놀로지스(이전의 Toxco, Inc.)는 배터리 리사이클링 및 관리 분야에서 25년 이상의 경험을 보유하고 있다. 오하이오주 랭커스터에 본사를 둔 리트리브는 세계에서 가장 다양한 배터리 리사이클링 회사 중 하나가 되었으며, 모든 유형의 배터리와 배터리 화학물질을 리사이클링할 수 있다. 주요 공정은 리튬 추출 및 회수에 우선순위를 두고 있다. 다른 유가 금속은 추가 리사이클링을 위해 전문 업체에 판매된다. 이 프로세스의 주요 흐름은 그림 3.13에 나와 있다.

배터리 팩은 수동으로 분해하여 단일 셀로 만들고, 단일 셀은 액체 질소로 -175°C에서 -198°C 사이 온도로 냉각한다. 이 온도에서는 배터리가 폭발할 위험이 없다. 또한 온도가 낮으면 배터리의 플라스틱 껍질이 부서지기 쉬워 파손 및 분류가 쉽다. 방전 후 배터리는 직접 파쇄 공정에 들어갈 수 있다. 껍질을 제거한 후 셀은 습식 밀링 공정에 들어가고 용액은 리튬 염 용액이다. 분쇄 과정에서 리튬 용액은 전해질을 중화시키고 리튬이온이 용해되며 가스 방출을 방지한다. 액체-고체 분리 후, 얻어진 리튬 함유 용액을 정제하여 LiOH 용액을 얻은 다음 침전시켜

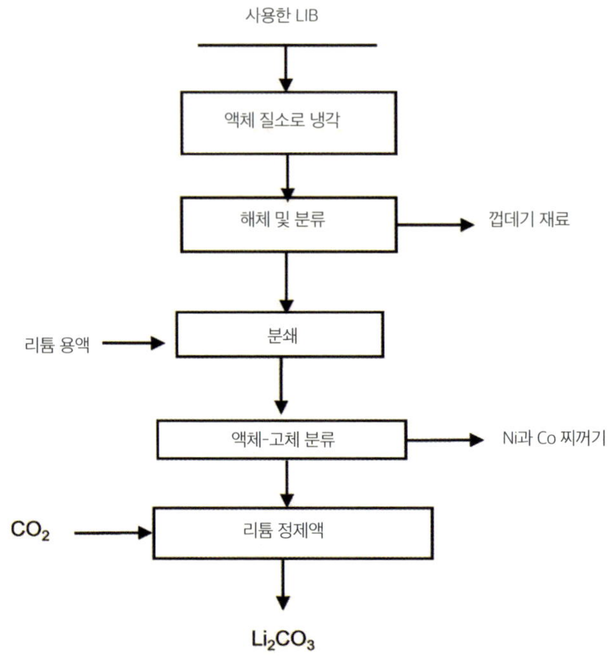

CO_2를 첨가하여 Li_2CO_3를 형성한다. 니켈, 코발트 등 희귀금속이 포함된 슬래그는 추가 처리를 위해 하류 제련소에 판매된다.

리트리브는 저온 습식 볼 밀링 공정을 사용하여 NCM 배터리를 리사이클링한다. 저온 분쇄는 분쇄 공정에서 화재 문제를 해결하고 분쇄 효율을 향상할 수 있다. 리튬염은 파쇄 공정에서 전해질을 중화시키고 리튬을 용해시켜 리튬, 니켈 및 코발트 금속 분리 및 오염 감소를 동시에 달성할 수 있다. 리튬 침전제로서 CO_2는 경제적이고 환경친화적이다. 그러나 -175~-198°C에서 저온 분쇄를 수행해야 하므로 장비 설계의 난도가 높아질 수밖에 없으며, 이러한 저온을 장기간 유지하는 데 필요한 에너지도 막대하다. 둘째, 다 쓴 배터리를 리사이클링하기 위해 매우 짧은 프로세스를 채택하고 있으며, 회수 효율과 정확성을 보장하기 어렵다.

참조

1 Hunan Brunp Recycling Technology Co., LTD. (2015). Environmental Impact Report of Industrial Project of Waste Power Battery Recycling. http://sthjt.hunan.gov.cn/sthjt/xxgk/xzgs/jsxm/hpgs/jsslgk/201505/t20150507_4699527.html (accessed 10 December 2021).

2 Quzhou Huayou Resource Regeneration Technology Co., LTD. (2017). Environmental impact report of waste battery recycling project. https://jz.docin.com/p-2019601624.html (accessed 20 December 2021).

3 Jingmen GEM New Material Co., LTD. (2019). Environmental Impact Report of Waste Lithium battery and Polar scrap Comprehensive Treatment Project. https://max.book118.com/html/2019/1023/7153142050002065.shtm (accessed 02 June 2022).

4 Hunan ShunHua Lithium Co., LTD. (2020). Environmental Impact Report of Annual output of 5000 tons of lithium carbonate change project. https://max.book118.com/html/2022/0224/6223033031004120.shtm (accessed 02 February 2022).

5 Ganpower Technology Co., LTD. (2018) Environmental Impact Report of 50000t/aLithium Battery Comprehensive Recycling and Utilization Project. p. 27-41.

6 Shenzhen Qiantai Renewable Energy Technology Co., Ltd. (2018). Intelligent dismantling and recycling technology of scrapped new energy vehicles and retired power batteries. https://max.book118.com/html/2019/1202/6010114131002130.shtm (accessed 15 October 2021).

7 Velazquez, M.O., Valio, J., Santasalo, A.A. et al. (2019). A critical review of lithiumion battery recycling processes from a circular economy perspective. Batteries 5 (4): 68.

4

리튬이온 파워 배터리의 탄소 발자국 수명 주기 분석 현황 및 리사이클링

4.1 파워 배터리 제조 공정의 수명 주기 분석

4.1.1 수명 주기 평가 체계 소개

수명 주기 평가(Life Cycle Assessment, LCA)는 유행어가 아니라 20세기 말 자원 및 환경 프로필 분석(Resource and Environment Profile Analysis, REPA)으로 명명된 방법론으로 그 역사를 거슬러 올라갈 수 있다. 코카콜라는 1969년에 사용된 원료와 연료를 정량화하고 다양한 음료 포장 병의 제조 공정이 환경에 미치는 영향을 파악하기 위한 연구를 수행했다. 연구 결과에 따라 코카콜라는 전반적인 환경 영향이 적은 유리병에서 플라스틱으로 음료 포장을 바꾸기로 했다. 이는 최초의 성공적인 비즈니스 사례로 잘 알려져 있으며 LCA 발전의 이정표로 여겨지고 있으며, 이후 점점 더 많은 기업이 비슷한 방식으로 제품을 분석하기 시작했지만, LCA의 표준이 정립된 지는 오래되지 않았다.

1991년 국제 환경 독성 및 화학 학회(International Society for Environmental Toxicology and Chemistry, SETAC)가 국제 LCA 세미나에서 LCA 개념을 처음 소개한 이후, 1993년 프로그램 보고서인『수명 주기 평가(LCA) 개요: 실용 가이드』를 발간하여 LCA 방법의 기본 기술 체계를 제공했다. 결국 1997년, 국제표준화기구(ISO)는 ISO 14040 표준을 공식적으로 발표했다: 환경 경영-수명 주기 평가-원칙 및 체계는 오늘날 널리 사용되고 있는 국제적인 주류 LCA 체계이다. 이후 특정 제품 발자국(예: ISO 14046-환경 관리-물 발자국, ISO 14067-온실가스-제품의 탄소 발자국-정량화를 위한 요구사항 및 지침)

그림 4.1 수명 주기 평가의 주요 실행 프로세스.

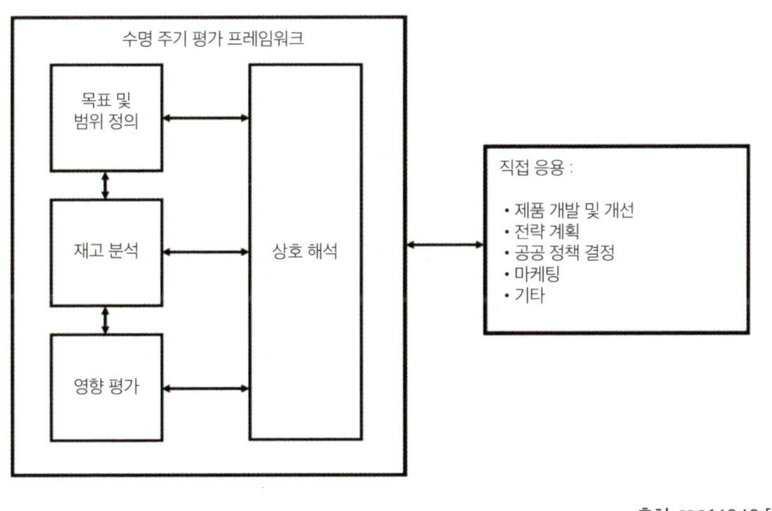

출처: ISO14040 [1]

및 특정 제품 범주(제품 환경 발자국 범주 규칙-Product Environmental Footprint Category Rules, PEFCR)에 초점을 맞춘 다양한 표준이 점차 개발되었다. LCA는 수명 주기 동안 생산 시스템의 투입물, 산출물 및 잠재적 환경 영향을 평가하는 것이다. 이는 크게 목표 및 범위 정의, 수명 주기 재고 분석(Life Cycle Inventory Analysis, LCI), 수명 주기 영향 평가(Life Cycle Impact Assessment, LCIA), 수명 주기 해석의 네 단계로 구성되며, 그림 4.1에 개략적으로 설명되어 있다.

4.1.1.1 목표 및 범위 정의

LCA의 첫 번째 단계인 목표 및 범위 정의는 전체 작업의 방향성을 제시하며, 구체적으로 결과의 예상 적용 범위, 연구의 이유와 배경, 결과를 통보받는 주체를 포함한다. 범위를 지정한다는 것은 LCA 연구 대상, 즉 분석할 제품 및 기타 시스템을 식별하고 지정하는 것을 의미한다. 여기에는 제품 시스템 및 기능, 기능 단위, 참조 흐름이 포함된다. 시스템 경계 요구사항에는 완전성 요구사항 및 선정 기준, 데이터 정보의 유형 및 출처, LCI 데이터의 품질 요구사항, LCIA에서 다루는 환경 영향 유형 등이 포함된다.

4.1.1.2 수명 주기 재고 분석

이 단계의 주요 작업에는 자료수집 및 시스템 시뮬레이션, 시스템 영역 내의 각 단위 프로세스에 대한 정성적 및 정량적 자료수집이 포함된다. 여기에는 프로세스 입력 및 출력 흐름, 입력 및 출력 요인, 데이터 계산, 해당 데이터 소스 및 품질 설명이 포함된다. 이 단계에서 모든 데이터는 단위 프로세스 및 기능 단위와 연관되어야 하고, 모든 단위 프로세스의 흐름은 참조 흐름과 연관되어야 하며, 시스템의 모든 입력 및 출력 데이터는 기능 단위를 기반으로 한다는 점에 유의해야 한다. LCI의 결과는 자료수집의 주요 단계인 후속 LCIA 단계의 입력이 된다.

4.1.1.3 수명 주기 영향 평가

LCIA는 기능 단위별 환경 영향 유형별 산출 지표 결과를 바탕으로 LCI의 벤치마크 흐름의 입력과 출력을 인체 건강, 자연환경, 자원 소비와 관련된 영향 지표로 변환한다. 평가 프로세스는 먼저 기본 흐름을 여러 가지 환경 영향 유형으로 나누고 각 인벤토리 데이터에 특성화 계수를 곱하여 LCIA 결과를 얻는다. 그런 다음 LCIA 결과를 전체 벤치마크 목록으로 나누어 차원이 적은 LCIA 결과를 얻고 마지막으로 가중치를 부여하여 요약하는 정규화 프로세스가 있다. 이러한 정규화 과정을 통해 다양한 물체에 의한 환경 영향을 직접 비교할 수 있으며, 해당 지역의 기준 값을 기준으로 다양한 영향 잠재력을 비교할 수 있다.

4.1.1.4 상호 해석

이 단계에서는 주로 식별된 주요 문제점 분석, 결과의 완전성, 민감도 및 일관성 검사, 마지막으로 프로젝트의 결론 및 개선 제안을 포함하여 LCA 결과를 해석한다. LCA는 환경에 미치는 영향이 적은 제품이나 프로세스를 선택하고 매체 간, 수명 주기 단계 간, 물질 간, 국가 간 환경 영향의 변화를 파악하여 의사 결정권자가 전체 제품 시스템을 종합적이고 체계적으로 연구할 수 있도록 도와준다.

4.1.2 파워 배터리 제조 공정의 탄소 발자국 및 에너지 소비량 분석

도로 운송은 전 세계 온실가스 배출의 주요 원인 중 하나로, 2019년 전체 온실가스 배출량의 16%를 차지했다[2]. 대부분 국가는 교통 및 이동 수단 부문의 온실가스 배출을 줄이기 위해서는 전기화가 가장 효과적이며 현재로서는 제일 나은 방법이라는 데 공감대를 형성하고 있다. 2021년부터 이탈리아, 프랑스, 스페인, 노르웨이, 영국, 스웨텐 등 많은 국가와 창안, BAIC 그룹, 재규어, 포드, 폭스바겐, 볼보 등 자동차 OEM^{(주문}

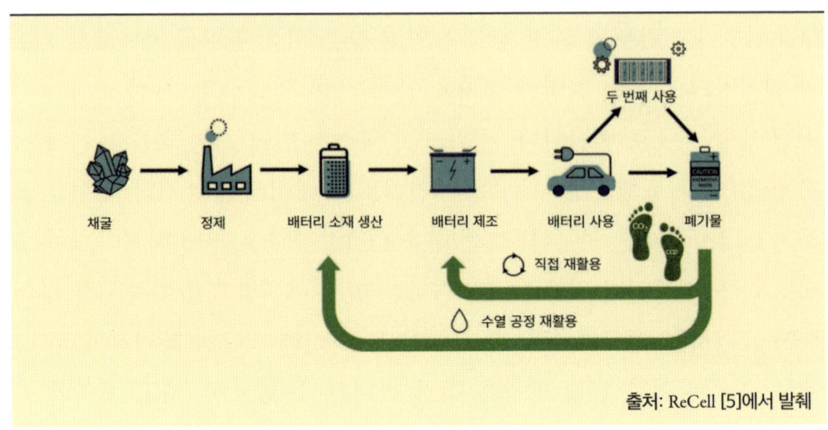

자 상표 부착 생산업체)은 전 세계에서 휘발유 차량의 판매를 금지하는 명확한 시간표를 설정했다. 육상 운송 부문은 배터리 전기 자동차(BEV)와 플러그인 하이브리드 전기 자동차(PHEV)를 비롯한 신에너지 자동차가 시장 점유율을 급격히 끌어올리는 파괴적인 변화를 경험하고 있다.

전기차(EV) 판매량의 최신 데이터에 따르면, 전 세계 전기차 시장 점유율은 2020년 4.2%에서 2021년 8.3%로 급증했으며, 총판매량은 675만 대에 달했다[3]. 리튬이온 배터리(LIB)는 높은 에너지 밀도와 높은 충전-방전 효율로 인해 전기 자동차의 주요 배터리 기술로 자리 잡았다[4]. 전기차 배터리의 일반적인 수명 주기는 채굴, 정제, 음극 생산, 배터리 제조, 배터리 사용, 수명 종료 단계로 구성되며, 이는 그림 4.2에 개략적으로 나와 있다.

전기 그리드의 높은 고유 탄소 특성으로 인해 사용 단계가 탄소 배출량의 대부분을 차지하지만, 채굴의 최전선, 정제 및 배터리 재료 생산 공정을 포함한 배터리 생산도 상당한 탄소 배출량을 발생시킨다. 볼보의 연구에 따르면, XC40 전기차(배터리 생산 포함)를 생산할 때 내연기관 엔진(ICE) 차량보다 약 70% 더 많은 탄소 배출량이 발생한다고 한다[6]. 충전에 사용되는 재생에너지 비중이 증가함에 따라 사용 단계에서의 탄소 배출량은 점차 감소할 것이며, 이에 따라 프런트엔드 생산 공정의 탈탄소화가 더욱 중요해지고 있다. 다양한 연구자들이 전기차 배터리의 수명 주기 환경 영향에 대해 광범위하게 연구해왔으며[7-12], 그중 일부는 전기차가 아직 초기 단계였던 2010년대 초까지 거슬러 올라간다. 일반적으로 이러한 LCA 연구에서는 지구 온난화, 산성화, 오존층 파괴, 광화학 스모그, 부영양화 등 다양한 환경 영향 범주를 조사했다.

현재의 기후 배경을 고려하여 이 장에서는 주로 지구온난화지수(GWP)와 누적 에너지 소비량(CES)에 초점을 맞춘다. 또한 현재 중국 전기차 시장에 설치된 배터리는 삼원계 리튬 니켈 코발트 망간 산화물(NCM)과 인산철 리튬(LFP)이 독점하고 있어서 이 장에서는 이 두 가지 배터리 화학물질의 탄소 발자국만 비교 및 분석해보도록 하겠다.

그림 4.3 NCM811 배터리 양극재 생산 공정.

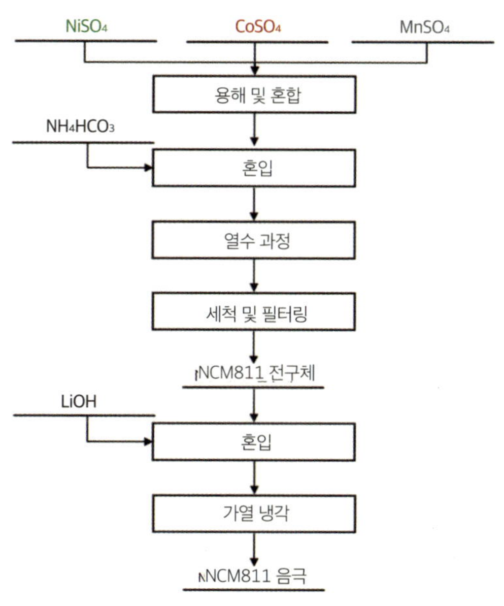

출처: 위디얀다리 외(Widiyandari et al.)에서 각색. [11]

그림 4.4 전기차 배터리 생산 프로세스.

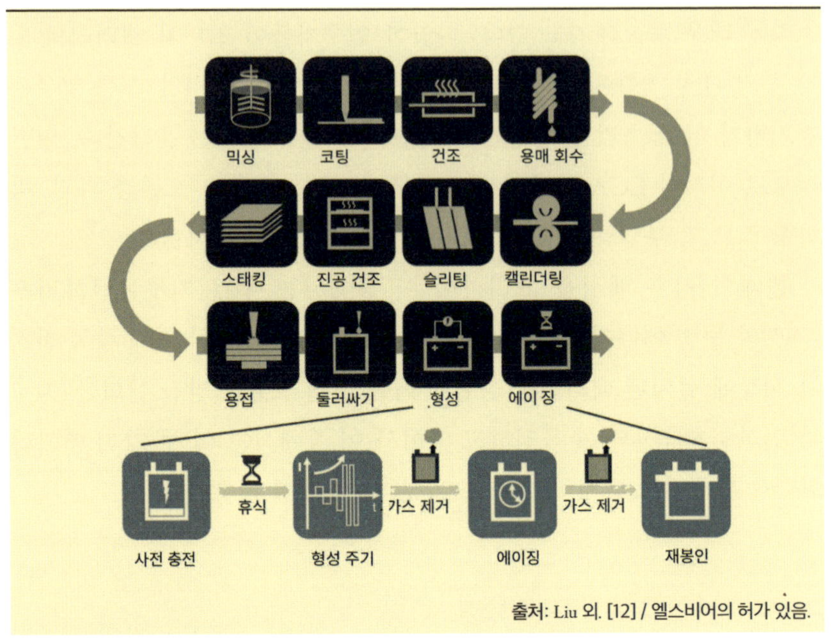

출처: Liu 외. [12] / 엘스비어의 허가 있음.

표 4.1 EV 전원 배터리의 탄소 발자국, kgCO2-e/kWh의 배터리 용량

	유럽	미국	중국	대한민국	일본
NCM111-C	56	60	77	69	73
NCM622-C	54	57	69	64	68
NCM811-C	53	55	68	63	67
NCA-C	57	59	72	67	70
LFP-C	34-39	37-42	51-56	46-50	50-55

출처: 기포드(Gifford) [13]

4.1.2.1 탄소 발자국 분석

연구마다 다를 수 있지만, 양극재 생산 공정(NCM811을 예로 들어보자)과 전기차 배터리 제조 공정은 각각 그림 4.3과 4.4에서 볼 수 있듯이 일반적으로 유사한 주요 단계로 구성되어 있다. 전기차 배터리의 탄소 발자국은 일반적으로 1kWh 배터리 용량을 기능 단위로 하여 계산되며, 표 4.1에 표시된 바와 같이 배터리 화학물질과 배터리 생산 지역에 따라 값이

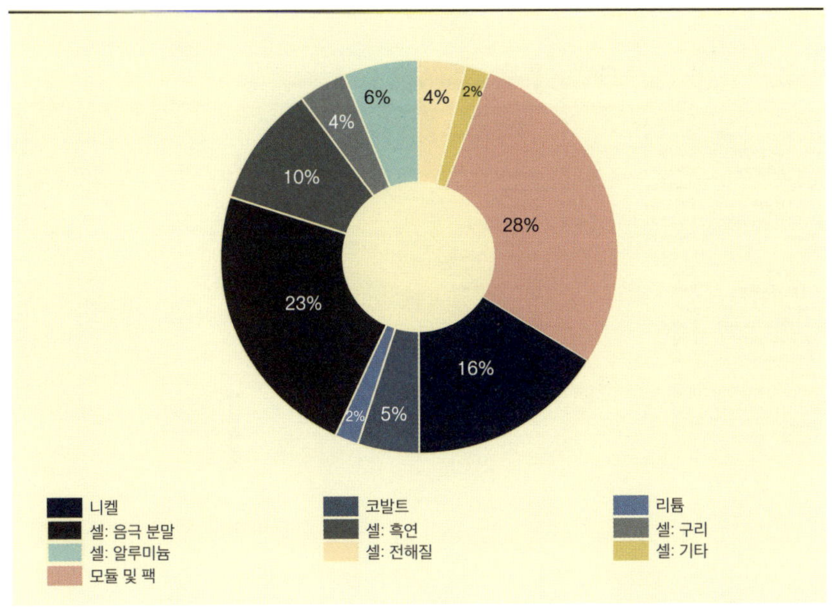

출처: 기포드에서 각색. [13]

크게 달라지는 $kgCO_2\text{-}eq/kWh$로 표현된다.

일반적으로 전기차 배터리의 탄소 발자국은 배터리 화학물질과 관계 없이 유럽이 가장 낮고, 미국이 그 뒤를 따르는데, 이는 주로 "친환경" 전기 그리드 덕분이다. LFP 배터리는 일반적으로 에너지 밀도가 더 작지만, NCM 및 리튬 니켈 코발트 알루미늄 산화물(NCA) 배터리보다 탄소 발자국이 더 낮은데, 이는 NCM 양극재와 공정 앞부분 금속염에서 발생하는 탄소 발자국이 높기 때문이다. 다양한 NCM 전기차 배터리 구성 요소에서 발생하는 탄소 배출의 일반적인 기여도는 그림 4.5에 나와 있다.

4.1.2.2 에너지 소비 분석

제품의 생산 및 제조 과정은 에너지 소비가 지속해 축적되는 과정이다. 제품을 역으로 분해하면 지구상의 원래 광물/재료와 그 이후의 생산 및

재료/공정	E_type	E_use (MJ)
Aluminum	Electricity	101.0
Cell production	Electricity	29.9
Copper	Electricity	7.3
Electrolyte solvents	Electricity	0.8
Electronic parts	Electricity	36.1
Graphite/carbon	Electricity	17.9
LiPF6	Electricity	9.6
NMC111 precursors	Electricity	17.4
NMC111 production	Electricity	44.5
Others	Electricity	2.8
Plastics	Electricity	0.6
Aluminum	Fuel	50.8
Cell production	Fuel	140
Copper	Fuel	13.7
Electrolyte solvents	Fuel	11.5
Electronic parts	Fuel	25.1
Graphite/carbon	Fuel	6.6
LiPF6	Fuel	0.0
NMC111 precursors	Fuel	57.7
NMC111 production	Fuel	75.2
Others	Fuel	7.9
Plastics	Fuel	1.5

출처: Dai 외. [14]/MDPI/CC BY 4.0

가공 과정에서 소비된 에너지로 거슬러 올라갈 수 있다. 따라서 제품의 탄소 발자국은 제조 공정에 사용된 에너지 소비량과 양의 상관관계가 있는 경우가 많다.

아르곤 연구소의 다이 등[14]은 그림 4.6에서와 같이 1kWh NCM111 배터리 소재 생산과 배터리 생산의 전체 공정을 전기와 연료로 구분했다. 위에서 언급했듯이 삼원계 양극재, 셀 생산, 알루미늄은 에너지 소비량이 가장 많고 탄소 발자국이 가장 많이 투입되는 공정이다(그림 4.5). 따라서 특정 제품에 같은 생산 공정을 사용하는 경우 제품의 탄소 발자국에 영향을 미치는 최종 요소는 원자재와 제품 가공에 사용되는 에너지 구조이다. 요네움 연구소(JOANNEUM Institute)의 마틴 비어만(Martin Beermann)[15]은 중국과 유럽에서 셀 생산 및 배터리 팩 조립의 탄소 발자국을 다음과 같은 조건에서 비교했다.

그림 4.7에 표시된 것처럼 천연가스 50%, 전기 50% 소비를 가정할 때 50kWh NCM 및 LFP 배터리의 에너지 소비량은 55~65kWh/kWh로

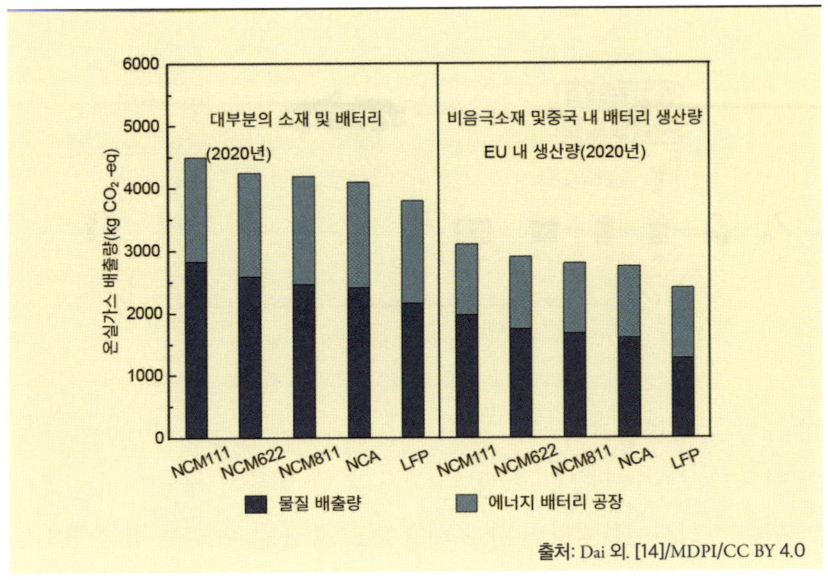

같다. 유럽에서 생산 및 조립된 셀과 배터리 팩의 탄소 발자국은 배터리 화학물질과 관계없이 중국의 2/3에 불과하다는 것을 분명히 알 수 있다. 주된 이유는 중국과 유럽의 전력망 구조에 큰 차이가 있기 때문이다. 2020년 중국의 전력망은 주로 화력(67.6%)과 수력(17.8%)으로 구성되어 있으며 탄소 배출 계수가 높다.

반면 유럽의 전력망은 주로 원자력(25.2%), 풍력(14.4%), 바이오매스(5%) 등 청정에너지 비중이 높다. 화력 비중은 21.5%에 불과해 탄소 배출 계수가 낮다. 따라서 파워 배터리의 탄소 발자국을 줄이기 위해 중요한 요소 중 하나는 전체 수명 주기 생산에서 에너지 소비를 줄이고 가능한 한 친환경 및 저탄소 전기를 채택하는 것이다. 파워 배터리 생산 능력이 급속히 증가함에 따라 상당한 탄소 배출량이 발생할 것이다.

전 세계 '요람에서 무덤까지' 배터리 생산 탄소 배출량의 평균값인 80kg CO₂-eq/kWh를 사용하고, 2025년에 전 세계 배터리 생산 용량이 1TWh에 도달한다고 가정하면, 이러한 배터리 생산으로 인해 8천만 톤

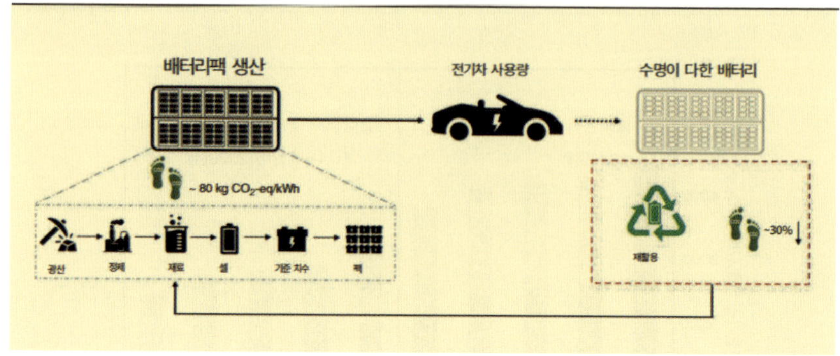

의 CO₂-eq가 발생하며 이는 전 세계 온실가스 배출량의 약 0.25%에 해당한다(2020년 데이터를 기준). 그림 4.8에서 볼 수 있듯이 폐 배터리를 배터리 원료로 리사이클링하면 탄소 배출을 크게 줄일 수 있는 잠재력이 높은 것으로 간주된다. 다양한 전원 배터리 리사이클링 기술에 대한 LCA 탄소 발자국 연구는 4.2절에 자세히 설명되어 있다.

4.2 다양한 파워 배터리 리사이클링 공정의 탄소 발자국

이 절의 분석 및 비교는 주로 산업 생산의 표준 파이로메탈러지 회수 공정과 하이드로메탈러지(Hydrometallurgy) 회수 공정에 중점을 둔다.

4.2.1 파이로메탈러지+하이드로메탈러지 방법

파이로메탈러지는 공정이 짧고 원료에 대한 적응성이 강하기 때문에 금속 제련 및 금속 회수에 널리 사용된다. 리튬 배터리 리사이클링에서 파이로메탈러지컬 공정의 대표적인 업체는 벨기에의 유미코어로, 그 공

그림 4.9 폐 배터리 리사이클링의 세 가지 파이로메탈러지컬 공정 + 하이드로메탈러지컬 공정 흐름.

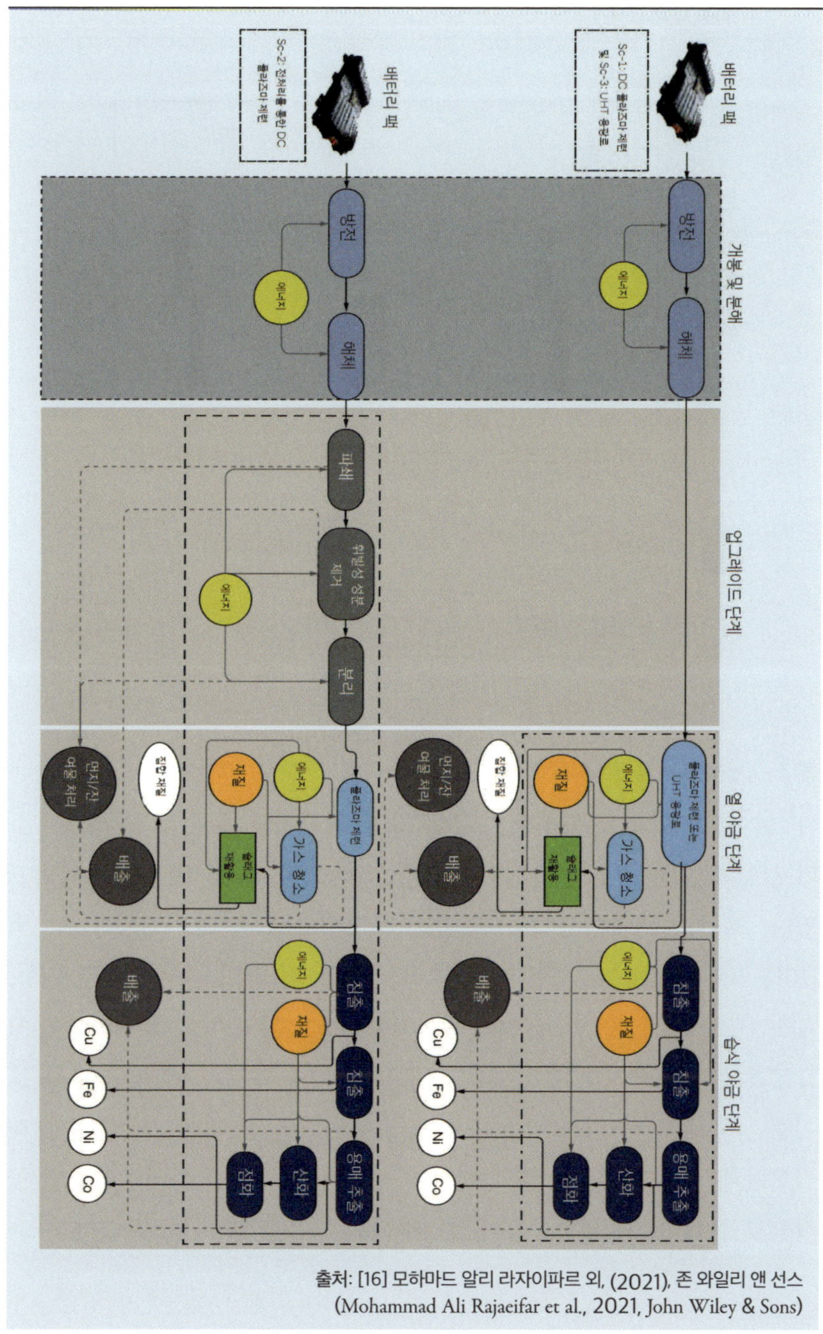

출처: [16] 모하마드 알리 라자이파르 외, (2021), 존 와일리 앤 선스
(Mohammad Ali Rajaeifar et al., 2021, John Wiley & Sons)

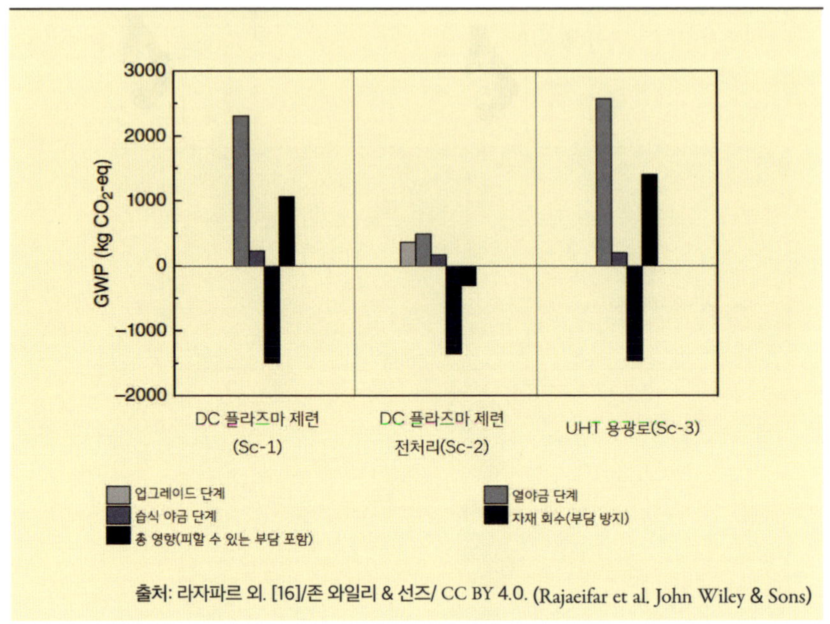

출처: 라자파르 외. [16]/존 와일리 & 선즈/ CC BY 4.0. (Rajaeifar et al. John Wiley & Sons)

정은 3장에서 자세히 설명했다. 따라서 여기서는 자세히 설명하지 않겠다. 파이로메탈러지 공정은 고유한 장점이 있지만, 고온과 고에너지 소비로 인해 오늘날의 기후 변화 문제를 고려할 때 더 큰 우려가 제기되고 있다. 최근 논문에서 모하마드 알리 라자이파르(Mohammad Ali Rajaeifar) 등 [16]은 세 가지 파이로메탈러지 및 하이드로메탈러지 공정의 환경 영향, 특히 탄소 발자국을 비교했다. 그림 4.9와 4.10은 파이로메탈러지+하이드로메탈러지 공정의 순서도와 그에 따른 탄소 발자국 분석 결과를 보여준다. 전처리+플라즈마 용융 공정을 제외한 다른 파이로메탈러지+하이드로메탈러지 공정은 주로 에너지 소비가 많은 파이로메탈러지컬 공정으로 인해 추가 탄소 배출이 발생한다는 것을 분명히 알 수 있다.

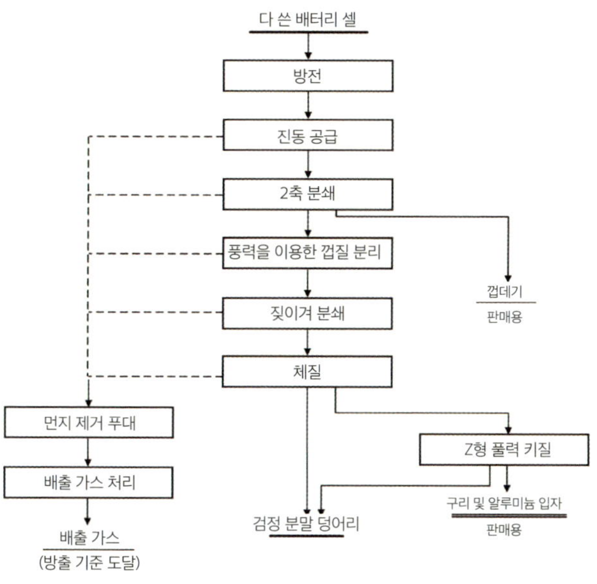

4.2.2 기계적 전처리+하이드로메탈러지

고온 파이로메탈러지컬 공정과 달리 저온 하이드로메탈러지컬 공정은 전 세계, 특히 중국에서 더 널리 사용된다. 일반적으로 두 가지 주요 공정, 즉 기계적 전처리 공정과 하이드로메탈러지컬 공정으로 구성한다. 기계적 전처리의 주된 목적은 배터리 팩을 단일 배터리 셀로 분해한 다음 그림 4.11에 개략적으로 설명된 것처럼 셀을 껍데기, Al/Cu 입자, 다이어프램, 검정 분말(음극 및 양극 활성 물질의 혼합물)과 같은 여러 구성 요소로 분해하는 것이다. 전처리 공정의 가장 중요한 결과물은 검은색 덩어리 분말이며, 부산물, 즉 껍데기(강철 또는 알루미늄), Cu/Al 입자는 자격을 갖춘 공급업체에 2차 재료로 직접 판매하여 중간재 강철, 알루미늄 또는 구리

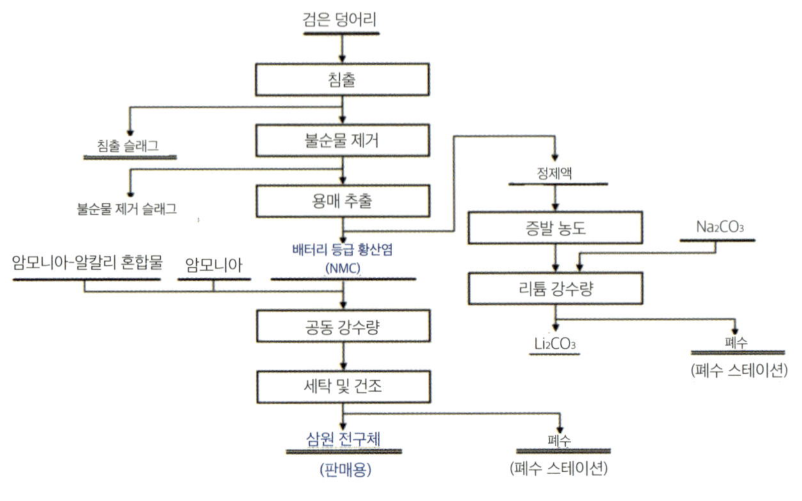

제품으로 다시 제조할 수 있다. 일반적으로 전처리 과정에서는 추가적인 화학물질이 필요하지 않으므로 탄소 발자국은 주로 에너지 소비에서 발생한다.

전처리에 소비되는 에너지는 대부분 전기에너지이며, 저온 열분해 공정을 채택하였을 때 천연가스를 사용하기도 한다. 검은 덩어리는 니켈, 코발트, 리튬, 망간과 같은 유가 금속을 추출하기 위해 연속적인 하이드로메탈러지컬 공정에서 추가 처리된다. 공장의 능력에 따라 이러한 유가 금속은 황산 금속으로 생산되거나 삼원계 전구체로 직접 생산될 수 있으며, 이 공정은 그림 4.12에 개략적으로 설명되어 있다. 기계적 전처리와 달리 하이드로메탈러지(Hydrometallurgy) 공정에서는 상당한 양의 화학물질, 특히 산과 알칼리가 사용된다. 따라서 이 경우 탄소 발자국은 이러한 화학물질의 고유한 탄소 발자국과 에너지 소비량, 즉 전기 및 중저온 증기 소비량 모두에서 발생한다.

마릿 모르(Marit Mohr) 외[17]는 다양한 배터리 화학물질, 즉 NCA,

그림 4.13 리사이클링 혜택을 차감한 후의 "순" 환경 영향.

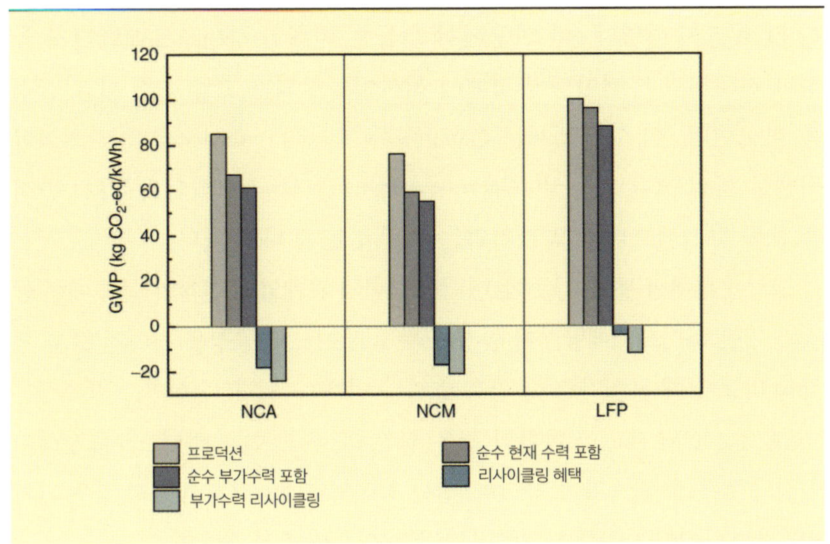

출처: 라자이파르 외. [16]에서 발췌

그림 4.14 환경적 편익, 각 구성 요소의 기여도에 따라 세분화.

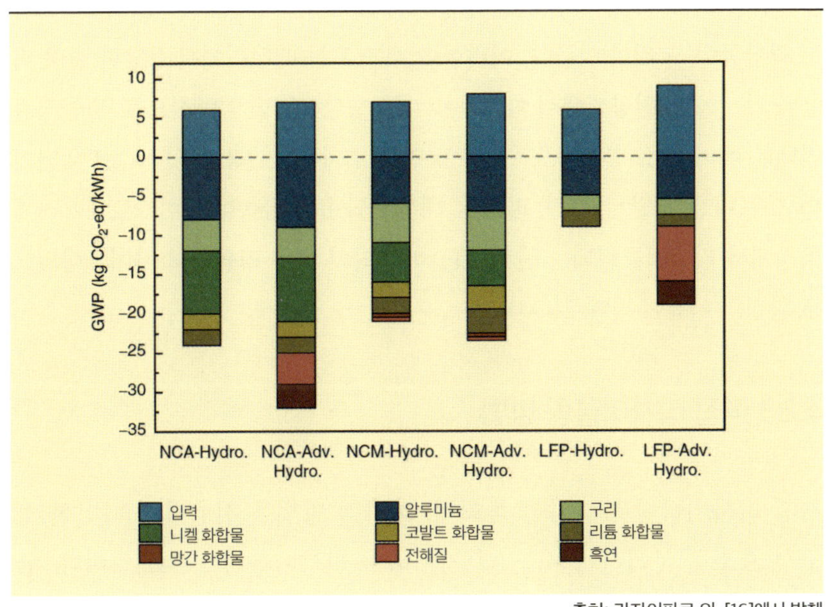

출처: 라자이파르 외. [16]에서 발췌

NCM, LFP에 대한 LIB 리사이클링 공정의 환경적 이점을 평가하기 위해 LCA를 수행했다. 이 연구에서 그들은 현재의 하이드로메탈러지 공정과 전해질과 흑연이 후공정에서 리사이클링되는 고급 수력 야금 공정을 비교했다. 이 연구에서는 GWP(Global Warming Potential, 지구 온난화 지수)와 비생물 자원 고갈 가능성(abiotic resource depletion potential, ADP)의 두 가지 관점을 모두 고려했으며, GWP 결과는 그림 4.13에 나와 있다.

그림 4.13에서 볼 수 있듯이, 배터리 화학과 관계없이 현재의 습식 제련 공정과 첨단 하이드로메탈러지 공정 모두 리사이클링 공정을 거치지 않은 생산과 비교할 때 온실가스 순 감축 효과를 얻을 수 있다. 온실가스 감축량은 NCA 및 NCM 배터리 화학의 경우 훨씬 더 큰데, 현재 하이드로메탈러지 공정의 경우 순 감축량이 약 20%, 첨단 하이드로메탈러지 공정의 경우 거의 30%에 달하지만, LFP를 고려하면 각각 4%와 12%에 불과하다.

그림 4.14에서 볼 수 있듯이 순 온실가스 감축은 주로 리사이클링 과정에서 발생한 제품의 크레딧을 통해 이루어진다. 그림 4.14에서 볼 수 있듯이 알루미늄을 리사이클링하면 온실가스 감축 효과가 가장 크고 니켈, 구리, 코발트 화합물이 그 뒤를 잇는다. 이러한 소재는 모두 배터리에서 상당한 질량 비율을 차지하며, 원광석에서 이러한 소재를 생산하려면 일반적으로 긴 공정과 막대한 에너지 소비가 필요하므로 당연한 결과이다. NCA 및 NCM 배터리의 경우 니켈, 코발트, 망간, 리튬 등 대부분의 유가 금속이 하이드로메탈러지 공정에서 리사이클링되는 반면, LFP 배터리의 경우 리튬만 리사이클링되므로 환경적 이점이 적다(그림 4.13).

4.2.3 직접 리사이클링 방법

직접 리사이클링은 다양한 물리적, 화학적 방법을 사용하여 다양한 셀 구성 요소를 분리하는 저온 및 저에너지 리사이클링 프로세스이다. 금속 포일 외에도 거의 모든 화학물질, 활성 물질, 고부가가치 금속을 이 방법으로 회수할 수 있다. 아르곤 연구소(Argonne Laboratory)의 치앙 다이 (Qiang Dai) 등[18]은 하이드로메탈러지, 파이로메탈러지, 직접 회수의 세 가지 공정에서 발생하는 온실가스 배출 강도를 비교했다. 연구 결과에 따르면 직접 회수 공정에서 발생하는 온실가스 배출량은 다른 두 공정 에 비해 현저히 낮은 것으로 나타났다. 이는 공정 흐름이 단순화되어 더 많은 원자재 투입과 에너지 소비를 피할 수 있기 때문일 수 있다.

4.3 수명 주기 탄소 발자국 관점에서 본 최고의 파워 배터리 리사이클링 기술

리사이클링은 미래의 원자재 공급에 필수적인 보완책이 될 것이며 전기차 에서 배터리의 탄소 발자국을 크게 줄일 수 있다. 그런데도 현재의 하이드 로메탈러지컬 리사이클링 기술, 특히 용매 추출 시스템은 니켈 함량이 높 은 배터리 시스템에 맞게 개발되고 최적화되지 않았으며, 긴 공정을 거쳐 야 하는 경우가 많아 화학물질과 에너지 소비가 더 많이 발생한다.

위의 문제를 극복하고 배터리 리사이클링 공정을 더욱 효율적으로 만들기 위해 보트리 사이클링은 니켈 함량이 높은 배터리 시스템을 처 리할 수 있는 혁신적이고 매우 짧은 습식금속 처리 공정을 개발했다. 시 장과 보트리 사이클링이 개발한 공정의 주요 공정 흐름도를 비교하면 그림 4.15에 나와 있다. 보트리는 시장의 일반적인 프로세스와 비교할 때 훨씬 더 짧고 간단한 프로세스 흐름을 채택하고 있다. 중요한 차이점 은 다음과 같이 요약할 수 있다.

- 일반적인 공정은 $H_2SO_4 + H_2O_2$ 를 사용하여 모든 셀 성분을 완전히 녹이 지만, 보트리는 리튬을 미리 추출할 수 있는 선택적 침출법을 사용한다.

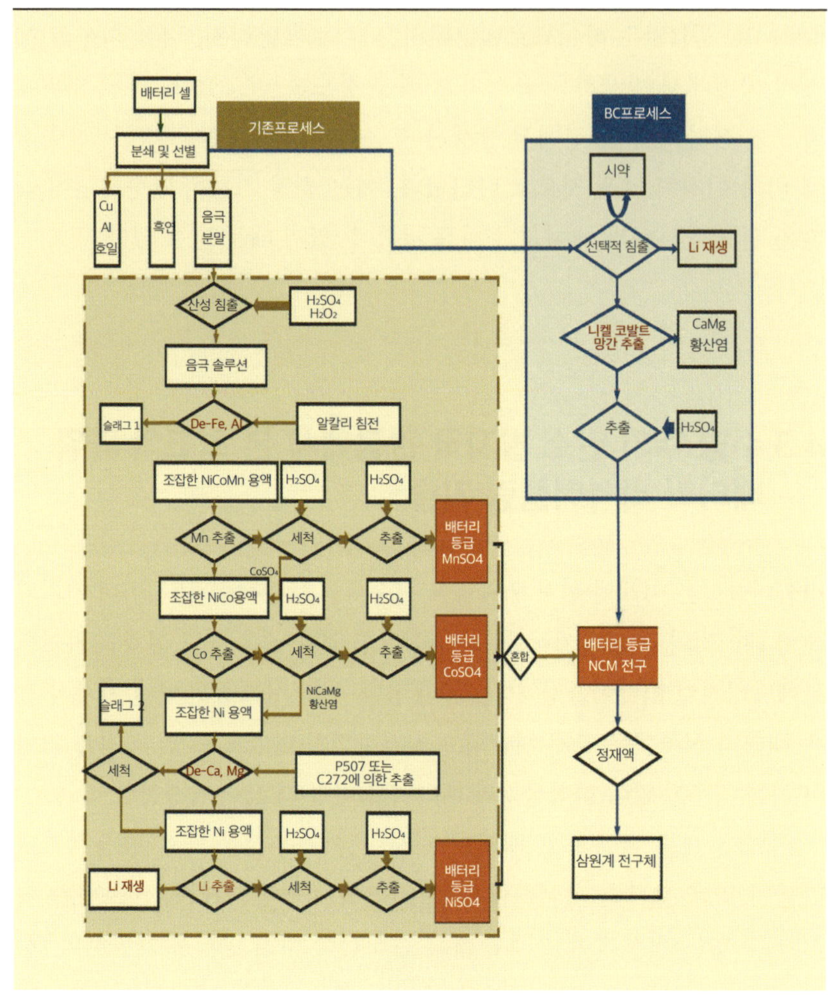

· 일반적인 공정은 Mn, Co, Ni 금속을 황산염으로 분리하여 추출하는 반면, 보트리는 Ni, Co, Mn 금속을 황산염으로 한 번에 추출하는 동시 추출 방식을 사용한다.

· 일반적인 공정에서는 $MnSO_4$, $CoSO_4$, $NiSO_4$ 염을 함께 첨가하여 NCM 전구체를 생산하지만, 보트리의 공정에서는 Ni, Co, Mn 혼

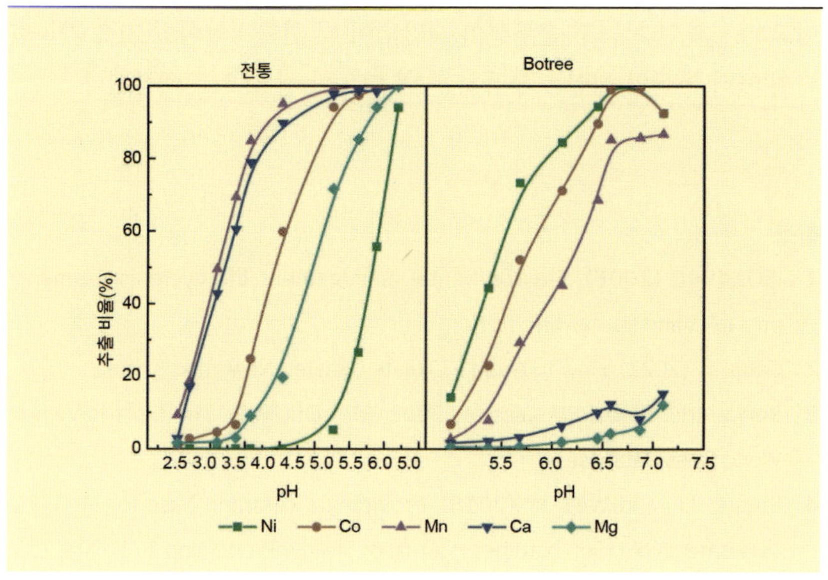

합 용액에서 NCM 전구체를 직접 생산할 수 있다.

보트리의 짧은 공정의 핵심은 새로 개발한 추출제 시스템이다. 기존의 추출제는 Ca, Mg와 같은 불순물 이온이 있는 Mn, Co, Ni에 대한 선택성이 낮다. 따라서 각 금속 추출 공정 사이에 불순물 제거 단계를 추가로 적용해야 하므로 공정이 다소 길어진다. 반면, 보트리의 새로운 추출 시스템은 그림 4.16에서 볼 수 있듯이 Ca와 Mg 불순물 이온에 대해 Ni, Co, Mn에 대한 높은 선택도를 가지므로 수용액에 Ca와 Mg를 남기면서 효율적인 Ni, Co, Mn 추출을 달성할 수 있다.

시범 운영 결과에 따르면, 보트리의 새로운 공정은 전체 에너지와 화학물질 소비를 각각 10%, 15% 이상 줄일 수 있다. 소비되는 에너지와 화학물질은 주로 리사이클링 과정에서 온실가스를 발생시키기 때문에 새로운 공정을 통해 탄소 발자국을 현재보다 10% 이상 줄일 수 있어 탄소배출권 혜택을 더욱 늘릴 수 있다. 보트리 사이클링과 같은 기업이 파워 배터리 리사이클링 분야에 진출함에 따라 가까운 미래에 더 효율적이고 타깃화된 지능형 솔루션이 개발되어 더 친환경적이고 지속 가능한 파워 배터리 산업 체인을 구축하는 데 도움이 될 것으로 예상된다.

참조

1 ISO14040 (2006). Environmental management-life cycle assessment-principles and framework.

2 Gates, B. (2021). How to Avoid a Climate Disaster. New York: Knopf.

3 Roland Irle. Global EV sales for 2021. EV VOLUMES, The Electric Vehicle World Sales Database.

4 Peters, J.F. and Weil, M. (2018). Providing a common base for life cycle assessments of Li-ion batteries. Journal of Cleaner Production 171: 704-713.

5 ReCell. Advanced battery recycling. https://recellcenter.org/research/ (accessed 20 December 2021).

6 Volvo (2021). Carbon Footprint Report-Battery Electric XC40 Recharge and the XC40 ICE. Volvo.

7 Ambrose, H. and Kendall, A. (2016). Effects of battery chemistry and performance on the life cycle greenhouse gas intensity of electric mobility. Transportation Research Part D: Transport and Environment 47 (9): 182-194.

8 Zackrisson, M., Avellan, L., and Orienius, J. (2014). Life cycle assessment of lithium-ion batteries for plug-in hybrid electric vehicles-critical issues. Journal of Cleaner Production 18 (15): 1519-1529.

9 Marques, P., Garcia, R., Kulay, L., and Freire, F. (2019). Comparative life cycle assessment of lithium-ion batteries for electric vehicles addressing capacity fade. Journal of Cleaner Production 229: 787-794.

10 Cusenza, M.A., Bobba, S., Ardente, F. et al. (2019). Energy and environmental assessment of a traction lithium-ion battery pack for plug-in hybrid electric vehicles. Journal of Cleaner Production 218: 634-649.

11 Widiyandari, H., Sukmawati, A.N., Sutato, H. et al. (2019). Synthesis of LiNi0.8Mn0.1Co0.1O2 cathode material by hydrothermal method for high energy density lithium ion battery. Journal of Physics: Conference Series 1153: 012074.

12 Liu, Y., Zhang, R., Wang, J., and Wang, Y. (2021). Current and future lithium-ion battery manufacturing. iScience 24: 102332.

13 Gifford, S. (2021). The UK: a low carbon location to manufacture, drive, and recycle electric vehicles. Faraday Insights 12: 4-15.

14 Dai, Q., Kelly, J.C., Gaines, L., and Wang, M. (2019). Life cycle analysis of lithiumion batteries for automotive application. Batteries 5 (2): 48.

15 Beermann, M. (2021). Carbon footprint of EV battery production NCM, NCA, LFP chemistries. IEA HEV TCP Task 40 CRM4EV WEBINAR (October 19 2021).

16 Rajaeifar, M.A., Raugei, M., Steubing, B. et al. (2021). Life cycle assessment of lithium-ion battery recycling using pyrometallurgical technologies. Journal of Industrial Ecology 25 (6): 1560-1571.

17 Mohr, M., Peters, J.F., Baumann, M., and Weil, M. (2020). Toward a cell-chemistry specific life cycle assessment of lithium-ion battery recycling processes. Journal of Industrial Ecology 24 (6): 1310-1322.

18 Dai, Q., Spangenberger, J., Ahmed, S., et al. (2019). EverBatt: A Closed-Loop Battery Recycling Cost and Environmental Impacts Model. p. 25-30.

배터리 관련 법률, 규정 및 표준

5.1 국가별 배터리 리사이클링 관련 법률 및 규정

선진국, 특히 유럽 국가에서는 폐 배터리의 회수 및 리사이클링을 촉진하기 위해 환경에 미치는 영향, 회수 전략, 리사이클링 방법 등이 연구되고 관련 법규가 제정되었다. 선진국에서는 포괄적인 입법 시스템과 선진 리사이클링 기술을 통해 배터리 리사이클링을 효과적으로 감독하고 있으며, 리사이클링 법체계는 일반적으로 "기본법-종합법-특별법"의 구조로 구축한다[1]. "기본법"은 지도 원칙을 정의하고, "종합법"은 리사이클링 분야의 연결과 틀을 정의하며, "특별법"은 구체적인 관리 조치와 규정을 제공한다.

5.1.1 유럽 연합

현재 유럽 연합(EU)은 휴대용 배터리 리사이클링 네트워크를 구축하여 전기자동차용 추적 배터리 및 에너지 저장 배터리의 리사이클링에 적용할 가능성을 모색하고 있다. EU는 ⁽ⁱ⁾ 배터리 지침, ⁽ⁱⁱ⁾ 유해 물질 처리 규정, ⁽ⁱⁱⁱ⁾ 단종 차량 리사이클링 규정의 세 가지 범주를 중심으로 파워 배터리 리사이클링 분야에서 더 포괄적인 법체계를 수립했다. 이러한 지침 및 규정 중 배터리 리사이클링과 직접적으로 관련된 이사회 지침 2006/66/EC(2009년 9월 26일 회원국별 법령으로 전환, 2013년 12월 개정)는 모든 유형의 배터리를 대상으로 하며, 배터리 제조업체가 전기차용 폐 배터리 리사이클링 시스템을 구축하도록 규정하고 있다. 2008년부터 EU는 배터리 제조업체의 비용으로 폐 배터리를 리사이클링하도록 의무화 조처를 했다(표 5.1).

EU는 폐기물 처리를 위한 수많은 기본 체계 규정 외에도 이러한 규

표 5.1 배터리 수명 주기에 관한 EU 지침 및 규정.

EU 지침 및 규정	년도	설명
배터리 지침 91/157/EEC	1991	특정 위험 물질이 포함된 배터리에 관한 EU 이사회 지침91/157/EEC
배터리 지침 93/86/EEC	1993	이 지침은 기술 발전에 적응하기 위해 배터리 지침 91/157/EEC를 보완하기 위해 개발되었다. 이 지침은 배터리에 대한 라벨링 요건을 명시하고 있다. 라벨은 리사이클링 과정에서 생활 폐기물과 분리된 배터리에 대한 정확한 정보를 고객에게 제공해야 한다.
배터리 지침 98/101/EG	1998	이 지침은 기술 발전에 적응하기 위해 배터리 지침 91/157/EEC를 보완하기 위해 개발되었다. 이 지침은 유해 물질의 한도를 줄이고 후속 지침의 초안을 작성한다.
배터리 지침 493/2012	2014	이 지침은 모든 유형의 폐 배터리의 리사이클링 프로세스에 적용된다. 또한 이 지침은 산업용 배터리 생산자 또는 이들을 대리하는 제삼자는 어떠한 이유로도 배터리 리사이클링에 대한 책임을 거부할 수 없으며, 최종 소비자로부터 수거된 모든 폐 배터리는 리사이클링해야 하며 매립을 금지하고, 납 배터리와 리튬이온 배터리를 포함한 기타 배터리의 리사이클링 효율은 각각 65%와 50% 이상이어야 하며, 배터리 시스템은 쉽게 분해할 수 있어야 하고 배터리의 화학 성분 및 분해 방법을 배터리 시스템의 눈에 잘 띄는 곳에 표시해야 한다고 명시하고 있다.
배터리 지침 2006/66/EC	2006	이 지침의 주요 목적은 배터리, 폐 배터리가 환경에 미치는 영향을 최소화하여 환경을 보호하고 개선하는 것이다.
배터리 규정(EU) 2019/1020	2019	규정(EU) 2019/1020은 EU 조화된 법률의 적용을 받는 제품에 대한 시장 감시를 강화하여 상품 자유 이동 원칙의 운영을 개선하는 것을 목표로 한다.

정을 위한 매우 중요한 폐기물 처리 프로세스를 다수 보유하고 있다. 배터리는 환경 관련 제품으로 간주하여 EU에서 생산 및 수명이 다한 배터리의 처리에 관한 규정을 발표했다.

이를 통해 일반 건물 및 작업장에서 국민의 건강과 안전을 보장하고 소비자, 환경, 공공 안전 및 기타 공공의 이익을 보호할 수 있다.

지금까지는 EU의 법률에 규정된 지침이 사실상 행동의 한 형태로 사용됐다. 이는 또한 폐 배터리가 EU 회원국별로 매우 다른 방식으로 리사이클링되는 이유를 설명한다. 실제로는 형식의 자유에 대한 의문이 있을 때 지침보다는 규정을 먼저 발표하는 것이 일반적이다. 1980년 이후 여러 EU 국가에서 수은, 카드뮴, 납과 같은 위험 물질에 관한 국가 규정을 공포했다. 그러나 사용 금지 및 라벨링 요건 등 다양한 규제로 인해 시장 왜곡이 발생하고 공동 시장의 발전이 저해되었다는 지적이 있었다. 그 결과, 배터리에 관한 지침 91/157/EEC 및 위험 물질이 포함된 축전지는 여러 국가의 법률을 조화시키기 위해 발행되었다. 이후 기술 발전에 적응하기 위해 이 지침은 배터리 지침 93/86/EEC를 보완하기 위해 개발되었다. 이 지침은 배터리에 대한 라벨링 요건을 명시하고 있다.

라벨은 리사이클링 시 생활 폐기물에서 분리된 배터리에 대한 정확한 정보를 소비자에게 제공해야 한다. 이후 동일한 목적으로 배터리 지침 98/101/EC가 개발되었다. 이 지침은 오염 물질의 한도를 줄이고 후속 지침의 초안을 작성한다. 배터리와 그 폐기 계획에 관한 이러한 지침은 1975년에 발표된 기본 지침(지침 75/442/EEC)과 1991년에 발표된 개정 지침(지침 91/156/EEC) 및 결의안 90/c122/02를 기반으로 한다. 이 기본 지침은 "폐기물" 및 "폐기물 처리"라는 용어를 정의하고 회원국이 폐기물을 피하고, 리사이클링하고, 처리할 의무가 있으며, 특히 폐기물을 피하는 것이 바람직하다고 명시하고 있다. 박쥐 서식지에 대한 다양한 지침과 규정이 설명되어 있다.

5.1.1.1 지침 91/157/EEC

1991년 3월 18일에 공포된 유해 물질 함유 배터리에 관한 지침 91/157/EEC는 셀당 수은이 25mg 이상 함유된 모든 배터리와 수은이 0.025wt% 이상 함유된 알칼리망간 배터리를 대상으로 하며, 카드뮴이 0.025wt% 이상, 납이 0.4wt% 이상 함유된 알칼리망간 배터리는 제외된다. 이 기준선은 특정 배터리의 시장 출시를 금지하고 있다. 또한 이 기준은 수명이 다한 배터리는 소비자가 기기에서 쉽게 제거할 수 있어야 한다고 규정하고 있다. 리사이클링을 쉽게 하도록 리사이클링 시 배터리는 분리되어야 한다. 또한 이 지침은 라벨링에 대한 몇 가지 요구사항을 제시하고 필요한 경우 회원국이 폐기물 처리 시스템을 구성할 수 있도록 규정하여 원자재를 절약하고 수은, 카드뮴, 납과 같은 위험 물질의 환경오염을 방지한다.

5.1.1.2 지침 93/86/EEC

기술 발전에 적응하기 위해 1993년 10월 4일에 지침 91/157/EEC를 보완하는 지침 93/86/EEC이 발표되었다. 이 지침은 배터리 지침 91/157/EEC의 4조 2항에 따라 배터리 라벨링 날짜, 공정 및 담당자를 기록하기 위한 세부 라벨링 시스템을 개발해야 한다고 규정하고 있다. 또한 이 지침은 회원국이 라벨의 정보를 대중에게 설명해야 한다고 명시하고 있다. 이 지침의 조치는 폐기물 관련 법률이 기술 발전에 맞춰 변화해야 한다는 EU의 구상에 부합하는 것이다.

5.1.1.3 지침 98/101/EC

기술 발전에 적응하기 위해 1998년 12월 22일에 지침 98/101/EC가 지침 91/157/EEC를 대체하는 지침 98/101/EC로 발표되었다. 지침의 설명에는 배터리 지침 98/101/EC의 제10조를 참조할 필요가 있다고 명시되어 있는데, 여기에는 일정 기간이 지나면 EU 의회가 기술 발전에 적응하기 위해 규정된 절차에 따라 특정 요소를 조정해야 한다고 명시되어 있다. 따라서 한편으로는 지침의 범위를 확대하고 배터리의 수은 함량 한도를 낮추며 이 한도 적용을 기준으로 삼는 배터리 지침 98/101/EC가 1999년 1월 1일부터 발효되었다. 한편, 이 지침은 과도기를 고려하여 수은 함량이 지정된 한도를 초과하는 배터리는 늦어도 2000년 1월 1일부터는 시장에 출시해서는 안 된다고 규정하고 있다. 또한, 이 지침은 회피 또는 간이 처리를 방지하기 위해 기기의 배터리를 적용 범위에 포함하도록 규정하고 있다.

5.1.1.4 이사회 지침 2006/66/EC

이 지침은 폐 배터리에 관한 EU 법률을 포괄적으로 반영한다. 이 지침은 배터리 및 축전지와 폐 배터리의 부정적 영향을 최소화하여 환경의 질을 보호, 유지 및 개선하는 것을 목표로 한다. 또한 배터리를 시장에 출시하기 위한 각 당사자의 요구사항을 조화시킴으로써 내부 시장의 원활한 기능을 보장한다. 일부 예외를 제외하고는 화학, 크기 또는 디자인과 관계없이 모든 배터리에 적용한다.

이러한 목표를 달성하기 위해 이 지침은 특정 유해 물질이 함유된 배터리의 판매를 금지하고, 높은 수준의 리사이클링 시스템 구축을 제안하며, 리사이클링 활동의 목표를 설정한다. 또한 배터리 라벨링과 기기에서 배터리를 쉽게 제거하는 방법을 제시하고 있다. 또한 이 지침은 제조업체, 유통업체, 최종 사용자, 특히 사용한 배터리를 처리하고 리사이클링하는 사업자를 포함하여 배터리의 수명 주기에서 발생하는 모든 미립자의 환경 영향을 개선하는 것을 목표로 한다. 배터리 및 배터리의 제조업체와 사용자는 시장에 출시한 배터리의 폐기 및 리사이클링을 관리할 책임이 있다.

5.1.1.5 규정(EU) 2019/1020

이 규정은 국내 시장에 출시되고 EU에 어울리는 법의 적용을 받는 비식품 제품("공산품")에 대한 시장 감시를 다룬다. 여기에는 여러 가지 새로운 조항이 나열되어 있다. 예를 들면 다음과 같은 것들이다.

- 제조업체가 시장 감시 당국과 더 긴밀하게 연락할 수 있도록 연합 내에 공인 대리인을 지정하도록 요구한다.
- 경쟁 기관 간의 협력을 명시한다.
- 역내 시장 감시 조직에 대한 회원국의 의무를 규정하고 있다.
- 시장 감시 당국에 다음과 같은 일련의 권한을 부여한다.
    - 데이터와 문서를 확인한다.
    - 현장 조사를 수행한다.
    - 평가판 주문을 한다.
    - 암행 방문과 쇼핑을 한다.
    - 제품을 철회 및 폐기하고, 벌금을 부과하고, 수익을 회수한다.
- 연합이 시험 시설을 지정할 수 있음을 명시한다.
- 정보 수집 및 집행 요청의 형태로 상호 지원 절차 만들고 한 회원국이 다른 회원국이 획득한 증거를 사용할 수 있도록 허용한다.
- 연합 시장으로 유입되는 제품에 대한 세관 통제를 강화한다.
- 회원국 간 집행 업무를 조율하기 위해 UC 내에 연합 제품 준수 네트워크를 설립한다.

이 규정의 목적은 EU 국가에 설립되지 않은 회사가 EU 내에서 경제 운영 대리인을 지정하여 위반 사항을 시정하는 광범위한 의무를 수행하도록 요구하는 것이다.

5.1.2 유럽

독일은 폐 배터리에 대한 몇 가지 규칙과 규정을 제정했다(표 5.2).

5.1.2.1 독일

5.1.2.1.1 순환 경제 및 폐기물 규정

순환 경제 및 폐기물 규정(KrW-/AbfG)은 지침 91/156의 실행을 나타내며, 따라서 이 지침의 권고 사항과 지침 75/442의 폐기물 처리 원칙을 구속력 있는 국내법으로 전환한다. 이 규정은 또한 특정 유형의 폐기물 처리 규정에서 폐기물의 후속 분류에 대한 근거를 제공한다. 우선순위는 폐기물 발생을 피하고자 노력하는 것이다. 이를 적용할 수 없는 경우, 발생한 폐기물은 리사이클링하거나 에너지 회수를 위해 재사용해야 한다(예: 2차 재료 또는 에너지 생성). 또 다른 핵심 사항은 이 법안이 섹션 4에 '순환 경제'의 기본 개념을 도입했다는 점이다.

이 규정은 폐기물의 사용 및 리사이클링뿐만 아니라 제3부의 생산 책임에 관해서도 규정하고 있으며, 제조업체가 제품 설계 단계에서 가능한 한 빨리 폐기물을 최소화하도록 권장하고 있다. 따라서 제조업체는 제품 개발 과정에서 폐기물 발생을 방지하려고 조처해야 할 의무가 있다. 이러한 일반 조항을 이행하기 위해 제24장 1절에서는 정부가 제조업체가 제품을 회수하고 보증금 제도와 같은 표준 준수를 위한 적절한 조처를 하도록 강제할 수 있다고 명시하고 있다.

표 5.2 독일의 배터리 관련 규칙 및 규정.

규칙 및 규정	연도	설명
KrW-/AbfG	1994	순환 경제 규정의 1장에 따르면 이 법의 목적은 순환 경제를 촉진하여 천연자원을 보호하고 폐기물의 환경 관리를 보장하는 것이다. 후속 규정의 기초로서 이 규정은 특정 유형의 폐기물을 계단식으로 처리해야 한다고 규정한다(순환 경제 및 폐기물 규정 제1항, 4장)
배터리 조례	1998	배터리 조례는 유해 물질이 포함된 배터리의 시장 유입을 줄이는 것을 목표로 하며, 사용한 배터리에서 배출되는 오염 물질을 줄이기 위해 리사이클링에 대한 책임을 명시하고 있다
BattG	2021	배터리 규정은 더 많은 배터리를 리사이클링 하는 것을 목표로 하는데, 이는 배터리에 귀중한 물질뿐만 아니라 환경과 건강에 해로운 물질도 포함되어 있기 때문이다

5.1.2.1.2 배터리 조례

KrW-/AbfG를 보완하는 법정 조례 중 하나는 배터리 조례이며, 이 조례는 KrW-/AbfG를 명시적으로 언급하고 있다. 이 조례는 배터리 부문에서 순환 경제 개념을 구현하는 것 외에도 오염 물질이 포함된 배터리를 일반적으로 금지하고 리사이클링할 수 있는 배터리 생산을 촉진하는 것을 목표로 한다. 이 조례에서 배터리는 세 가지 등급으로 나뉜다.

- **오염 물질이 포함된 배터리**: 이 범주에는 수은, 카드뮴 또는 납 함량이 한도를 초과한 배터리가 포함된다.
- **스타터 배터리**: "일반적으로 자동차의 시동, 조명 및 점화를 위해 사용되는" 축전지를 말한다. 이러한 배터리는 오래전부터 리사이클링 시스템이 구축되어 있으므로 이 조례의 규정에 구속되지 않는다.
- **기타 배터리**: 위의 범주에 속하지 않는 모든 배터리

5.1.2.1.3 배터리 규정

배터리 규정(BattG)은 배터리 제품을 다음 세 가지 카테고리로 분류한다.

- 산업용 배터리(상업용 및 농업용, 전기 및 하이브리드 차량의 견인 배터리)
- 자동차 배터리(차량의 점화, 시동 및 조명용)
- 가전제품 배터리(휴대용 캡슐형 배터리)

이러한 배터리 제품 중 일부는 비 충전식(일차 전지)이고 일부는 충전식(이차 전지와 축전지)이며, 일부는 설치할 수 있고 일부는 단독으로 사용할 수 있다. BattG에서 제조업체는 배터리 또는 배터리가 내장되거나 동봉된 장치를 독일 시장에 유통, 소비 또는 사용하기 위해 처음 출시했거나 독일에서 알려지지 않은 제조업체의 배터리를 판매하는 모든 회사로 정의된다. BattG에 따르면 제조업체는 판매 전에 배터리를 등록하고, 유해

물질이 포함된 배터리에 라벨을 부착하고, 판매량을 정기적으로 보고하고, 시장에 출시한 배터리를 환경 측면에서 허용할 수 있는 방식으로 리사이클링할 수 있는 적절한 시설을 제공해야 한다.

5.1.2.2 노르웨이

배터리 리사이클링에 관한 노르웨이의 관련 규칙 및 규정을 몇 가지 나열했다(표 5.3).

5.1.2.3 네덜란드

네덜란드의 배터리 관련 규칙 및 규정은 표 5.4에 나와 있다.

표 5.3 노르웨이의 배터리 관련 규칙 및 규정.

위원회 지침및 규정	연도	설명
H.R.2853-배터리 리사이클링 및 연구 법안	1989	1989년에 발표된 '배터리 리사이클링 및 연구법'은 고형 폐기물 처리법을 개정하여 사용한 납축 배터리는 법에 명시된 리사이클링 방법으로만 폐기해야 한다고 명시하고 있다.
H.R.1510-배터리 리사이클링 및 연구법안	1991	H.R.2853-배터리 리사이클링 및 연구법안 수정
H.R.1808-납 배터리 리사이클링 인센티브 법	1993	고형 폐기물 처리법을 개정하여 노르웨이 환경보호청(EPA)관리자가 폐 납축 배터리의 생산, 운송, 보관, 리사이클링 및 폐기에 관한 규정을 제정하도록 지시한다.
H.R.1522-납 배터리 리사이클링 인센티브 법	1995	H.R.1808-납 배터리 리사이클링 인센티브 법안 수정
S.2157-납축 배터리 리사이클링법	1996	납축 배터리 리사이클링법-고형 폐기물 처리법을 개정하여 개인이 납축 배터리를 매립 또는 소각 처리하는 것을 금지한다.
S.3356-배터리와 중요 광물 리사이클링 법안	2020	이 법안은 일반적으로 배터리 리사이클링을 규정하고 있으며, 특히 에너지부가 (i) 배터리 리사이클링 연구, 개발 및 시범 프로젝트를 위한 단체와 (ii) 배터리 수거, 리사이클링 및 재처리 프로그램을 위한 주 및 지방 정부에 보조금을 제공하도록 지시하고 있다.
S.3356-배터리와 중요 광물 리사이클링 법안	2020	이 법안은 일반적으로 배터리 리사이클링을 규정하고 있으며, 특히 에너지부가 (i) 배터리 리사이클링 연구, 개발 및 시범 프로젝트를 위한 단체와 (ii) 배터리 수거, 리사이클링 및 재처리 프로그램을 위한 주 및 지방 정부에 보조금을 제공하도록 지시하고 있다.

표 5.4 네덜란드의 배터리 관련 규칙 및 규정.

위원회 지침 및 규정	연도	설명
MJZ2001120768	2001	차량의 전체 수명 주기 관리의 해결 방법
국가 폐기물 관리 계획 LAP3	2019	순환 경제를 위한 도구로써, NWMP3는 정책 체계와 부문별 계획으로 구성된다.
네덜란드 배터리 관리 법령(2008)	2008	이 법령에는 배터리 처리에 관한 모든 법적 조항이 포함되어 있다. 이 규정은 차량의 시동 배터리 및 구동 배터리를 포함한 모든 배터리에 적용된다.
H.R.1522-납 배터리 리사이클링 인센티브 법	1995	H.R.1808-납 배터리 리사이클링 인센티브 법안 수정
S.2157-납축 배터리 리사이클링법	1996	납축 배터리 리사이클링법-고형 폐기물 처리법을 개정하여 개인이 납축 배터리를 매립 또는 소각 처리하는 것을 금지한다.
S.3356-배터리와 중요 광물 리사이클링 법안	2020	이 법안은 일반적으로 배터리 리사이클링을 규정하고 있으며, 특히 에너지부가 (i) 배터리 리사이클링 연구, 개발 및 시범 프로젝트를 위한 단체와 (ii) 배터리 수거, 리사이클링 및 재처리 프로그램을 위한 주 및 지방 정부에 보조금을 제공하도록 지시하고 있다.
S.3356-배터리와 중요 광물 리사이클링 법안	2020	이 법안은 일반적으로 배터리 리사이클링을 규정하고 있으며, 특히 에너지부가 (i) 배터리 리사이클링 연구, 개발 및 시범 프로젝트를 위한 단체와 (ii) 배터리 수거, 리사이클링 및 재처리 프로그램을 위한 주 및 지방 정부에 보조금을 제공하도록 지시하고 있다.

5.1.2.4 미국

미국은 사용한 배터리를 (i) 아연 망간 배터리, 리튬 일차 전지, 리튬이온 배터리(LIB), 니켈수소 배터리(캘리포니아주 제외) 등 유해 배터리와 (ii) 버튼 배터리, 니켈 카드뮴 배터리, 산화은 배터리, 밀폐형 납축 배터리, 자동차 납축 배터리 등 비 위험 배터리로 분류한다. 미국 환경보호청(USEPA)에서는 유해 배터리는 표준화된 절차에 따라 수거하고, 유해하지 않은 배터리는 일반 쓰레기로 버릴 수 있도록 규정하고 있다.

또 다른 국가인 캐나다는 주 정부 차원에서 배터리 리사이클링을 관리한다. 예를 들어, 브리티시컬럼비아 주에서는 1차 및 2차 배터리를 모두 위험한 고형 폐기물로 간주하여 충전식 배터리 리사이클링 공사(RBRC)에서 주관하는 배터리 리사이클링 프로그램인 Call2Recycle을 폐배터리 관리를 위한 공식 프로그램으로 간주하고 있으며, Call2Recycle

자원봉사자들이 2차 배터리를 수거하고 온타리오 주 환경 보호 부서에서 1차 배터리를 수거하며, 퀘벡 주에서는 폐 배터리 관리를 위한 공식 프로그램인 Appel a Recycler MD가 운영되고 있다.

미국은 주로 환경 규정을 제정하고 시장 감독을 강화하는 방식으로 폐 배터리 리사이클링을 관리하고 있다. 폐 배터리 리사이클링을 위해 연방 정부, 주 정부, 지방 정부는 니켈 카드뮴 배터리, 소형 밀폐형 납축 배터리, 수은 함유 배터리 및 기타 모든 유형의 배터리에 관한 포괄적인 법률 체계를 구축했다. 또한 미국은 배터리를 유해 물질에 따라 수은 함유 배터리, 니켈-카드뮴 배터리, 니켈-수소 배터리, 리튬 배터리 등으로 분류한다.

미국에서는 니켈-수소 배터리, LIB 및 폴리머 LIB는 일반적으로 해가

표 5.5 미국의 배터리 리사이클링 관련 거시 정책.

코드	년	콘텐츠
자원 보존 및 복구법 (RCRA)	1976	이 법은 사용한 니켈-카드뮴, 납산, 산화은, 수은 함유 배터리를 유해 폐기물로 규정하고 LIB는 잠재적으로 유해 폐기물로 규정하고 있다. 납축전지와 같은 유해 폐기물은 "요람에서 무덤까지" 수명 주기에서 추적되고 문서로 만들어진다. 기업은 유해 폐기물을 리사이클링, 저장, 운송 및 폐기하기 위해 허가를 신청해야 한다. 또한 정부는 허가로 기업의 리사이클링 절차를 모니터링하고 기업이 이전 오염을 점진적으로 제거하도록 요구할 수 있는 권한이 있다.
대기 오염 방지법 (Clean Air Act)	2013	이 법은 납을 6가지 표준 오염 물질 중 하나로 나열하고 납 배출의 통제 및 관리를 위한 일련의 표준을 만든다.
수질 오염 방지법 (Clean Water Act)	1977	이 법은 방류수의 모든 오염 물질 지수를 명시하고 폐수 배출 허가를 받은 방류만이 하수구 또는 폐수 처리장으로 물을 배출할 수 있다고 명시하고 있다
수은 함유 및 충전식 배터리 관리법	1996	이 법은 주로 사용한 니켈-카드뮴 배터리, 소형 밀폐형 납축전지 및 기타 충전식 배터리의 생산, 수집, 운송 및 보관을 규제한다. 또한 미국 시장에서 판매되는 배터리는 소비자가 배터리 리사이클링을 지원할 수 있도록 균일한 라벨 부착 요구사항을 충족해야 한다고 명시하고 있다. 또한 이 법은 수은이 함유된 알카라인-망간 배터리, 아연-탄소 배터리(의도적으로 도입된 수은 포함) 및 산화수은 배터리의 판매를 금지한다.
배터리 법		BCI(Battery Council International, 국제 배터리 협회)에서 제안하고 공식화한 이 법은 제조업체의 의무를 확대하고 새 배터리를 사들이고 사용한 자동차 배터리를 반환하지 않는 소비자가 보증금을 내야 한다.

없는 것으로 간주하지만, LIB는 완전히 방전되기 전에는 유해할 수 있다. 따라서 위에서 언급한 유형의 배터리는 미국의 배터리 리사이클링 규정에 나열되어 있지 않다(표 5.5). 연방 정부에서 규정하는 배터리 리사이클링에 관한 법률 외에도 각 주 정부는 자원 절약 및 회수법(Resource Conservation and Recovery Act, RCRA)에 적합한 정책을 발표하여 이를 이행해야 한다. 구체적인 정책은 다음과 같다.

5.1.2.4.1 폐기물 국가 관리 계획

RCRA는 주 정부가 폐기물 관리 계획을 수립하고 이행하기 위한 기본 요건과 지침을 미국 환경 보호국(U.S. Environmental Protection Agency, USEPA)가 발행하도록 요구한다. 주 정부는 RCRA에 명시된 목표를 달성하기 위한 세부 조치와 일정이 포함된 계획을 작성하여 EPA에 제출하여 승인받아야 한다. 이 계획의 유효 기간은 5년 이상이어야 하며 주 및 지방 정부의 구체적인 의무를 규정해야 한다.

5.1.2.4.2 유해 폐기물 생산업체 관리 계획

RCRA에 따르면 유해 폐기물의 생산은 '요람에서 무덤까지' 관리 시스템의 첫 번째 연결 고리이다. 모든 유해 폐기물 생산자는 자신이 생산하는 폐기물의 유해성 여부를 판단하고 유해 폐기물 처리를 감시해야 할 의무가 있다.

생산자마다 폐기물의 양이 다르고 환경에 미치는 위험의 정도가 다르다는 점을 고려하여 RCRA는 생산자가 생산하는 유해 폐기물의 양을 계층적으로 관리한다. 또한 유해 폐기물 생산자는 제삼자와 운송 또는 폐기를 위한 계약을 체결하여 책임을 면제받을 수 없다. 폐기물의 불법 처리가 제삼자의 행위로 인해 발생한 때도 폐기물 배출자는 불법 처리로 인한 결과에 대해 연대책임을 진다.

5.1.2.4.3 유해 폐기물 운송업체 관리 계획

유해 폐기물 운송업체는 RCRA뿐만 아니라 위험물 운송법의 감독을 받는다. EPA는 유해 폐기물 운송업자가 유해 폐기물 운송을 지켜보기 위해 EPA ID 코드를 신청해야 한다고 규정하고 있다. 한편, 유해 폐기물은 운송 적하목록과 함께 운송된다. 자원 리사이클링을 촉진하기 위해 특정 리사이클링 유해 폐기물의 운송은 운송 적하목록 요건에 의해 제한되지 않을 수 있다.

5.1.2.4.4 유해 폐기물의 처리, 보관 및 폐기 시설 관리 계획

EPA는 처리, 보관 및 폐기 시설(treatment, storage, and disposal facilities, TSDF)의 관리 요건을 공식화하며, TSDF는 반드시 허가증을 소지하도록 규정하고 있다. 허가증은 EPA 및/또는 EPA가 승인한 주 정부에서 발급한다. 리사이클링 활동은 RCRA에 의해 면제되므로 유해 폐기물의 리사이클링은 허가 없이 수행되거나 TSDF의 관리 요건에 구속되지 않는다.

5.1.3 아시아

5.1.3.1 중국

위의 배터리 리사이클링 정책 중 세 가지가 업계에 특히 중요하다. 세

표 5.6 중국의 배터리 리사이클링 관련 정책 및 규정

규정	부서	날짜	내용
자동차 제품 회수를 위한 기술 정책	국가발전개혁위원회, 중국 과학기술부, 국가환경보호총국	2006년 2월 6일	중고 자동차 제품의 폐기 및 리사이클링 시스템 구축을 위한 지침을 제공하고 자동차 제조업체가 판매한 자동차의 배터리 리사이클링 및 폐기 의무를 이행하도록 의무화한다.
에너지 절약 및 신에너지 자동차 개발 계획 (2012~2020)	중국 국무원	2012년 6월 28일	관리 시스템 구축, 파워 배터리의 계단식 활용 및 리사이클링, 배터리 리사이클링 기업 설립 장려 및 배터리 리사이클링 기업의 진입 기준 공식화.

규정	부서	날짜	내용
자동차 축전지 회수를 위한 기술 정책 (2015)	국가발전개혁위원회, 중국 공업정보화부, 중국 과학기술부 등 중국 공업정보화부	2016년 1월 5일	기업이 전원 배터리를 적절하게 설계, 생산 및 리사이클링하도록 안내하고, 업스트림 및 다운스트림 기업을 위한 배터리 리사이클링 시스템을 구축하고, 제조업체의 의무를 확대한다.
차량용 파워 배터리 산업 표준의 요구사항(2017) (의견 수렴 초안)	중국 공업정보화부	2016년 11월 22일	기업이 국가 및 지방 정부에서 제정한 전원 배터리 리사이클링 정책 및 규정을 준수해야 함을 명시한다.
폐 배터리의 오염방지를 위한 기술 정책	중국의 기술 과학부	2016년 12월 26일	신에너지 차량의 폐 배터리 수집, 운송, 보관, 리사이클링 및 폐기에 대한 IT 감시 체계를 점진적으로 구축한다.
다음 사항에 대한 임시 조치; 새로운 에너지 차량의 축전지 리사이클링 관리	중국 산업 및 정보 기술부 그리고 기타 6개 부서	2018년 1월 28일	파워 배터리의 설계, 생산 및 리사이클링에 대한 의무와 리사이클링 기업 설립 요건을 명시한다.
다음 대상에 관한 구현 계획; 신에너지 자동차의 축전지 리사이클링 시범 프로그램	중국 산업 및 정보 기술부 그리고 기타 6개 부서	2018년 1월 28일	폐기된 파워 배터리의 시범 생산 설비, 효율적인 배터리 리사이클링 시범 프로젝트, 시범 기업, 핵심 기술 및 기술 표준, 배터리의 리사이클링을 위한 일련의 조치를 발표한다.
파워 배터리의 리사이클링 및 활용에 대한 추적성 관리에 관한 임시 조항	중국 공업정보화부	2018년 7월 3일	전원 배터리의 생산, 판매, 활용 및 리사이클링에 대한 정보 수집을 규제하고 전 과정의 의무 이행을 관찰한다.
차량용 배터리 리사이클링 요건(의견 수렴 초안)	국립자동차 표준화 기술위원회	2018년 7월 27일	차량용 배터리 리사이클링을 위한 특정 용어, 일반 요구 사항, 기술 표준 및 오염 방지 원칙을 정의한다.
신에너지 자동차 축전지 리사이클링과 관련된 서비스 시설의 건설 및 운영 가이드	중국 산업 및 정보 기술부	2019년 10월 31일	신에너지 자동차 폐 배터리 리사이클링 서비스 네트워크의 자격, 건설, 운영, 안전 및 환경 요구사항을 제안한다.
신에너지 자동차의 폐 배터리의 종합적 활용을 위한 산업 표준 요구사항(2019)	중국 산업 및 정보 기술부	2020년 1월 2일	신에너지 자동차 배터리 제조업체의 배치, 위치, 기술 장비와 프로세스, 자원 활용 및 에너지 소비, 환경 보호에 대한 요구사항을 명시한다.
신에너지 자동차의 파워 배터리 계단식 활용을 위한 행정 조치(의견 수렴 초안)	중국 공업정보화부	2020년 10월 10일	신에너지 차량의 배터리의 캐스케이드 활용도를 높이고 자원의 종합적인 활용 효율을 향상한다.

가지 정책은 다음과 같다(표 5.6).

- · 2012년 6월, 국무원은 '에너지 절약 및 신에너지 자동차 산업 발전 계획(2012~2020년)'을 발표했는데, 이 계획에 따르면 파워 배터리 리사이클링 관리 조치를 수립하고, 파워 배터리의 계단식 활용 및 리사이클링 시스템을 구축하고, 파워 배터리 제조업체에 폐 배터리 리사이클링을 안내하고, 배터리 리사이클링 기업을 설립하고, 이러한 기업을 설립하는 데 엄격한 기준을 설정하도록 요구하고 있다. 이 계획은 중국 배터리 리사이클링 정책의 진정한 시작이다.
- · 2018년 1월, 중국 공업정보화부를 비롯한 6개 부처는 공동으로 '신에너지 자동차 파워 배터리 리사이클링 및 활용 관리 임시 조치'를 발표하여 파워 배터리의 설계, 생산, 리사이클링에 대한 분업을 명확히 하고, 배터리의 계단식 활용 및 리사이클링에 대한 기업의 자격과 정부 부처의 의무를 더욱 구체화했다. 이 조치는 모든 측면에서 배터리 리사이클링 정책을 요약하고 중국의 후속 배터리 리사이클링 정책 수립을 위한 토대를 마련했다.
- · 2019년 10월, 공업정보화부는 '신에너지 자동차 축전지 리사이클링 서비스 시설 건설 및 운영 지침'을 발표하여 신에너지 자동차 폐 축전지 리사이클링 서비스 네트워크의 건설, 운영, 안전 및 환경 보호 요구사항을 명시했다. 이 지침은 업계에서 폐 배터리를 보관하고 운영하는 데 필요한 법적 근거를 제공한다.

또한 중국 지방 정부는 파워 배터리 리사이클링을 철저히 연구하여 산업 발전을 장려하기 위해 일련의 정책과 보조금 조치를 수립했다. 장쑤성을 예로 들면, 중국에는 492만 대의 신에너지 차량과 약 20만 톤의 폐전지가 있으며, 장쑤성은 2020년 말까지 중국 신에너지 차량의 6%에 해당하는 29만 8천 대의 신에너지 차량을 보유할 예정이다. 대략적인 계산에 따르면 장쑤성에는 1만 2천 톤의 폐 배터리가 있다. 장쑤성 정부는 배터리 리사이클링 산업의 큰 잠재력과 폐 배터리 처리 시설 부족으로 인한 환경 피해 가능성을 충분히 인식하고 배터리 리사이클링 산업

표 5.7 장쑤성의 배터리 리사이클링 관련 주요 정책 및 행사.

정책/이벤트	부서	날짜	내용
13차 5개년 장쑤성 신에너지 자동차 적용 촉진 계획 시행	장쑤성 인민 정부	2017년 1월 1일	이 계획은 차량 제조업체가 차량 전원 배터리의 리사이클링 시스템을 구축하고 리사이클링 및 폐기 규정을 제정하여 사용한 전원 배터리의 수거 및 리사이클링을 촉진하도록 요구한다.
장쑤성은 배터리 리사이클링 시범 지역 중 하나로 선정되었다.	중국 공업 정보화부	2018년 7월 30일	산업부와 중국 정보기술부, 중국 과학기술부, 중국 생태환경부가 공동으로 파워 배터리 리사이클링 시범 프로그램을 시행하고 장쑤성을 시범 지역 중 하나로 선정했다.
난징 에너지 저장소 건설이 시작되었다.	강소 전력 주식회사	2019년 3월 19일	난징 에너지 스토리지 스테이션은 차량 전원 배터리의 캐스케이드 활용을 위한 최대 규모의 에너지 저장 스테이션으로, 배터리 리사이클링 용량은 다음과 같다. 75,000kWh(LFP 배터리 45,000kWh 및 납축 배터리 30,000kWh 포함)
신에너지 자동차 축전지 리사이클링을 위한 중국 산업 연합이 설립되었다.	장쑤성 산업 및 정보 기술부	2019년 5월 30일	신에너지 자동차 축전지 리사이클링은 차이나타워 유한공사 장쑤 지사와 국가전망 장쑤전력 유한공사가 회장사로, 난징 구오쏸 배터리 유한공사, 카이오 신에너지 자동차 유한공사, 저장화유 리사이클링 기술 유한공사, 장쑤징타이 클린에너지 유한공사가 부회장사로 선정되었다.
중국인민정치협상회의 (CPPCC) 제12기 정협(政協) 지방위원회 2차 회의 0910호 제안에 대한 답변	장쑤성 산업 및 정보 기술부	2019년 6월 18일	수집 시스템을 구축하고, 리사이클링 전 계단식 활용 원칙에 따라 주 전역의 차량 전원 배터리를 계단식으로 활용하고 리사이클링한다.
지역 파워 배터리 리사이클링 센터 건설 관련 공지 사항	장쑤성 산업 및 정보 기술부	2021년 3월 10일	지역 폐 배터리 센터. 지역 센터는 폐 배터리의 수거, 보관, 이송을 위한 대형 스테이션이다. 저속 차량 배터리, 일회용 리튬 배터리, 비표준 배터리 등 폐 배터리 리사이클링을 위해 한 지역에 한 개의 센터를 설치하여 해체, 시험, 계단식 활용, 리사이클링을 장려한다.

정책/이벤트	부서	날짜	내용
장쑤성에서 파워 배터리 리사이클링 시범 사업 시행 회의가 개최되었다.	장쑤성 산업정보 기술부 및 기타 부서	2021년 3월 26일	장쑤성 교육부, 산업정보기술부, 장쑤성 발전개혁위원회, 장쑤성 과학기술부, 장쑤성 상무부, 장쑤성 생태환경부, 장쑤성 교통부, 장쑤성 시장 규제국이 공동으로 장쑤성 배터리 리사이클링 5개년 계획을 수립할 것을 제안했다.

발전을 촉진하기 위한 정책을 집중적으로 발표했다(표 5.7).

장쑤성 공업정보화부 에너지 절약 및 종합 이용 부서의 후 정신(Hu Zhengxin) 부국장은 장쑤성은 기본적으로 성 전체를 아우르는 전력 배터리 리사이클링 네트워크를 구축했으며, 이는 자동차 4S(sale, spare part, service, and survey) 상점과 정비 회사가 주도하고 있다고 말했다. 또한 79개의 신에너지 자동차 제조업체와 기타 배터리 리사이클링 기업이 성 전역에 907개의 배터리 리사이클링 장소를 설치했다[2].

해체된 배터리의 계단식 활용 부문에서 차이나 타워 유한공사(China Tower Co. Ltd.), 국가 그리드 장쑤 통합 에너지 서비스 유한공사(State Grid Jiangsu Integrated Energy Service Co., Ltd.), 장쑤 후이지 에너지 공학 기술 혁신 연구소 유한공사(Jiangsu Huizhi Energy Engineering Technology Innovation Research Institute Co., Ltd.)가 선두를 달리고 있다. 배터리 리사이클링 분야에서는 GEM(타이싱, Taixing) 유한공사와 난퉁 베이신 신에너지 기술 유한공사(Nantong Beixin New Energy Technology Co., Ltd.)가 주요 업체로 부상했다. 배터리 리사이클링 산업 발전을 위한 R&D의 필요성은 지방 정부의 공감대가 형성되었다. 따라서 장쑤성 외에도 중국의 다른 성에서도 배터리 리사이클링 산업 발전을 장려하는 정책을 도입했다(표 5.8).

표 5.8은 최근 몇 년 동안 배터리 리사이클링 기업 수가 꾸준히 증가함에 따라 지방 정부는 재정 보조금을 점차 줄이고 대신 배터리 리사이클링 산업의 발전을 유도하고 규제하는 정책을 수립했음을 보여준다.

중국 정부는 다음과 같은 네 가지 이유로 신에너지 산업을 중요하게 생각한다.

표 5.8 다른 성 및 도시의 배터리 리사이클링 관련 주요 정책.

정책	성/시	날짜	내용
신에너지 차량 구매 및 사용 장려에 관한 상하이시 임시 조치	상하이	2014년 5월 20일	차량 제조업체 제공 리사이클링 전원 배터리당 1천 위안의 보조금을 지급한다.
신에너지 차량 구매 및 사용 장려에 관한 상하이시 임시 조치(2016년 개정)		2016년 3월 4일	해당 차량 지정 제조업체는 차량의 폐배터리를 리사이클링해야 하며, 기업이 판매한 신에너지 차량의 총량과 같은 양의 배터리를 수집, 리사이클링 및 폐기할 수 있는 능력을 보유해야 한다.
신에너지 자동차 축전지 리사이클링 모니터링 시스템 구축 시범 프로그램에 관한 선전시 계획(2018-2020)	광둥	2014년 11월 28일	광저우는 차량 전원 배터리 리사이클링 채널을 구축하여 지정된 대로 전원 배터리를 리사이클링하고 폐기해야 한다고 지적한다.
신에너지 자동차 사용 촉진에 관한 광저우시 인민 정부의 이행 의견서		2016년 3월 28일	리사이클링을 촉진하기 위한 노력 기금 제도, 보증금 제도 및 의무 조치 도입을 통한 폐건전지 회수율 제고
신에너지 자동차 축전지 리사이클링 시범 프로그램에 대한 광저우시 인민 정부의 이행 의견서		2018년 9월 17일	리사이클링 정책을 근본적으로 개선하기 위해 시범 프로그램, 협력 모델, 협회 표준, 선도 기업 및 핵심 기술을 일괄적으로 구축한다.
선전시 신에너지 자동차 사용 촉진에 관한 몇 가지 정책 및 조치의 인쇄 및 배포에 관한 선전시 인민 정부 통지서	선전	2015년 1월 8일	해당 차량 지정 제조업체는 전원 배터리를 의무적으로 리사이클링해야 할 책임이 있으며, 리사이클링 자금으로 20위안/kWh의 특별 조항이 있다. 지방 정부는 감사 대상 단체 기금의 50% 이하를 보조금으로 지급한다.
신에너지 자동차 보급 지원에 관한 선전시의 금융 정책(2016)		2016년 9월 2일	자동차 기업이 전원 배터리 리사이클링에 대한 책임이 있음을 명시하고 리사이클링 자금으로 20위안/kWh의 특별 조항을 제공한다. 지방 정부는 감사받은 총자금의 50% 이하의 보조금을 제공하고 특별 보조금의 적절한 사용을 보장한다.
신에너지 자동차 축전지 리사이클링 감시 체계 구축 시범 프로그램에 관한 선전시 계획(2018-2020)		2018년 04월 02일	전원 배터리 모니터링 보조금 정책의 범위에 포함되는 신에너지 차량
신에너지 상용차 사용 촉진에 관한 베이징시의 행정 조치	베이징	2017년 7월 24일	건전한 폐 배터리 리사이클링 시스템 구축을 제안하고, 폐 배터리 리사이클링을 위한 실현 가능한 계획을 수립한다.
신에너지 상용차 사용 촉진에 관한 베이징시의 행정 조치		2018년 2월 24일	차량 제조업체가 폐 배터리 리사이클링에 대한 주요 책임이 있음을 명시한다.

정책	성/시	날짜	내용
신에너지 상용차 이용 촉진에 관한 정책 조정 안내	허페이	2017년 05월 09일	파워 배터리 리사이클링 시스템을 구축하고 운영한 차량과 배터리 제조업체에 대해 10위안/kWh의 포상금을 지급한다.
텐진시 에너지 신산업 발전 행동 계획(2018~2020)	텐진	2018년 10월 30일	전력용 배터리 기술개발 및 리사이클링 네트워크를 구축하여 도시 전역의 전력용 배터리 리사이클링, 거래, 해체 및 계단식 활용 네트워크 구축에 앞장서고 있다.
베이징-텐진-허베이 지역 신에너지 차량의 축전지 리사이클링 시범 프로그램 시행 계획 수립		2018년 12월 19일	이 계획은 베이징-텐진-허베이 지역의 신에너지 자동차 및 파워 배터리 리사이클링 산업 현황을 종합하여 '신에너지 자동차 전력 축전지 리사이클링 시범 프로그램 시행 계획'의 요구사항을 기반으로 수립되었다.
신에너지 자동차 축전지 리사이클링 시범 프로그램에 대한 쓰촨성의 시행 계획	쓰촨	2019년 3월 18일	2020년까지 파워 배터리 계단식 활용 생산액을 5억 위안, 물질 리사이클링 생산액을 30억 위안으로 늘리는 것을 목표로 하고 있으며, 2020년까지 3개의 실증 기지, 2개의 시범 프로젝트, 3개의 벤치마크 기업을 구축할 계획임.
신에너지 자동차 축전지 리사이클링 시범 프로그램에 대한 후난성 시행 계획	후난	2019년 4월 16일	해당 차량 지정 제조업체는 전원 배터리 리사이클링에 대한 주요 책임을 지고 공유 리사이클링 네트워크를 구축해야 하며 신에너지 자동차의 해체 및 폐기 배터리의 80% 이상을 네트워크에 도입해야 한다.

⑴ 석유가 부족한 중국은 배터리 및 수소 에너지와 같은 새로운 에너지를 개발하여 석유 수입 의존도를 낮출 수 있으며, 이는 특히 중미 무역 마찰의 맥락에서 매우 중요하다.

⑵ 새로운 에너지를 개발하면 환경오염을 줄일 수 있어 중국이 "2030년까지 이산화탄소 배출량을 정점에 도달하고 2060년까지 탄소 중립을 달성하겠다"는 약속을 이행하는 데 도움이 된다.

⑶ 신에너지 산업을 발전시키면 중국 정부에 일자리와 세수를 창출할 수 있다. 예를 들어, 연간 1만 톤의 리사이클링 배터리 생산 능력을 갖춘 공장은 100개의 일자리와 연간 1천 200만 위안의 세수를 창출할 수 있다.

⑷ 특히 신에너지 자동차 분야에서 신에너지 개발은 지능화의 기반이 되는 차량의 전기화를 촉진하고 중국 자동차 산업이 유럽, 미국, 일본을 추월할 기회를 제공할 수 있다.

5.1.3.2 일본

일본은 일찍부터 폐 배터리 리사이클링을 시작하여 배터리 리사이클링에 대한 비교적 포괄적인 법체계를 갖추고 있다. 배터리 리사이클링에 관한 특별법은 없지만 일본은 기본법, 일반법, 특별법으로 구성된 순환경제를 위한 법체계를 확립하고 있다. 기본법으로는 '건전한 물질 순환 사회 구축을 위한 기본법', 일반법으로는 '자원의 효율적 이용 촉진에 관한 법률', '폐기물 관리 및 공공정화법', 특별법으로는 '폐자동차의 리사이클링에 관한 법률', '소형가전 리사이클링법', '고압가스 안전법'이 있다. 이 중 일반법에는 모두 배터리 리사이클링에 관한 규정이 포함되어 있어 상위 법령인 특별법으로 볼 수 있다(표 5.9).

1956년 일본 구마모토현 미나마타의 한 화학 공장에서 배출된 산업 폐수에는 수은과 기타 유해 물질이 포함되어 있어 주변 주민들이 신경계 질환(이후 미나마타병으로 명명)으로 고통받았다. 그 후 일본의 각계각층에서 폐 배터리의 수은이 가져오는 위협에 주목하기 시작했다. 그 후 배터리 소각으로 인해 대기가 오염되면서 일본 정부는 폐 배터리 관리에 대해 논의하기 시작했다. 1978년 일본 전지 협회는 카드뮴을 포함한 유해 물질을 관리하기 위해 가전제품 판매점과 협력하여 방재용 니켈 카드뮴 전지의 리사이클링 경로를 확립하고 다른 배터리로 범위를 확대했다. 1991년 시행된 '자원의 효율적 이용 촉진에 관한 법률'에서는 소형 충전지를 재사용 및 리사이클링 가능 제품으로 지정하고 배터리 리사이클링 수거함 설치를 의무화했다.

1993년 시행된 '리사이클링가능자원의 효율적 이용 촉진에 관한 법률'은 폐카드뮴-니켈에 대해 니켈수소, 리튬이온, 소형 납배터리의 세 가

표 5.9 일본의 배터리 리사이클링 관련 거시 정책

법률 및 규정	연도	내용
순환형 사회 촉진 기본법	2000	폐기물 관리에 중점을 두고, 순환자원의 순환이용을 위해 노력하면서 천연자원의 소비를 억제하고 환경 부하를 줄이는 것을 목표로 한다. 국가, 지방자치단체, 사업자, 국민의 책임을 명확히 하고 건전한 물질 순환 사회 구축을 위한 정책을 종합적이고 체계적으로 추진하는 것을 목적으로 한다.
리사이클링 가능 자원의 효율적 이용 촉진에 관한 법률 (2001년 자원의 효율적 이용 촉진에 관한 법률로 개칭)	1991	소형 충전지를 재사용 및 리사이클링을 할 수 있는 제품으로 지정. 배터리 수거함 설치를 시작하고 역방향으로 배터리를 수거하기 시작했다.
	1993년 6월	카드뮴-니켈 배터리와 건전지를 소비자로부터 리사이클링 업체로 보내는 세 가지 경로를 명확히 규정한다: (i) 지방 정부에서 수거하여 일괄 배송; (ii) 배터리 유통업체 또는 제조업체에서 배송, (iii) 가전제품의 주요 유통업체 및 서비스 센터에서 배송하여 리사이클링 채널을 개선한다. 니켈-카드뮴 배터리로 구동되는 기기는 카테고리 I 제품(분리형) 및 카테고리 II 제품(리사이클링 라벨 부착)으로 지정된다.
	2001년 4월	배터리 제조 및 판매업체를 대상으로 폐 소형 2차전지의 자발적 리사이클링이 의무 리사이클링으로 변경된다. 주로 소형 이차 전지에 사용되는 니켈, 코발트, 납 등 희소금속을 수거한다.
폐기물 관리 및 공공 정화법	1971	폐기물 분류, 보관, 수거 및 폐기에 대한 개념을 명확히 하고 대중의 인식을 제고한다.
수명이 다한 차량의 리사이클링에 관한 법률	2008년 2월	전기자동차 및 하이브리드 전기자동차의 분해에 따른 제품의 회수 및 리사이클링에 관한 부분에 리튬 배터리 및 니켈수소 배터리의 리사이클링 및 보관에 관한 규정을 추가한다. 또한, 법은 스크랩 딜러가 배터리를 분해해야 함을 명시하고 있다.
고압가스 안전법	2019년 3월	이 법은 수소연료전지 전기자동차의 대중화 및 청정에너지 기술의 발전에 따라 연료전지 전기자동차에 대한 심사 시 안전성에 문제가 있는 압축 수소 충전소의 기술기준을 점검하기 위해 제정되었다.
소형 가전제품 리사이클링법 (소형 가전제품의 리사이클링을 촉진하는 것을 목표로 함)	2021년 3월	2001년 4월에 제정되어 2021년 3월에 개정된 이 법은 연간 14만 톤의 소형 폐전기제품 리사이클링을 목표로 하며, 지방 정부가 소형 폐전기제품의 리사이클링과 리튬 축전지에 관한 폐기물의 적절한 리사이클링 및 처리에 참여하고 주민들에게 적절한 분류 방법과 수거 장소 위치를 명확히 할 것을 명시하고 있다.

지 리사이클링 기준을 명확히 규정하고 있다. 2001년에는 '리사이클링 가능 자원의 효율적 이용 촉진에 관한 법률'이 '자원의 효율적 이용 촉진에 관한 법률'로 명칭이 변경되어 배터리 제조 및 판매업자의 경우 폐 소형 충전지의 자발적 리사이클링을 의무적 리사이클링으로 변경하도록 명시하고 있다. 또한 일본은 자원을 적절히 리사이클링하고 처리 시설의 부담을 줄이기 위해 폐가전과 전기제품의 수거 및 리사이클링을 촉진하고 있다. 이후 제정된 '소형 가전제품 리사이클링법'과 '수명이 다한 자동차의 리사이클링에 관한 법률'에서는 자원 소비를 줄이기 위해 가전제품과 자동차를 리사이클링하기 전에 반드시 배터리를 분리하도록 하는 등 배터리 리사이클링에 관한 규정을 두고 있다.

5.1.4 국가별 배터리 리사이클링 법규 비교

국가별 배터리 리사이클링 관련 법률을 비교한 결과, 유럽과 미국 국가는 대부분 배터리 리사이클링에 관한 법률이 아닌 배터리 지침에서 배터리 리사이클링을 규제하고 있는 것으로 나타났다. 이는 유럽과 미국 국가들의 배터리 리사이클링에 대한 법규 개선이 아직 미흡하다는 것을 반영한다. 특히 유럽에서는 배터리 리사이클링 산업이 빠르게 발전하고 있는 몇몇 국가들만 배터리 리사이클링에 대한 보다 구체적인 규정을 제정했을 뿐, 대부분 국가는 EU에서 발행한 일반 지침을 채택했을 뿐이다.

미국은 배터리 리사이클링에 관한 규제를 거시 정책인 RCA 일부로 삼아 배터리 리사이클링에 관한 포괄적인 법체계를 구축했으며, 매년 개정하고 다른 법률과 규정을 보완하고 있다. 아시아 국가들은 유럽과 미국보다 배터리 리사이클링에 관한 법률, 규정 및 정책이 더 구체적이고 포괄적이다. 예를 들어, 중국의 배터리 리사이클링에 관한 거시 정책은 배터리 또는 환경법에 명시되어 있을 뿐만 아니라 배터리 리사이클링 법에서 발표하고 있다. 또한 중국의 모든 성(省)과 시(市)는 더 엄격하고 상세한 지역 법률을 발표했다. 일본을 예로 들어보면, 일본은 배터리의 설계, 생산, 판매, 사용, 수거, 리사이클링 등 전 수명 주기에 대한 구체적인 규정을 마련하고 관련 당사자의 권리와 의무를 명확히 함으로써 폐 배터리의 리사이클링, 사용, 폐기에 대한 건전한 법질서를 구축했다. 일반적으로 아시아 국가의 배터리 리사이클링 관련 법률은 유럽 국가와 미국의 법률보다 포괄적이며 기업의 생산 요구를 더 잘 충족시킬 수 있다.

5.2 배터리 리사이클링 관리 규범

5.2.1 국가별 배터리 리사이클링 관련 관리 규범

5.2.1.1 미국

배터리 관리, 수거, 리사이클링과 관련하여 일본은 '순환 사회 추진 기본법'과 '자원의 효율적 이용 촉진에 관한 법률' 외에도 제품의 생산, 소비, 사용, 리사이클링, 폐기에 관한 요건으로 구성된 '자원의 리사이클링 촉진에 관한 법령'을 제정하여 자원 리사이클링을 촉진하고 있다(표 5.10).

5.2.1.2 중국

2021년, 폐 배터리 리사이클링에 관한 기술 사양(GB/T 39224-2020)이 공식적으로 시행되었다. 본 사양은 폐 배터리 리사이클링 산업에 대한 사양을 요약하고, 배터리 수거, 보관 및 운송에 대한 기술적 요구사항을 다루며, 산업 규범 및 규정을 준수하기 위한 전반적이고 편리한 방법을 제공한다. 본 사양은 다음 문서를 참조한다.

안전 표지판 및 사용 지침(GB 2894), 화재 안전 표지판 배치 요건(GB15630), 일반 산업 고형 폐기물의 보관 및 처리장 오염 관리 기준(GB

표 5.10 미국의 관리 규범

코드	연도	내용
BCI가 제안한 배터리 법(대다수 주에서 채택)	1993	이 법은 납축 배터리를 소비자가 폐기해서는 안 되며 소매점과 유통업체 또는 납 제련소로 보내야 한다고 규정하고 있다. 배터리 소매업체는 소비자가 새 배터리를 구매할 때 10달러(또는 그 이상)의 보증금을 부과해야 하며, 30일 이내에 같은 종류의 중고 배터리를 반환하면 보증금을 돌려받을 수 있고, 그렇지 않으면 보증금은 배터리 소매업체에 귀속된다. 반환된 모든 배터리는 도매업체 또는 납 제련업체에 전달되어야 한다. 배터리를 공급하는 배터리 도매업자는 소비자가 폐 배터리를 반납할 때 새 배터리를 사들인 금액 이상의 금액으로 반납하도록 요구해야 한다. 지방자치단체는 배터리 소매업자와 도매업자의 이행 여부를 감시하고 이 법을 위반하는 경우 벌금이나 기타 벌칙을 부과할 의무가 있다.
뉴욕시 쓰레기 분류 및 리사이클링 법	1989	시민들이 사용한 배터리와 타이어를 리사이클링 시설에 반환하고, 사용한 차량 축전지를 지정된 리사이클링 장치로 보내야 하며, 다른 폐기물과 혼합하거나 부적절하게 폐기해서는 안 되며, 차량 배터리 소매업체는 사용한 배터리를 무료로 리사이클링하고 향후 리사이클링을 위해 소비자에게 5달러의 추가 비용을 청구해야 한다.

표 5.11 중국의 관리 규범

사양	연도	내용
폐 배터리 리사이클링을 위한 기술 사양(GB/T 39224-2020)	2021	폐 배터리의 수집, 분류, 운송 및 보관에 대한 전반적인 요건을 규정한다. 유해 폐기물을 제외한 폐 배터리 리사이클링의 전 과정에 적용 가능.
유해 폐기물의 수집, 보관 및 운송을 위한 기술 사양(HJ 2025.2012)	2012	유해 폐기물의 수집, 보관, 운송에 대한 기준과 요건을 명시한다.
안전 표지판 및 사용 지침	2008	공공장소, 산업체, 기타 사람들에게 안전에 대한 경각심을 일깨워야 하는 장소에 적용할 수 있는 안전 정보 표지판의 범위를 명확히 한다.
유해 폐기물 운영 허가를 위한 행정 조치 다 쓴 배터리의 보관 및 운송에 관한 규정	2004	위험 폐기물의 운영 및 관리를 위한 적절한 조치를 제공한다.
자원 리사이클링 스테이션 건설에 관한 행정 사양	2012	자원 리사이클링 스테이션의 건설 및 운영에 적용되며, 수입 고형 폐기물을 원료로 하는 리사이클링 스테이션, 유해 폐기물, 폐차 차량 등 중국의 법률, 규정 및 규칙에서 지정한 리사이클링 가능한 자원의 리사이클링 스테이션은 제외된다.
신에너지 자동차 배터리의 리사이클링 및 활용 관리에 관한 임시 조치	2018	차량 제조업체가 축전지 리사이클링에 대한 주요 책임을 지고, 기타 관련 기업이 축전지 리사이클링의 각 단계에서 각기 책임을 지는 것을 명시한다. 배터리의 효과적인 활용과 환경적으로 수용 가능한 폐기를 보장하는 것을 목표로 한다.

18599), 품질관리 시스템-요구사항(GB/T 19001), 환경 관리 시스템-사용 지침이 포함된 요구사항(GB/T 24001), 배터리 스크랩의 저장 및 운송 규정(GB/T 26493), 일회용 배터리 스크랩(GB/T 26724), 충전식 배터리 스크랩(GB/T 26932), 폐 배터리의 분류 및 코드(GB/T 36576), 산업 보건 및 안전 관리 시스템-사용 지침이 포함된 요구사항(GB/T 45001), 건물의 화재 방지 설계 코드(GB 50016), 건물의 소화기 배포 설계 코드(GB 50140), 유해 폐기물의 수집, 보관, 운송 기술 사양(HJ 2025), 리사이클링 가능한 자원 리사이클링 시스템 구축 사양(SB/T 10719) (표 5.11).

5.2.1.3 일본

일본의 배터리 리사이클링에 대한 법적 제도는 세 가지 측면으로 구성된다(표 5.12).

 (1) 시민을 위한 안내: 일본은 11월 11일을 '건전지의 날'로, 12월 12일을 '배터리의 날'로 정하고 전 국민을 대상으로 건전지에 대한 지식과 환경 보호에 대한 교육을 시행하기 위해 주요 지역 사회, 사회 복지기관, 장애인 단체 등에 건전지와 홍보물을 기증하고 있다. 또한, 폐건전지는 1984년 쓰레기 분류에서 유해 물질로 명확히 규정되어 1985년부터 시민들을 통해 리사이클링이 시작되었다.

 (2) 배터리 제조업체에 대한 요구사항: 1985년 일본 내 배터리 제조업체는 1990년까지 점진적으로 무수은 배터리를 생산해야 했다. 목표와 관련하여 일본 정부는 (i) 건전지의 수은 함량을 줄이고 수은 건전지의 리사이클링을 촉진하기 위해 모든 당사자가 취해야 할 조치를 규정하는 지침 의견을 발표했으며, (ii) 사용한 알카라인 건전지를 지역적으로 리사이클링하고 폐기하는 것을 목표로 삼았다. (iii) 지역적으로 폐 알카라인 배터리의 리사이클링 및 폐기 시스템을 구축하고, (iv) 배터리 제조업체의 적극적인 지원을 받아 배터리 리사이클링을 촉진하는 조직을 구축한다.

⑶ 배터리 리사이클링 기업에 대한 규제: 1985년 일본 정부는 배터리 리사이클링을 촉진하는 조직을 설립할 것을 제안했다. 2001년 일본 경제산업성은 충전식 폐건전지의 리사이클링은 일본 건전지 공업 협회와 관련 단체가 주관하도록 규정했다. 일본에서는 일반적으로 폐 배터리는 배터리 제조업체가 아닌 금속 생산 능력을 갖춘 공장에서 리사이클링한다. 폐 배터리는 항상 협회, 배터리 제조업체(쇼핑몰 및 공공장소의 리사이클링 쓰레기통), 지방 자치 단체에서 수거한다. 지방 자치 단체에서 다른 쓰레기와 섞이지 않고 별도로 수거한 배터리는 대부분 노무라 코산주식회사((Nomura Kohsan Co., Ltd.), 도호 아연주식회사(Toho Zinc Co., Ltd.) 등 특정 배터리 리사이클링 업체에 전달되어 추가 리사이클링 및 재사용되며, 별도로 수거되지 않은 폐 배터리는 불연성 쓰레기로 적절히 처리된다.

표 5.12 일본 사양.

코드	연도	내용
일본 아사히카와 (Asahikawa)시는 폐 배터리 리사이클링에 관한 규정을 제정.	1984년 4월	주민들은 사용한 배터리를 유해 폐기물 통에 버리고쓰레기를 분류해야 하며, 환경위생국에서 매주 수거하여 봉투에 담는다.
아키타(Akita)시	1985년 6월	건전지 분류 및 리사이클링 사업 시작
일본 후생노동성 복지부 지침 의견 발표	1985년	1990년까지 무수은 배터리 생산을 목표로 하고 지침을 제시: a) 일본에서는 폐기물 처리 시설에 대한 엄격한 요건으로 인해 사용한 배터리를 생활 쓰레기와 함께 폐기할 수 있어 환경 문제를 일으키지 않으며, 환경 보호의 요구에 부응하기 위해 배터리 내 수은 함량을 줄이고 수은 산화물 배터리의 리사이클링을 촉진하기 위해 노력하고 있다. b) 사회적 및 환경적 요구사항을 충족하기 위해 모든 관련 당사자는 배터리 내 수은 함량을 줄이는 조치를 공동으로 취해야 한다. c) 지자체는 자체 필요에 따라 다 쓴 배터리를 리사이클링할지를 결정할 수 있다.
일본 건전지 산업 협회	1986년	1986년 일본 건전지 산업협회는 일련의 조처로 건전지 제조업체가 수은 함유 건전지의 생산량과 1차 건전지의 수은 함량을 줄여 (i) 수은 건전지의 리사이클링을 촉진하고, (ii) 보청기에 사용되는 수은 건전지 대신 아연 공기 건전지의 사용을 장려하고, (iii) 알카라인 건전지의 수은 함량을 1987년까지 현재의 1/6 수준으로 줄이기 위해 노력하고, (iv) 1987년까지 건전지에 라벨을 부착하도록 요구했다.

코드	연도	내용
일본 국제 무역 산업성	1993년	지방 정부가 리사이클링 단위의 수요를 맞추기 위해 건전지 분류 및 리사이클링에 관한 시범 프로그램을 시작하도록 요구한다.
일본 국제 무역 및 산업 생산부	1995년	1995년 말부터 수은 산화물 배터리의 생산이 전면 금지된다고 명시하고 있다. 산화수은 배터리의 80%가 보청기에 사용된다. 1995년까지 일본에서 무수은 아연-망간 배터리와 알카라인 배터리가 생산되었다.
일본 경제산업성	2001년	소형 충전지 리사이클링 정책 제안. 이 정책은 충전식 배터리의 리사이클링을 강조하고, 세계적으로 경제적이고 효과적인 리사이클링 기술이 부족하므로 1차 건전지의 리사이클링을 신중하게 검토해야 한다고 지적한다. 이 정책은 충전식 폐건전지의 리사이클링을 일본 건전지 공업 협회와 관련 단체가 주관하도록 규정하고 있다. 또한 2005년까지 폐구리-니켈 전지의 리사이클링률을 1999년 45%에서 78%로, 산화수소 전지는 20%에서 35%로, 리튬 전지는 20%에서 40%로, 소형 납배터리는 55%에서 80%로 늘릴 것을 요구하고 있다.
일본 정부는 3R 이니셔티브를 제안.	2000년	'대량 생산, 대량 소비, 대량 폐기'를 3R(감량, 재사용, 리사이클링 reduce, reuse, recycle)로 전환하는 것을 목표로 한다.
일본 경제산업성은 가전제품 리사이클링 및 기타 리사이클링 활동에 관한 법률을 발표.	2009년 4월	일본 내 가전제품 제조자, 판매자와 소비자는 규정된 바에 따라 서로 다른 의무를 진다. 가전제품 제조업체는 리사이클링 공장을 건설하거나 임차하여 폐가전을 리사이클링하고, 가전제품 판매자는 폐가전을 수거하여 제조업체로 운반하며, 소비자는 위의 비용을 부담해야 한다.
우라야스 (Urayasu)시, 4R 프로그램 출시	2019년	줄이기(reduce), 재사용하기(reuse), 재활용하기(recycle)를 의미. 3R 프로그램에 '거부(refuse)'를 추가.
일본 경제산업성은 '전기자동차에 사용되는 차세대 배터리의 연구 개발 계획'을 발표.	2021년 8월	이 계획은 향후 10년간 온실가스 배출량이 적은 전고체전지 등 고성능 축전지 생산 기술을 개발해 이산화탄소 배출량을 전 세계 이산화탄소 배출량의 16% 수준으로 낮춘다는 목표를 제시하고 있다. 이러한 기술을 적용하면 2040년까지 2억 6천만 톤의 이산화탄소 배출량을 줄일 수 있을 것으로 예상된다. 매년 전 세계 신차 시장 규모를 6조 2천억 엔으로 끌어올릴 것이다.

5.2.2 국가별 관리 규범 비교

선진국에서는 생산자 책임 리사이클링 제도 확대에 따라 배터리 수거 및 리사이클링에 관한 법률을 제정하여 모든 배터리 제조 및 수입업체가 폐 배터리를 수거하여 리사이클링하도록 의무화하고 있다. 또한 유해 물질이 포함된 배터리와 2차전지는 주로 리사이클링 대상이지만, 일차 전지는 의무적으로 리사이클링하지 않는다. 일반적으로 배터리 수거 장소가 많아지면 대중의 인식이 크게 높아질 수 있고, 교육 활동이 많아지면 배터리 리사이클링이 촉진될 수 있다.

미국에서는 대부분의 관리 사양이 BCI에서 발행되며, 배터리 리사이클링 산업이 빠르게 발전한 주에서 별도로 발행하는 사양도 있다. 중국에서는 각 배터리 리사이클링 공정에 대한 관리 규격을 국가가 통일적으로 제정하여 발표함으로써 각 공정을 법으로 감독할 수 있도록 하고 있다. 일본은 일찍부터 배터리 리사이클링 법제화가 시작되어 기본법, 일반법, 특별법, 지자체 차원의 보완 정책 및 요구사항으로 구성된 포괄적인 법체계가 구축되어 있다.

결론적으로 모든 국가가 배터리 리사이클링의 모든 공정에 대한 규격을 별도로 규정하고 있는 것은 아니다. 대부분의 관련 내용은 유럽 국가와 미국의 거시 정책 및 법에 포함되어 있다. 또한, 각국의 배터리 리사이클링 산업 발전과 정책 결정에 따라 세부 사양이 달라질 수 있다.

5.3 배터리 리사이클링 관련 기술 규범

5.3.1 국가별 배터리 리사이클링 관련 기술 규범

일본 내 폐 배터리 기업은 ISO 14001 표준을 준수해야 한다. 현재 ISO 14001 인증을 받은 기업으로는 1999년에 인증을 받은 J&T 환경(주)와 2001년에 인증을 받은 노무라 고산(주)이 있다. 1973년 12월에 설립된 노무라 코산(주)은 폐건전지 및 폐형광등 처리를 전문으로 하는 폐기물 처리 업체이다. 이 회사는 1986년 폐 배터리의 리사이클링 및 처리를 위한 광역 센터로 지정되었다. 초창기에는 일본 정부가 리사이클링 공장을 위해 폐건전지 1kg당 80엔을 지원했다. 2019년에는 4R 에너지(4R Energy Corp.)가 제안한 배터리 리사이클링을 위한 기술 표준으로 UL 1974 인증을 받았다(표 5.13~5.17).

일본은 배터리 리사이클링 시스템을 구축하고 실행하기 위해 '최종 리사이클링자 및 해체자' 제도를 채택하고 있다. 휴대용 배터리를 리사이클링하기 위해 비영리 생산자 책임 리사이클링 단체인 일본 휴대용 충전식 배터리 리사이클링 센터(JBRC)가 최종 리사이클링자 및 해체자의 임무를 수행하고 있다.

다 쓴 휴대용 배터리는 소비자가 먼저 수거함에 수거한 후 JBRC에 전달한다. JBRC는 이러한 배터리를 리사이클링할 수 있는 자원으로 분

표 5.13 유럽 규범(EN)

코드	연도	콘텐츠
KO 60622	1995	밀폐형 NiCd 사각형 충전식 모노 블록 배터리에 관한 기술 표준을 다룬다.
KO 61429	1997	국제 리사이클링 기호 ISO 7000-1135에 따라 이차 전지와 배터리에 라벨을 부착하고 납산 배터리(Pb) 및 니켈-카드뮴 배터리(Ni-Cd)에 적용된다.
EN 60623	2001	알카라인 또는 기타 비산성 전해질을 포함하는 이차 전지와 배터리-개방형 니켈 카드뮴 각형 충전식 단일 전지(IEC 60623: 2001)
GENELEC EN 61960	2003	IEC 61960, Ed. 1: 알칼리성 또는 기타 비산성 전해질을 포함하는 이차 전지와 배터리-휴대용 애플리케이션용 이차 리튬 전지와 배터리
KO 60622	2003	알칼리성 또는 기타 비산성 전해질을 포함하는 이차 전지와 배터리-밀봉된 니켈-카드뮴 각형 충전식 단일 전지 (IEC 60622:2002)
CENELEC EN 61960	2004	알카라인 또는 기타 비산성 전해질을 포함하는 이차 전지와 배터리. 휴대용 애플리케이션용 2차 리튬 전지와 배터리 IEC 61960: 2003; 부분적으로 EN 61960-1 : 2001 및 EN 61960-2 : 2001을 대체한다.
EN 61960	2011	성능 테스트, 명칭, 표시, 치수 및 휴대용 응용 제품을 위한 이차 리튬 단일 전지와 배터리에 대한 기타 요구사항을 설명한다.

표 5.14 독일 산업 표준(DIN)

코드	연도	콘텐츠
DIN EN 61429	1997	국제 리사이클링 기호 ISO 7000-1135(IEC 61429: 1995)에 따라 이차 전지와 배터리에 라벨을 부착한다. 독일어 버전 EN 61429:1996은 충전식 배터리에 대한 라벨 부착 요구사항을 제공한다.
DIN EN 60622	1997	밀봉된 니켈-카드뮴 각형 충전식 단일 셀(IEC 60622:1988+a2:1992+정오표 1992); 독일어 버전EN 60622:1995
DIN EN 61960	2001	휴대용 애플리케이션을 위한 이차 리튬 전지와 배터리-1부: 2차 리튬 전지
DIN 국제전기기술위원회 61960	2002	알카라인 또는 기타 비산성 전해질을 포함하는 이차 전지와 배터리-휴대용 애플리케이션용 이차 리튬 전지 와 배터리(IEC 21A/340/CD:2001). 파트2: 이차 리튬 배터리
DIN EN 60623	2002	알카라인 또는 기타 비산성 전해질을 포함하는 이차 전지와 배터리-밀봉된 니켈-카드뮴 각형 충전식 단일 전지 (IEC 60623:2001); 독일어 버전 EN 60623:2001
DIN EN 61960	2004	이 국제 표준은 휴대용 애플리케이션을 위한 이차 리튬 단일 전지 와 배터리에 대한 성능 테스트, 지정, 표시, 치수 및 기타 요구사항을 지정한다. 이 표준의 목적은 이차 리튬 전지 와 배터리의 구매자와 사용자에게 다양한 제조업체에서 만든 2차 리튬 전지 와 배터리에 대한 일련의 성능 평가 기준을 제공하는 것이다
DIN 국제전기기술위원회 61960	2008	알칼리성 또는 기타 비산성 전해질을 포함하는 이차 전지 와 배터리-휴대용 애플리케이션용 이차 리튬 전지와 배터리 (IEC 21A/445/CD:2008)
DIN EN 61960	2012	알칼리성 또는 기타 비산성 전해질을 포함하는 이차 전지와 배터리-휴대용 애플리케이션용 이차 리튬 전지와 배터리 (IEC 61960: 2011)

류하여 리사이클링 업체로 운반한다. 자격을 갖춘 리사이클링 업체로는 후요 금속(Fuyo Metals) 산하의 리사이클21 주식회사(Recycle21 Co., Ltd.), 일본 리사이클 센터 주식회사(Japan Recycling Center Co., Ltd.), 일본 자기 드레싱 주식회사(Nippon Magnetic Dressing Co., Ltd.), 일본 교에이 금속 주식회사(Japan Kyoei Steel Co., Ltd.) 등이 있다. 마찬가지로 리튬 배터리를 리사이클링하기 위해 도요타 자동차 등 전기자동차 제조업체와 파나소닉, 삼성 그룹 등 리튬 배터리 제조업체가 최종 리사이클링 및 해체업체의 역할을 하고 있다. 이들 제조업체는

표 5.15 네덜란드 표준(NEN)

코드	연도	콘텐츠
국제전기기술위원회 (IEC 61429)	1997	국제 리사이클링 기호 ISO 7000-1135에 따라 이차 전지와 배터리에 라벨을 부착하고 지침 93/86/EEC 및91/157/EEC를 표시한다.
국제전기기술위원회 61960-1	2001	이차 리튬 단일 전지에 대한 성능 및 안전 테스트, 명칭, 표시, 치수 및 기타 요구사항을 지정한다. 휴대용 애플리케이션을 위한 이차 리튬 전지 와 배터리-1부: 2차 리튬 전지
국제전기기술위원회 61960-2	2001	휴대용 애플리케이션을 위한 이차 리튬 전지 와 배터리-파트2: 2차 리튬 배터리
국제전기기술위원회 60623	2001	통기형 각형 충전식 니켈-카드뮴 전지에 대한 일반적인 요구사항, 특성, 표시, 치수, 전기 및 기계적 테스트 방법을 제시한다.
국제전기기술위원회 61960	2004	성능 테스트, 명칭, 표시, 치수 및 휴대용 애플리케이션을 위한 이차 리튬 단일 전지와 배터리에 대한 기타 요구사항을 정의한다. 2차 리튬 전지와 배터리 구매자 및 사용자에게 다양한 제조업체에서 만든 이차 리튬 전지와 배터리에 대한 일련의 성능 평가 기준을 제공한다.
국제전기기술위원회 61960	2011	알카라인 또는 기타 비산성 전해질이 포함된 이차 전지와 배터리 팩, 이차 리튬 배터리 및 휴대용 장비용 배터리 팩.

표5.16 노르웨이표준(NS)

코드	연도	콘텐츠
NS 9431	2000	폐기물의 분류
NS 9430	2002	중국 폐기물 수집 및 운송에 대한 일반 계약 조건
NS 9431	2011	물의 분류
NS 9430	2013	폐기물의 정기 수집 및 운송에 대한 일반 계약 조건

표 5.17 중국 표준

표준	연도	콘텐츠
일반 산업 고형 폐기물 저장 및 처분장의 오염 관리 표준	2020	이 표준은 일반 산업 고형 폐기물 저장 및 처분장의 부지 선정, 건설, 운영, 폐쇄 및 토지 매립과 오염 제어 및 모니터링에 대한 환경 요구사항을 지정한다.
안전표지 및 사용 지침	2012	유해 폐기물의 수집, 저장 및 운송에 대한 규범 및 요구사항을 지정한다.
차량 배터리의 리사이클링 및 분해 사양	2017	차량 충전식 배터리 팩 및 모듈 분해에 대한 일반 요구사항, 작동 절차, 보관 및 관리 요구사항을 지정한다.

표준	연도	콘텐츠
차량 동력 배터리 리사이클링의 잔류 용량 테스트	2017	차량 폐 배터리의 리사이클링 절차가 성능 테스트 및 안전 요구사항에 따라 테스트 되어야 함을 지정한다. 육안 검사, 극성 감지, 전압 식별, 충전 및 방전 전류 감지, 잔류 용량 테스트를 포함한 잔류 용량 테스트에 대한 요구사항을 제공한다.
차량 배터리에 대한 코딩 규정	2017	차량 배터리의 기본 코딩 원리, 코딩 개체, 코드 구조 및 데이터 캐리어를 지정한다. 추적성과 고유성을 통해 배터리 코드는 배터리의 생산, 유지 관리, 주요 매개변수 모니터링 및 리사이클링 중에 배터리 리사이클링의 책임 기관을 정확하게 결정하는 데 도움이 될 수 있다.
전기자동차의 배터리의 제품 사양 및 치수	2018	LIB 및 금속 수소화물-니켈 배터리를 포함하여 전기자동차에 설치되는 배터리셀, 모듈 및 표준 박스의 사양 및 치수를 규정한다.
전기자동차 배터리 리사이클링에 대한 재료 리사이클링 요구사항	2018	배터리 리사이클링의 재료 리사이클링 및 처리 공정, 인력 운영, 부지 선정 및 처리 기술에 대한 요구사항을 명시하고 리사이클링률 및 계산 방법을 정의한다.

해체 센터를 설립하여 리사이클링 리튬 배터리를 일괄적으로 관리, 운송, 해체, 분류하고 있다. 재사용할 가치가 없는 배터리는 리사이클링 리튬이 온 파워 배터리 업체로 이송되어 제련 및 고철로 처리된다.

5.3.2 국가별 기술 규범 비교

기술 표준은 유럽과 중국 정부에서 제정하고 공표한다. 그러나 일본의 경우 기술 표준은 지정된 기업이 제정하고 정부의 승인을 받아 관련 기업이 생산 및 가공 과정에서 시행한다. 중국과 미국의 배터리 리사이클링 기업들은 제삼자의 표준을 따르며 효율적으로 경쟁하고 있다. 일본 기업들은 기존 마케팅 네트워크를 통해 배터리 리사이클링 네트워크 구축에 주도적인 역할을 하고 있으며, 이에 따라 업계 표준을 만들고 있다. 국가마다 다른 방식으로 제정된 기술 표준은 세부 사항은 다르지만 모두 각국의 요구사항을 충족한다.

5.4 배터리 리사이클링 관련 지원 정책

5.4.1 국가별 배터리 리사이클링 관련 지원 정책

미국 정부에서 규정하는 보조금 정책 외에도 각급 주 정부는 신에너지 차량 구매에 대한 보조금 정책을 수립하고 있다. 예를 들어, 캘리포니아는 1990년 무공해 차량 프로그램을 시행하면서 신에너지 차량의 장점 포인트 및 장점 포인트 거래 시스템을 혁신적으로 설계한 무공해 차량 규정(ZEV 규정)을 제정하여 캘리포니아에서 일정 판매량을 달성한 자동차 브랜드 제조업체는 적립 및 거래를 할 수 있는 특정 신에너지 포인트를 보유해야 하며, 조건을 충족하지 못하는 경우 벌금을 부과하도록 규정했다(표 5.18 및 5.19).

친환경 차량의 보급을 촉진하는 또 다른 힘은 친환경 차량에 대한 보조금 프로그램이다. 이 프로그램은 범위를 확대하여 연료 전기자동차 3

표 5.18 유럽 국가의 지원 정책.

나라	보조금 및 우대 정책	조정된 보조금 및 우대 정책
독일	2016년 5월 19일부터 독일에서 순수 전기차를 구매하는 고객과 플러그인 하이브리드 차량을 구매하는 고객에게 각각 4천 유로와 3천 유로의 보조금을 지급하고 있으며, 정부와 자동차 제조업체가 부담하여 총 12억 유로의 보조금을 지급하고 있다. 보조금 정책은 2015년 7월부터 시행되어 모든 보조금이 지급될 때까지 시행된다. (1) 2016년부터 2020년 사이에 구매한 전기차는 집에 있는 다른 차량과 번호판을 공유할 수 있으며, 차량 소유자는 두 대의 차량에 대해 하나의 보험 증권만 제공하면 된다. (2) 순수 전기차, 플러그인 하이브리드 전기차, 연료전지 차량은 무료 주차 및 버스 전용 차선 등의 혜택을 누릴 수 있다.	(1) 순수 전기자동차에는 등록세,수입 부가가치세, 도로세가 부과되지 않는다. (2) 전기차는 버스 전용차선을 이용할 수 있으며 무료 충전, 무료 주차, 도시 통행료 면제 혜택을 누릴 수 있다.

나라	보조금 및 우대 정책	조정된 보조금 및 우대 정책
노르웨이	노르웨이에서 전기차를 구매하는 고객은 판매세와 25%의 부가가치세를 면제받을 수 있으며 연간 라이선스 비용도 절감할 수 있다. (1) 순수 전기자동차에는 등록세, 수입 부가가치세, 도로세가 부과되지 않는다. (2) 전기차는 버스 차선을 이용할 수 있고 무료 충전, 무료 주차 및 도시 통행료 혜택을 누릴 수 있다.	(1) 부가가치세 면제 정책이 취소되었다. (2) 수입 모델에 대한 무관세 정책 취소.
네덜란드	(1) 등록세: 모두 전기 차량과 플러그인 하이브리드는 이 세금에서 면제된다. 플러그인 하이브리드 구매자는 배출되는 이산화탄소에 대해 추가 비용을 지급해야 한다. (2) 구매 세금: 순수 전기차는 이 세금이 면제되며, 플러그인 하이브리드는 50% 할인된다. CO2 배출량이 많고 사용 기간이 12년 이상인 차량은 2019년부터 15%의 세금이 추가로 부과된다. (3) 공식 차량 사용세: 순수 전기 자동차는 4%, 플러그인 하이브리드 및 이산화탄소 배출량이 많은 차량은 22%만 납부.	네덜란드는 2020년 7월부터 개인 전기자동차 구매자에게 보조금을 지급할 예정이다. 이 정책은 하이브리드 모델과 가격이 4만 5천 유로를 초과하는 순수 전기자동차에는 적용되지 않지만, 조건을 충족하는 중고 전기자동차에는 적용한다. 가격이 1천 200~4천 500유로로, 최소 주행 거리가 120km인 순수 전기차를 구매하는 고객은 4천 유로의 보조금을 받을 수 있으며, 조건을 충족하는 중고 전기차는 2천 유로의 보조금을 받을 수 있다.

표 5.19 미국의 지원 정책

코드	연도	내용
에너지 개선 및 확장법	2008	이 법의 섹션 30D는 새로운 적격 플러그인 전기 구동 자동차에 대한 특별 세금 공제 정책을 명시한다
미국 경기 회복 및 재투자법	2009	2009년 12월 31일부터 납세자는 조건을 충족하는 플러그인 하이브리드 전기자동차 및 순수 전기자동차를 구매할경우 이에 상응하는 세금 환급을 받을 수 있다. 특히 세금 환급은 배터리 용량에 따라 계산된다. 배터리 용량이 5kWh 이하인 차량의 경우 세금 환급액은 2천 500달러이며, 배터리 용량이 추가될 때마다 킬로와트시당 417달러가 추가된다. 총 세금 환급 상한액은 7천 500 달러이다.

종(대당 보조금 5천 달러), 순수 전기자동차 21종(2천 500달러), 플러그인 하이브리드 자동차 17종(1천 500달러), 순수 전기 모터사이클 13종(900달러)에 적용되고 있다.

콜로라도와 같은 일부 다른 주에서는 더 간단하고 직접적으로 전기

표 5.20 중국의 전기 구동 자동차에 대한 조정된 보조금 정책.

순항 범위 (R, 킬로미터)	2020년 기준금액 (위안/차량)	2019년 기준액 (위안/차량)	에너지 밀도 (Wh/킬로그램)	보조금 계수 2020	보조금 계수 2019
$300 \leq R < 400$	16,200	18,000	125-140	0.68	0.8
$R \geq 400$	22,500	25,000	140-160	0.765	0.9
—	—	—	≥ 160	0.85	1
2020년 기술 요구 사항	1) 순수 전기 자동차의 순항 거리는 300km 이상이어야 한다. (2) 보조금 계수는 순수 전기자동차의 에너지 소비 수준에 따라 설정된다. 차량 공차 중량(m)이 다른 경우 100km당 에너지 소비량(Y)은 다음과 같은 임계값 조건을 충족해야 한다: $m \leq 1000$, $Y=0.0112 \times m +0.4$, $1000 < m \leq 1600$, $Y=0.0078 \times m +3.8$, $m > 1600$, $Y=0.0044 \times m +9.24$. 임계값보다 $0\% \leq Y < 10\%$인 차량의 경우 계수는 0.8이고, 임계값보다 $10\% \leq Y < 25\%$인 차량의 경우 계수는 1.1이다. (3) 순수 전기자동차의 30분 최고속도, 순수 전기자동차에 사용되는 동력전지의 에너지 밀도, 플러그인 하이브리드 전기 구동 자동차의 에너지 소비량 및 이에 따른 보조금에 대해서는 「신에너지 자동차 보급 및 이용 촉진을 위한 정부 보조금 지원 등에 관한 규정 개선 고시」를 참고하기를 바란다.				

자동차 구매 때 최대 5천 달러, 전기자동차 렌트 시 2천 500달러의 세금 보조금을 제공한다(표 5.20).

2020년 중국의 보조금 정책은 2018년과 2019년의 보조금 정책이 다음과 같은 차이점이 있다.

(1) 전체 보조금이 삭감되었으며, 주행 가능 거리가 300km 미만인 차량에 대한 보조금은 취소되었다.

(2) 차량의 보조금 지급 전 가격이 30만 위안 이하이면 등 가격 임계값을 설정한다.

(3) 배터리 교환 기술 개발을 장려하는 조치를 추가하고 배터리 교환 기술을 채택한 차량은 가격과 관계없이 보조금을 받을 수 있도록 명시한다.

(4) 2020년부터 차량 제조업체는 1만 대의 보조금 정산 신청서를 한 번만 제출해야 한다.

⑸ 자가용이 아닌 차량(영업용 차량)은 보조금 전액(70%)을 받을 수 없다.

⑹ 2020년 4월 23일부터 2020년 7월 22일까지를 새로운 정책 도입을
위한 과도기로 설정한다.

결론적으로 중국의 지원 정책은 주로 신에너지 자동차 산업에 보조
금을 지급하는 것이지만, 보조금은 꾸준한 강도와 속도로 삭감, 즉 전년
대비 보조금이 점차 감소하고 있다.

5.4.2 국가별 지원 정책 비교

각국의 신에너지 차량 지원 정책은 모두 차량 소비자와 기업에 재정적
보조금을 지급한다. 보조금 액수, 정책 기간, 계산 방법 등의 차이점이
있다. 하지만 모든 국가에서 전기자동차 소비를 촉진하고 산업 발전을
촉진하기 위해 소비자에게 보조금을 지급하고 새로운 에너지 연구 개발
에 대한 기업의 투자를 장려하기 위해 기업에 보조금을 지급한다.

참조

1 Zhenbiao, L. and Yuke, L. (2019). Research on the laws and regulations of power battery recycling in developed countries. Automobiles and Accessories D912.6: 65-67.

2 Qingyin, D. (2021). Practical Cases of Power Battery Recycling in China. Beijing: China Electronics Energy Conservation Technology Association.

6 리튬이온 파워 배터리의 새로운 적용 시나리오

6.1 파워 배터리의 기존 적용 시나리오

6.1.1 이륜 전기자동차

6.1.1.1 글로벌 시장 개발 현황

전 세계 이륜 전기자동차(EV) 수는 3억 대를 넘어섰고, 중국 시장이 세계를 선도하고 있다. 중국은 현재 세계에서 가장 큰 이륜 전기자동차 생산, 판매 및 수출국이다. 20년 이상의 개발 끝에 이륜 전기자동차는 중국인들이 라스트 마일 문제를 해결하는 중요한 교통수단이 되었다. 2017년 중국 전기 자전거 국가 품질감독 검사센터가 발표한 전기 자전거 품질 및 안전에 관한 중국 백서와 공업정보화부 통계 데이터[1, 2]에 따르면, 그림 6.1과 6.2에서 볼 수 있듯이 2020년 중국의 이륜 전기자동차 대수는 전 세계 이륜 전기자동차 대수의 90%인 3억 대를 넘어섰으며, 2020년 중국 이륜 전기자동차의 생산량은 전 세계 이륜 전기자동차의 90%에 달한다.

2021년 1월부터 5월까지 중국의 이륜 전기차 생산량은 1,261만 대에 달해 전년 대비 42% 증가했다. 중국의 이륜 전기차 연간 생산량은 2018

년 이후 3천만 대에 육박하며 보급률이 70%에 육박하고 있다. 그러나 국내 시장은 포화 상태에 이르러 성장이 크게 둔화하는 경향이 있으며, 한편으로는 해외 시장 수요 증가로 수출 성장이 주도되고 다른 한편으로는 새로운 국가 표준의 시행이 이륜 전기자동차의 양에서 질로의 전환을 촉진하고 재고 교체가 산업 발전을 유지하는 가장 큰 원동력이 되었기 때문에 성장이 크게 둔화하였다.

해외 시장의 전기 자전거 보급률은 계속 증가하고 있다. 전기 자전거 세계 보고서(EBWR)와 스태티스타(Statista)의 연간 데이터에 따르면, 아시아 태평양 지역과 서유럽이 전 세계 전기 자전거 시장의 대부분을 차지하고 있다. 아시아 태평양 지역과 서유럽은 각각 전기 자전거 시장의 94.39%와 4.60%를 차지한다[3].

중국에서 널리 보급된 이륜 전기차와 달리 다른 국가에서는 여전히 이륜 연료 오토바이가 주류를 이루고 있다. 이륜 전기자동차의 개발은

그림 6.1 중국의 전기자동차 [1]

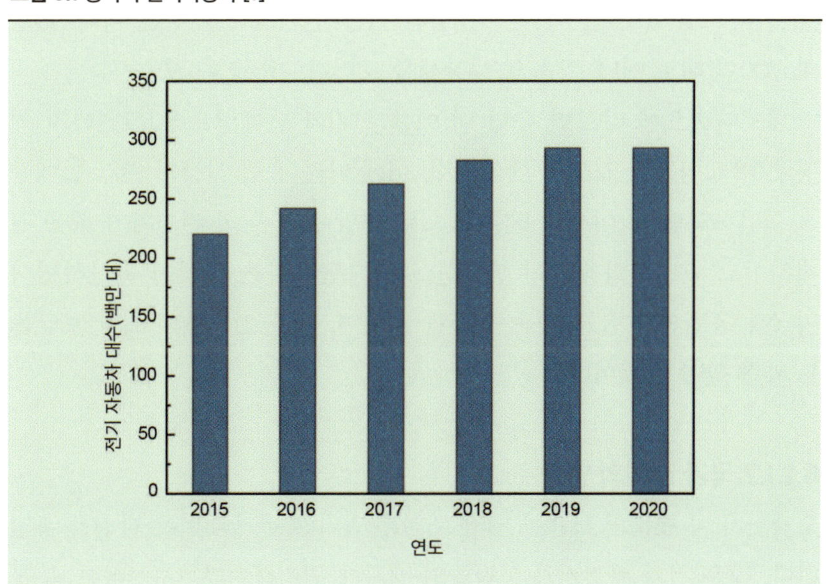

그림 6.2 이륜 전기자동차 비율 출처: 산업부 및 중화 인민 공화국 정보 기술 [2]

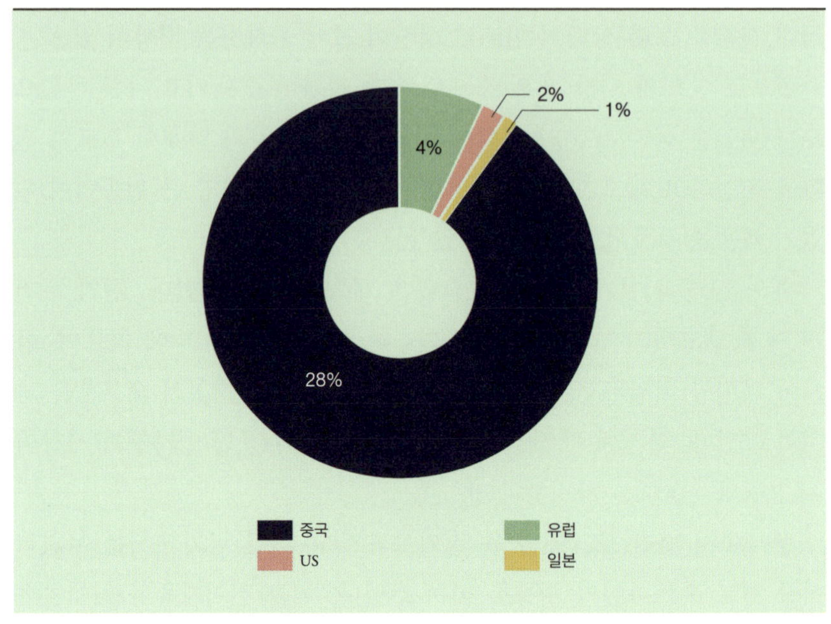

매우 제한적이기 때문에 여전히 성장의 여지가 많다. 관련 기관의 통계 [4]에 따르면 2019년 미국과 유럽의 이륜 전기차 판매량은 각각 43만 대, 300만 대로 매년 큰 폭의 성장세를 보인다(그림 6.3 및 6.4).

테크나비오에 따르면 유럽 내 이륜 전기차 판매량은 2022년까지 연평균 18% 성장할 것으로 예상되며, 이에 따라 유럽 시장의 연간 판매량은 연간 450만 대 이상에 달할 것으로 전망된다. 이륜 전기차가 매우 경제적이고 환경친화적이며 편리한 교통수단이라는 인식이 확산하면서 미국과 유럽의 수요는 계속 증가할 것이며, 이륜 전기차의 시장 보급률도 계속 높아질 것이다.

6.1.1.2 국가 정책의 영향

오래된 국가 표준의 느슨한 제약 조건은 전기 자전거의 빠른 발전을 촉진한다. 많은 전기 자전거가 사람들의 생활에 편리하지만, 너무 빠른 속도,

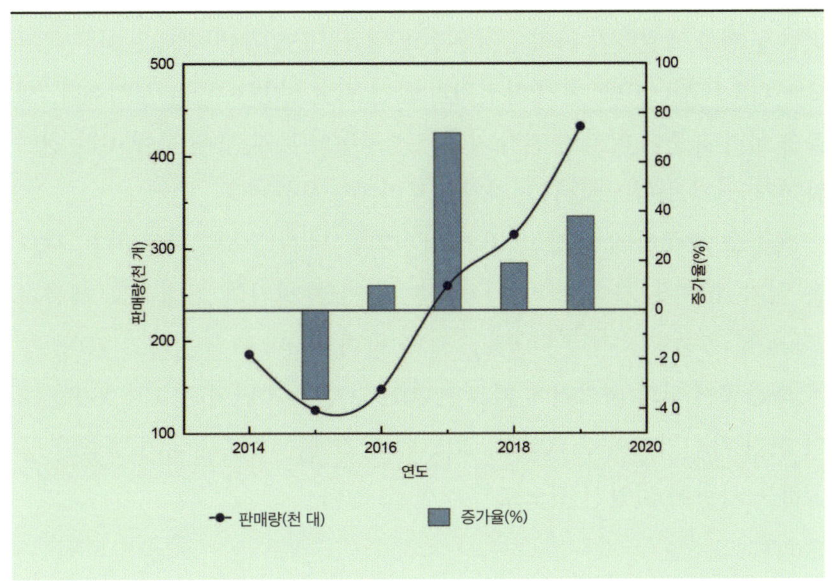

그림 6.3 연도별 미국 내 이륜 전기자동차 판매량. 출처: GF 증권 연구 개발 센터 [4]

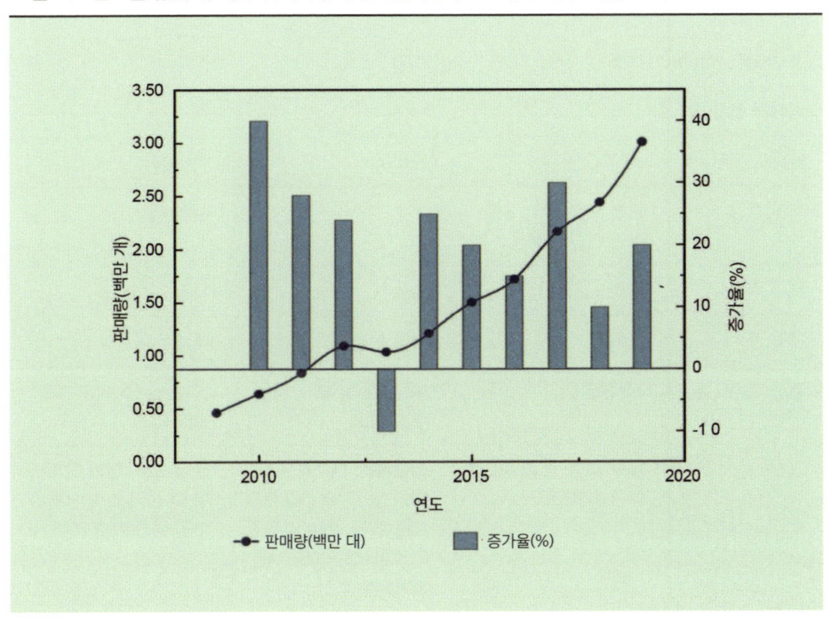

그림 6.4 연도별 유럽 내 이륜 전기자동차 판매량. 출처: GF 증권 연구 개발 센터 [4]

안전하지 않은 구조, 품질 미준수 등 여러 가지 문제를 야기하고 있다. 이러한 문제를 해결하기 위해 중국은 2019년 4월 15일부터 새로운 의무 국가 표준 GB 17761-2018, 전기 자전거의 안전 기술 사양(표 6.1)을 시행했다. 새로운 국가 표준에 따르면 전기 자전거는 차량의 무게, 출력 등에 따라 전기 자전거, 전기 소형 오토바이, 전기 오토바이로 분류된다.

표준을 충족하지 못하는 전기 자전거는 단계적으로 퇴출한다. 새로운 국가 표준은 가장 널리 사용되는 전기 자전거의 최대속도 제한을 25km/h, 총중량(배터리 포함) 55kg, 모터 출력 400W로 규정하고 있다. 중국 해관총서[5]의 데이터에 따르면 2019년과 2020년에 약 1천 900만 대의 전기 자전거가 수출되었다. 2019년 이전에는 새로운 국가 표준을 충족하는 차량이 없었던 것으로 추정할 수 있다.

표 6.1 전기 자전거의 안전에 관한 기술 사양

범주	전기자전거	전기 소형 오토바이	전기오토바이
총중량, kg	≤55	≥55	≥55
최대속도, Km/h	≤25	≤50	>50
배터리 전압, V	≤48	—	—
배터리 전력, W	≤400	≤4000	>4000
운반 용량	일부 도시에서 12세 미만 어린이 허용	0	성인 1명
제품 특성	무동력 차량	자동차	자동차
페달	필수	페달 없음	페달 없음
제품 관리	3C 인증	3C 인증 및 MIIT 카탈로그 발표	3C 인증 및 MIIT 카탈로그 발표
표준	필수 표준, 전기 자전거 안전 기술 코드	권장 표준, 전기 자전거에 대한 일반 기술 조건 권장 표준, 전기 오토바이 및 전기 소형 오토바이에 대한 일반 기술 조건	권장 표준, 전기 오토바이 및 전기 소형 오토바이의 일반 기술 조건

이 두 해의 판매량 약 5천 600만 대를 기준으로, 전기 자전거의 약 88%가 새로운 국가 표준을 충족하지 못한다고 잠정적으로 추정할 수 있다. 중국 전역에서 새로운 국가 표준을 시행하는 과도기가 끝나면 새로운 국가 표준을 충족하지 못하는 수많은 전기 자전거가 시장에서 퇴출당하고 그에 따라 교체될 것이다. 따라서 이륜 전기 자전거는 새로운 시대로 접어들고 있다.

해외에서도 전기 자전거 시장에 점점 더 많은 관심을 기울이고 있다. 올해 여러 유럽 나라가 자전거 이용을 장려하기 위해 보조금 제도를 도입했다. 그중 네덜란드 정부는 전기 자전거 구매자에게 전기 자전거 가격의 30% 이상을 보조금으로 지급하고 있으며, 프랑스 정부는 2천만 유로의 보조금 제도를 마련해 전기 자전거로 출퇴근하는 직원 한 명당 400유로를 지급하고 있다. 독일 베를린시는 새로운 도로를 재계획하고 임시 자전거 도로를 넓히느라 전기 자전거가 부족하다. 내비건트(Navigant) 컨설팅[6]에 따르면 전 세계 전기 버스 및 전기 이륜차(전기 오토바이, 전기 자전거, 전기 스쿠터) 산업은 2025년까지 연평균 10% 이상의 성장률로 622억 달러에 달할 것으로 전망된다.

6.1.1.3 이륜 전기 자동차= EV 배터리 개발 전망

이륜 전기자동차는 분명히 리튬 배터리를 사용하는 이륜 전기자동차로 발전하고 있다. 리튬 배터리 가격이 하락하면서 리튬 배터리의 종합적인 장점이 드러나고 있다. 납산 배터리는 단계적으로 퇴출당할 것으로 예상된다. 중국에서는 현재 3억 대의 이륜 전기자동차 중 약 2억 6천만 대가 기존 납축 배터리를 사용하고 있다. 여러 지역에서 전환기가 도래함에 따라 향후 3년 동안 리튬 배터리 차량의 시장 수요는 최소 1억 대 이상이 될 것으로 예상된다. 각 차량의 배터리 용량이 0.6kWh인 것을 기준으로 할 때, 향후 3년 동안 리튬 배터리 시장 수요는 60GWh이다.

6.1.2 전기자동차

6.1.2.1 글로벌 시장 개발 현황

에너지 지속 가능성과 환경 친화성이 운송 수단의 주요 개발 주제가 됨에 따라 전 세계 모든 국가가 연료 차량 판매 금지 일정을 발표했으며 전기자동차의 완전한 사용은 일반적인 추세가 되었다. 또한 각국은 리튬이온 파워 배터리 기술의 연구 개발에 많은 돈을 투자했다. 기술 발전으로 인해 비용이 많이 감소하고 전기자동차의 가격은 점점 더 연료 자동차에 가까워지고 있다. 전기자동차의 생산과 사용 과정에서 이산화탄소가 배출되지만, 전기자동차는 전체 산업 사슬에서 탄소 배출을 점진적으로 줄임으로써 저탄소 이점을 더욱 두드러지게 보여줄 것이다.

국제에너지기구(IEA)가 발표한 2021 세계 전기차 전망에 따르면 10년 이상의 급속한 성장 끝에 2020년 말에는 전 세계 전기차 보급 대수가 2019년보다 43% 증가한 1천만 대에 달할 것으로 예상된다[7]. 전반적으로 2020년 코로나19 팬데믹은 모든 유형의 차량의 글로벌 시장에 큰 영향을 미쳤다. 2020년 상반기 전기차 신규 등록 대수는 전년 대비 약 1/3 수준으로 감소했지만, 이러한 영향은 2020년 하반기의 강력한 추세로 인해 부분적으로 상쇄되어 2020년 총 16% 감소했다. 주목할 만한 점은 2020년 전 세계 전기차 판매량이 70% 증가하여 전체 전기차 판매량의 4.6%를 차지하며 사상 최고치를 기록했다는 점이다. 2020년에는 유럽 140만 대, 중국 120만 대, 미국 29만 5천 대 등 총 300만 대의 전기차가 등록되었다(그림 6.5).

중국은 전기자동차 개발의 선두 주자가 되었다. 중국 공안부 교통국의 데이터에 따르면 2021년 3월 현재 중국의 신에너지 차량(전기차 포함)은 551만 대이며, 이 중 순수 전기차는 449만 대로 신에너지 차량의 81.5%를 차지한다[8]. 중국 전기 충전 인프라 촉진 연맹의 데이터에 따르면 2021년 6월까지 중국에는 총 194만 7천 개의 충전소가 있으며, 이는 평

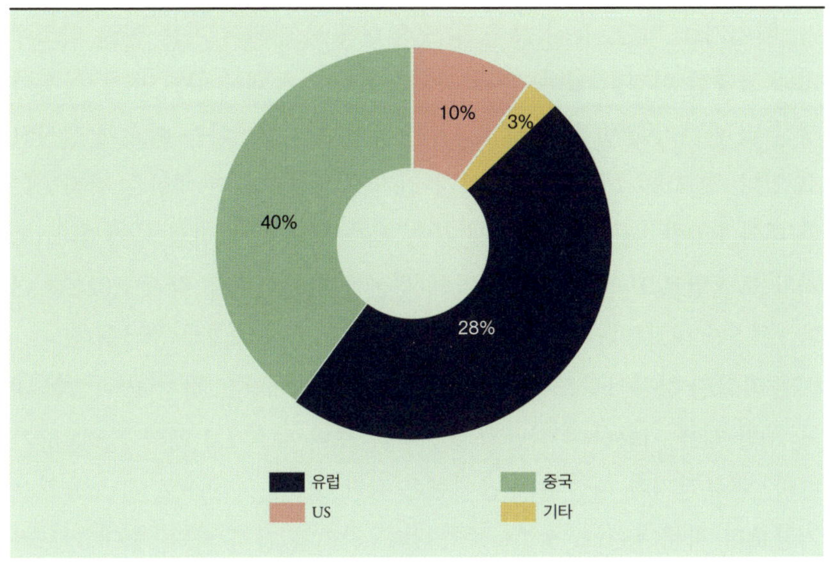

균적으로 3대 미만의 전기차가 하나의 충전소를 공유하는 수치이다[9]. 전기자동차의 수가 증가하고 지원 인프라가 지속해 개선됨에 따라 중국은 기술, 비용, 자원 및 시장 측면에서 포괄적인 이점을 확보했다.

따라서 중국의 전기자동차 개발 현황은 가장 대표적이고 주목할 만하다. 가족용 자동차 측면에서 BYD Qin PlUS-DMI는 총 주행 거리가 1,200km 이상인 하이브리드 전기자동차이다. 시작 가격은 10만 5천 800위안으로 같은 수준의 일반 연료 차량과 같다. BYD Han EV는 블레이드 배터리를 장착한 순수 전기차이다. 주행 거리가 605km, 시작 가격이 22만 9천 800위안[10]으로 동급 연료 자동차 대비 경쟁력이 매우 높다. 상업용 차량의 경우 전기 버스가 핵심이다.

중국 자동차 협회[10, 11]에 따르면, 유통(Yutong), BYD, 난징 진룽(Nanjing Jinlong), 후난(Hunan) CRRC와 같은 주요 기업은 2020년에 약 7만 3천 대의 순수 전기 버스를 판매했다. 현재 중국에는 약 80만 대의 전기 버스가 운행되고 있다. 기존 운행 결과에 따르면 전기 버스는 에너지 절약, 배기가스 저감, 유지 보수 및 운영비용 측면에서 기존 연료 버스에 비해 상당한 이점이 있다. 중국 공업정보화부 통계에 따르면[2], 자동차 생산 및 판매가 전반적으로 감소하는 상황에서 전기차는 빠르게 성장하고 있다. 2021년 1월부터 6월까지 전기차 생산량과 판매량은 각각 215만 대와 120만 6천 대로 지난해 같은 기간보다 두 배 이상 증가했다. 전기차 모델별로 보면 순수 전기차의 생산량과 판매량은 각각 1,022만 대와 1천 5만 대로 지난해 같은 기간보다 각각 2.3배, 2.2배 증가했다.

플러그인 하이브리드 전기차의 생산량과 판매량은 각각 19만 2천 대와 20만 대를 기록하여 지난해 같은 기간보다 각각 1.1 배와 1.3배 증가했다. 연료전지차 생산량과 판매량은 각각 632대, 479대로 지난해 같은 기간보다 각각 43.6%, 5.7% 증가했다. 전기차 가격 하락, 충전 인프라가 지속해 개선되는 점, 저렴한 가격이라는 고유의 장점으로 인해 중국 시장에서의 전기차 보급률은 지속하여 상승할 것으로 예측할 수 있다.

한편으로 유럽 시장이 중국 시장을 따라잡고 있다. 2020년 유럽의 전기차 판매량은 처음으로 중국 판매량을 넘어섰으며, 이로써 유럽은 세계 최대의 전기차 시장이 되었다. 유럽에서 가장 환경을 생각하는 국가인 노르웨이의 전기차 개발은 매력적이다. 노르웨이 도로연맹(OFV)[12] (그림 6.6)에 따르면 2020년 판매된 전체 차량 중 전기차가 차지하는 비중은 54.3%로, 노르웨이는 2020년 세계 최초로 휘발유 차량보다 전기차가 더 많이 판매된 국가가 되었다. 노르웨이 정부는 전기자동차 구매 또는 대여에 대한 큰 폭의 세금 감면, 민간 및 공공 충전 시설의 건설 및 유지 보수에 대한 보조금 등 소비자와 지방 정부가 전기자동차를 장려하고 사용하도록 장려하기 위해 일련의 규정을 도입했다. 또한 전기차 소유자는 일상생활에서 많은 편의와 권리를 누릴 수 있다. 예를 들어 주차장과 고속도로 차선의 제한을 받지 않고 유료도로, 카페리, 주차장 이용 시 요금 할인 혜택을 누릴 수 있다. 노르웨이는 도로 양옆의 충전소, 전

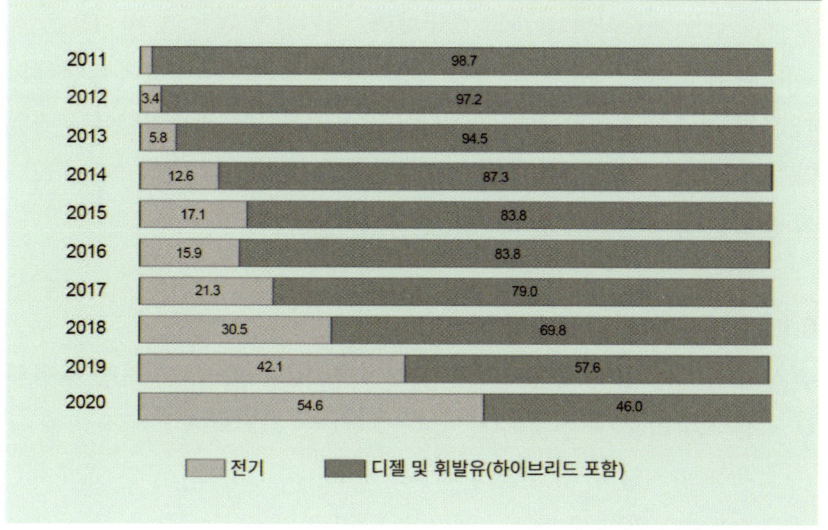

출처: 시나 파이낸스 [12]에서 각색

국 각지의 호텔 등 전기차 관련 시설이 완벽하게 갖춰져 있다.

심지어 외딴 지역의 B&B 호텔도 마찬가지이다. 또한 노르웨이는 2025년을 휘발유 자동차를 완전히 금지하는 해로 정하여 전 세계에서 탄소 배출량 감축을 위한 시범적인 역할을 할 것이다.

중국과 유럽에 이어 미국은 중요한 성장 지역이다. IEA[8]의 데이터에 따르면 2020년 미국의 전기차 판매량은 29만 6천 대로 2019년의 32만 8천 대보다 감소하여 감소 추세를 보인다. 미국은 중부 유럽에 비해 뒤처져 있지만, 강력한 자동차 산업과 정책적 결단력을 과소평가할 수 없다. 2021년 3월 31일, 바이든 행정부는 미국 인프라 계획을 발표하고 미국 전기자동차 시장 개발, 국내 산업 체인 개선, 판매 할인 및 세금 인센티브, 2030년까지 50만 개의 충전소 건설, 전기 스쿨버스, 연방 차량 등에 1,740억 달러를 투자할 것을 제안했다. 5월 18일 미시간주 포드 공장에서 열린 연설에서 조 바이든 미국 대통령은 전기차가 "자동차 산업의 미래"이며 중국이 경쟁에서 앞서고 있다며, 미국이 빠르게 움직여 산업 주도권을 되찾아야 한다고 촉구했다. 백악관에 따르면, 바이든은 자동차 산업에 대한 새로운 국가적 목표, 즉 2030년까지 미국에서 판매되는 모든 신차의 전기차 판매량을 50%로 늘리겠다는 행정명령에 서명했다. 강력한 기술력과 정부의 지원으로 미국 시장은 글로벌 전기차 시장의 중요한 성장 지역이 될 것으로 예상된다.

6.1.2.2 세분화-전기 승용차

전기 승용차는 향후 자동차 분야에서 리튬이온 배터리의 가장 광범위한 적용 시나리오가 될 것이다. 일반 승용차는 자동차 부문에서 가장 높은 비율을 차지한다. IEA[8]의 데이터에 따르면 2020년에 전 세계적으로 총 7,797만 대의 차량이 판매되었다. 전기 승용차 5,560만 대를 포함하여 전체 차량의 71.3%를 차지한다. 자동차 부문에서 가장 큰 시장 점유율을 차지하고 있음에도 불구하고 승용차는 탄소 배출량이 가장 많은 차량은 아니다.

유럽 환경청의 CO_2 테스트 결과에 따르면 승용차와 경상용차의 탄소 배출량은 전체 차량에서 배출되는 탄소 배출량의 13%를 차지한다[13]. 2019년 중국의 에너지 부문은 47억 톤의 표준 석탄과 1억 3천만 톤의 휘발유를 소비했다. 연료 소비량이 350ℓ이고 연평균 주행 거리가 5만km인 일반 승용차 2억 대를 기준으로 할 때, 승용차의 연간 휘발유 소비량은 5천만 톤에 불과하다. 표준 석탄 1kg이 2.5kg의 CO_2를 생산하고 휘발유 1kg이 3.15kg의 CO_2를 생산한다면, 일반 승용차의 탄소 배출량은 3% 미만에 불과하다(그림 6.7).

국가 정책은 전기 승용차 개발을 장려하고 있다. 중국의 신에너지 자동차 산업 발전 계획(2021~2035년)은 순수 전기차가 새로 판매되는 차량의 주류가 될 것이라고 명시한다. 이러한 맥락에서 중국 정부는 구체적인 인센티브를 도입했다. 2017년 공업정보화부는 '승용차 기업의 평균 연료 소비량과 신에너지 자동차의 포인트 병행 관리 방법(이하 더블 포인트 정책)'을 발표해 승용차 기업은 이중의 압박에 직면해 있다. 한편으로는 기존 연료 차량의 연료 소비를 줄이고 감점을 줄이기 위해 노력해야 한다. 다른 한편으로는 전기자동차 개발을 강화하여 긍정적인 포인트를 축적해야 한다. 또한, 이 정책은 전기자동차의 장점을 활용하여 기존 연료 자동차의 단점을 상쇄함으로써 승용차 회사들이 더 많은 전기자동차를 생산하도록 장려한다.

보조금 정책의 폐지는 중국 전기차 개발의 새로운 단계를 의미한다. 새로운 개발 요구사항을 충족하기 위해 중국은 2020년에 '더블 포인트' 정책을 개정하고 포인트 방식을 최적화했다. 중국 전기자동차 시장의 관심 사항은 급속한 발전에서 건강하고 합리적인 발전으로 바뀌었다. 2021년 7월, 유럽 연합은 에너지, 교통, 세제 및 기타 정책을 통해 2030

그림 6.7 산업별 CO2 배출량(운송 부문에서 승용차 배출량 비율 포함).

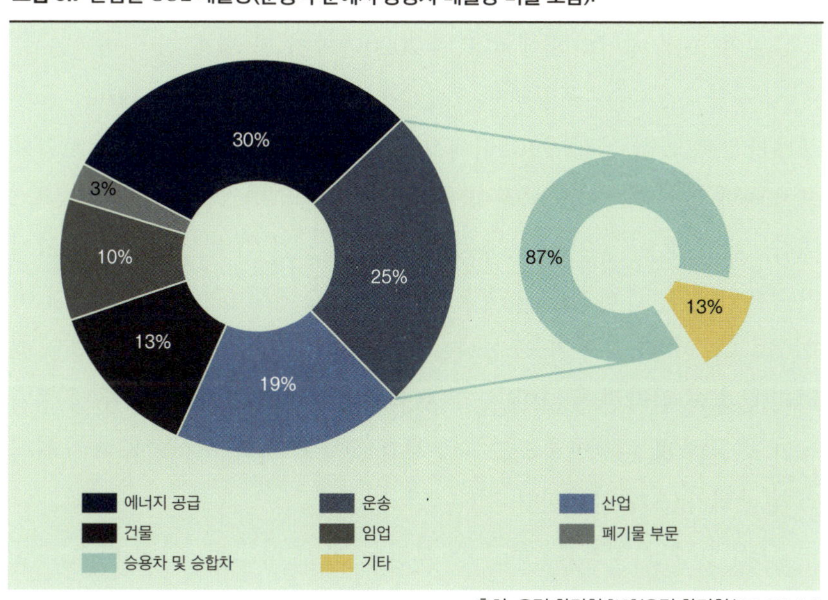

출처: 유럽 환경청 [13]/유럽 환경청/CC BY-4.0

년까지 온실가스 배출량을 최소 55%(1990년 온실가스 배출량 기준) 감축하고 2050
년까지 탄소 중립을 달성하기 위한 "Fit for 55"라는 입법 제안 패키지를 공
식적으로 발표했다. 이 법안은 신규 추가 승용차 및 상용차의 평균 배출량
을 2030년 55%, 2035년 100% 감소시켜 무공해 차량으로의 전환을 가속할
것을 규정하고 있다. 이 법안은 기본적으로 2035년 이후에는 기존 연료 자
동차가 유럽 시장에서 완전히 퇴출될 것으로 예측하고 있다.

6.1.2.3 세분화-전기 버스

전기 버스는 리튬 배터리의 가장 성공적인 적용 시나리오이다. 리튬 배
터리 적용 초기 단계에서 사람들은 먼저 시내버스 분야에 주목했다. 버
스는 고정 노선, 짧은 주행 거리, 편리한 인프라 개혁, 야간 충전 편의성
이라는 특성이 있다. 또한 도시에서는 개발 과정에서 배기가스 배출이
없고 소음이 적은 버스를 요구한다. 따라서 버스는 리튬이온 파워 배터
리의 가장 적합한 응용 시나리오 중 하나이다. 중국은 전기 버스 분야의
글로벌 리더이다.

IEA의 통계 데이터[8]에 따르면 2020년까지 전 세계 전기 버스는 중
국의 50만 2천 대를 포함하여 51만 5천 대로 97.5%를 차지했다. 중국
생태환경부 공식 웹사이트[14]에 따르면 중국의 전체 전기버스 보급률
은 60%에 달하며, 선전, 주하이, 창사 등 도시의 버스는 100% 전기버스
이다. 최근 몇 년 동안 일부 유럽 국가에서는 전기 버스의 개발이 크게
가속화되었다. 덴마크, 룩셈부르크, 네덜란드에서 판매된 신에너지 버
스(전기 버스 포함)는 모두 66% 이상을 차지한다. 순수 전기 버스의 경우 배
터리 방전이 심각한 문제이다. 공공 차량인 전기 버스는 전체 수명 주기
동안 충전과 방전을 반복하고 고부하로 운행되기 때문에 리튬이온 배터
리의 감쇠가 크게 진행된다.

2018년 난팡 메트로폴리스가 보도한 바에 따르면, 선전 버스 그룹
(Shenzhen Bus Group Co., Ltd.)이 만든 60대의 순수 전기 버스의 배터리는 5년밖에

되지 않았고 최소 주행 거리가 50km에 불과했지만, 일반적으로 노후화되었다. 주행 거리가 짧으면 충전과 방전이 잦아져 리튬이온 배터리의 수명이 크게 줄어들어 승용차보다 배터리의 수명이 더 빨리 만료된다.

국가 정책은 전기 버스 개발을 적극적으로 장려하고 있다. 중국의 '신에너지 자동차 산업 발전 계획(2021~2035년)'에 따르면 2035년에 공공 부문의 전기자동차가 완전히 일반화될 예정이다. 2020년 말 중국 재정부가 발표한 '2021년 에너지 절약 및 배출 감축 보조금 예산 사전 할당에 관한 통지(1차분)'에 따르면 2021년에 신에너지 자동차에 대한 보조금 총 375억 8천만 위안(41.74%에 해당하는 신에너지 버스에 대한 보조금 156억 8천 900만 위안 포함)을 할당할 예정이라고 명시했다. 따라서 중국은 향후 공공 부문에서 신에너지 차량의 적용을 촉진하여 전기 버스 비율을 더욱 향상할 것이다.

또한 유럽 국가들은 2020년에 일련의 중요한 정책을 발표했다. 프랑스의 복원력 및 회복 계획에 따르면 전기 버스 구매자에게 3만 유로를 지급할 예정이다. 독일은 전기 버스의 80%에 대한 재정 보조금을 발표했다. 영국은 녹색 산업혁명을 위한 10대 계획을 발표하여 전기 버스 적용을 가속하기 위해 50억 파운드를 투자하고 2021년까지 1억 2천만 파운드를 투자하여 4천 대의 자체 제작 무공해 버스를 도입할 것이라고 발표했다. 폴란드는 2030년까지 인구 10만 명 이상의 도시에 있는 모든 버스의 탄소 배출 제로화를 위해 2억 9천만 유로의 보조금을 지급한다고 발표했다.

전기버스의 리튬이온 배터리 설치 용량 예측은 대략 이렇다. IEA[8]에 따르면 현재 정책대로라면 2030년까지 321만 8천 대의 전기버스가 보급될 것으로 예상된다. 지속 가능한 개발 목표가 비용 효율적인 방식으로 달성된다고 가정하면 전기 버스의 수는 510만 4천 대에 달할 것으로 예상된다. 순수 전기버스 한 대당 평균 설치 용량이 200kWh라고 가정할 때, 2030년 순수 전기버스의 전기 배터리 수요는 643.6GWh~1TWh에 달할 것으로 예상된다.

6.1.2.4 세분화-전기 대형 트럭

전기 대형 트럭의 적용은 상당한 환경적 이점을 가져온다. 2021년 중국 생태환경부는 『중국 모바일 소스 환경 관리 연례 보고서(2021)』를 발표했다[15]. 연례 보고서에 따르면 2020년 중국 내 자동차에서 배출된 4가지 오염 물질(일산화탄소[CO], 탄화수소[HC], 질소산화물[NOx], 미세먼지[particulate matter, PM])의 총배출량은 1,593만 톤으로, 자동차의 오염 물질 배출량이 93.3%를 차지했으며 대형 트럭의 NOx와 PM 배출량은 전체 차량 배출량의 각각 74%와 52.4%를 차지했다(그림 6.8 및 6.9).

중국 교통부가 발표한 2020년 운수 산업 발전 통계 공보[16]에 따르면, 중국에는 모든 종류의 트럭이 1,110만 대에 달한다. 통계에 따르면 대형 트럭(대형 트럭과 대형 특수 목적 차량을 포함한 총중량 3.5톤 이상의 대형 상용차)은 전체 차량의 5% 미만을 차지하지만 오염 물질 배출량이 가장 많다. 전기 대형 트럭의 적용은 도로 운송 분야에서 에너지 절약과 배기가스 저감을 촉진하고 상당한 환경적 이익을 달성할 수 있으므로 전기 대형 트럭은 필수적이다.

전기 대형 트럭은 여러 국가의 정책적 지원을 받고 있다. 2020년 10월, 중국 공업정보화부는 그해 양회(전국인민정치협상회의·전국인민대표대회)에서 쩡 위췬(Zeng Yuqun) CATL 회장이 제시한 "글로벌 산업 고지를 형성하기 위한 벼락같은 전투에서 승리하기 위해 전기 건설 기계와 대형 트럭 및 기타 공공 서비스 차량의 적용을 전면적으로 추진하자"는 제안에 대한 답변으로 문서를 발표했다. 산업정보 기술부는 전기 대형 트럭 개발에 크게 동의했다. 단거리 운송, 도시 건설 물류, 광업 및 기타 특수 장면에서 전기 대형 트럭의 적용을 촉진하기 위해 대형 트럭의 시범 적용을 위한 주요 배치 준비와 함께 그달에 공공 부문 차량의 전기화를 촉진하기 위한 행동 계획의 이행을 발표했다.

2020년 7월, 캘리포니아 대기 자원위원회는 자동차 제조업체가 2024년부터 무공해 차량을 더 많이 판매하고 2045년까지 제조하는 모든 대

그림 6.8 다양한 유형의 차량에서 배출되는 질소산화물 비율.

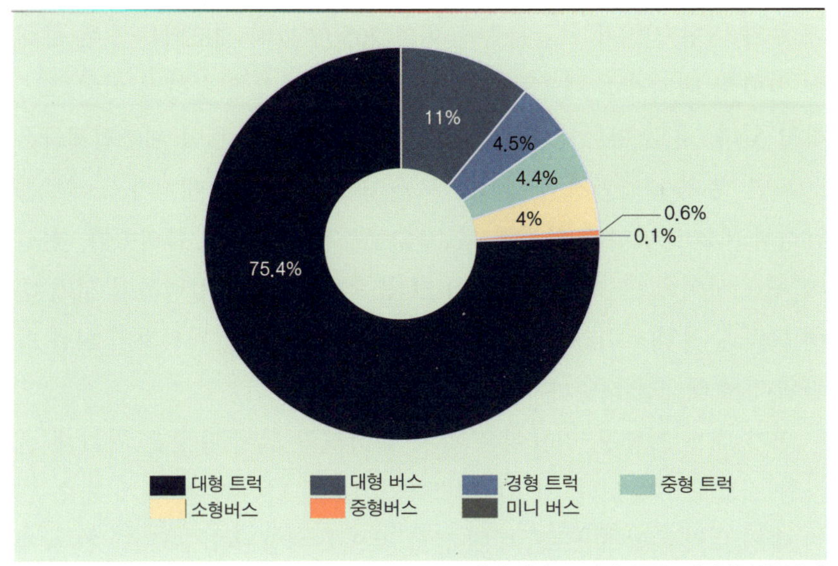

출처: 환경부 중화인민공화국의 생태와 환경 [15]

그림 6.9 다양한 유형의 차량에서 배출되는 미세먼지 비율.

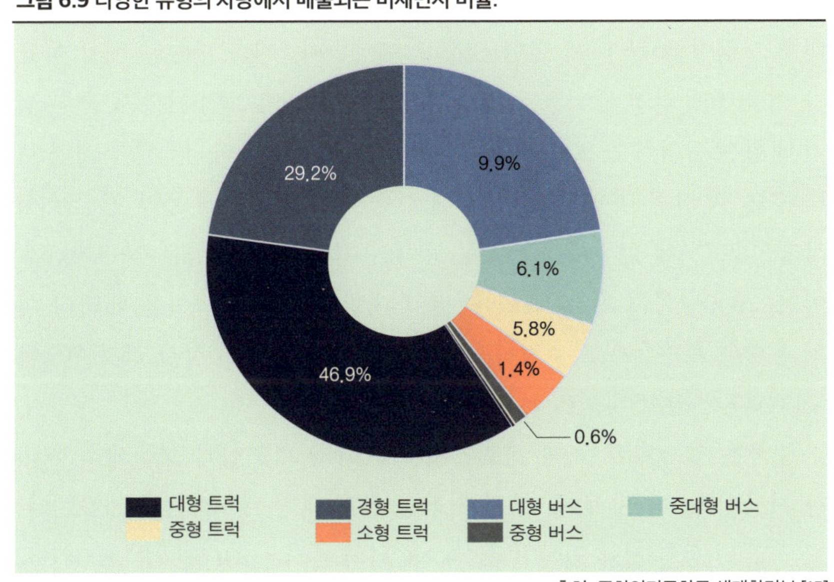

출처: 중화인민공화국 생태환경부 [15]

형 트럭을 전기 트럭으로 만들도록 하는 주요 정책을 발표했다. 이후 14개 주가 대형 전기차 보급률을 높이고 2050년까지 제조되는 모든 중대형 차량의 배기가스 배출량을 제로로 만들겠다고 약속하며 이에 호응하고 있다. 유럽 자동차산업협회에 따르면, 유럽의 트럭 제조업체들은 2020년 말 2040년까지 판매되는 모든 대형 트럭에서 배기가스 제로를 달성하고 2050년까지 완전한 탄소 중립을 달성하기로 합의했다. 현실과 목표 사이에 큰 격차가 있어서 EU는 각국 정부와 협력하여 전기 대형 트럭 충전 네트워크 개발을 가속하는 한편, 업계를 지원하기 위한 일관된 정책 뼈대를 개발하고 있다.

전기 대형 트럭용 리튬이온 파워 배터리의 설치 용량은 빠르게 증가할 것으로 예상된다. IEA에 따르면 2020년 말까지 전 세계 순수 전기 대형 트럭은 약 3만 1천 대에 달할 것으로 예상된다. 2020년 전 세계에서 판매된 전기 대형 트럭은 순수 전기 트럭 7,409대를 포함해 7,470대로 99.2%를 차지했으며, 이는 전년 대비 13.3% 증가한 수치이다. 또한, IEA는 현재 국가별 정책에 따라 2020년부터 2030년까지 순수 전기 대형 트럭이 86만 대에 달할 것으로 예상한다. 지속 가능한 개발 목표가 비용 효율적인 방식으로 달성된다고 가정하면 2030년까지 순수 전기 대형 트럭의 수는 200만 대에 이를 것으로 예상된다. 전 세계 대형 트럭 수는 3만 1천 대에서 8만 6천 대로 증가했으며, 10년 동안 연평균 성장률은 267%에 달한다. 각 대형 트럭의 평균 설치 용량은 약 300kWh이며, 2030년까지 전 세계 순수 전기 대형 트럭의 리튬이온 배터리 설치 용량을 보수적으로 추정하고 낙관적으로 추정하면 각각 258GWh와 600GWh에 달할 것으로 예상된다.

중국은 업스트림 소재 제조업체와 배터리 제조업체 모두에게 거대한 시장이다. 비용, 무게, 주행 거리는 전기 대형 트럭의 3대 지표이다. 최근 몇 년 동안 리튬 인산철(LFP)과 NCM의 가격은 2017년 약 1,800위안/kWh에서 2022년 각각 약 730위안과 785위안/kWh로 하락했다. 위와 같이 대형 트럭 1대당 리튬이온 배터리 설치 용량을 300kWh로 가정하면 대형 트럭 1대당 배터리 비용은 평균 21만 9천 위안으로 낮아질 것이다. 그런데도 현재 전기 대형 트럭의 총가격은 여전히 높은 수준이며, 같은 수준의 연료 차량보다 배 이상 높다. 이후 사용 비용이 저렴함에도 여전히 많은 사람이 높은 가격 때문에 전기 대형 트럭의 선택을 망설이고 있다.

또한 차량 제조업체는 긴 주행 거리를 제공하기 위해 전기 대형 트럭에 너무 많은 배터리 팩을 장착하여 중량이 무거워지는 경우가 많다. 예를 들어 유니버시아드와 월마트가 개발한 순수 전기 6×4 트랙터는 순중량이 14톤에 달하며, 이 중 리튬 배터리의 무게가 7톤으로 총중량의 절반을 차지한다. 이는 운송의 효율성을 떨어뜨릴 뿐만 아니라 도로 인프라에도 해를 끼친다. 배터리의 짧은 수명은 전기자동차의 일반적인 문제이다. 시중에 판매되는 배터리를 장착한 전기 대형 트럭의 주행 거리는 200~400km에 불과하다. 또한 충전 시설이 부족해 전기 대형 트럭을 사용하는 데 제약이 있다. 한마디로 전기 대형 트럭의 적용은 대세이며, 대부분 국가에서 다양한 추진 계획을 세우고 있다. 현재 정책과 탄소 배출량 감축 목표 모두에서 전기 대형 트럭에 대한 시급한 개발 요구 사항이 제시되고 있다. 거대한 시장이지만 몇 가지 주요 문제를 해결해야 한다. 유럽 자동차 산업 협회 사무총장은 전기 대형 트럭의 개발은 기술뿐만 아니라 적절한 인프라 구축과 비용 부담의 전가에도 달려 있다고 말했다.

6.1.2.5 전기자동차 EV 배터리 개발 전망

배터리 소재의 경우, LFP와 NCM의 에너지 밀도가 증가하고 있다. 2021년 1월 8일, 고션(Gotion)은 허페이에서 소프트 팩 LFP 셀의 에너지 밀도가 삼원계 NCM5 시스템과 비슷한 수준인 210Wh/kg에 도달했다고 발표했다. 2021년 6월 20일, 펑후이 에너지 컴퍼니(Penghui Energy Company)는 LFP 배터리의 에너지 밀도가 200Wh/kg을 넘어섰다고 발표했다. 세계 최고의 리튬이온 파워 배터리 기업으로서 CATL은 LFP 소재 시스템을 설계하고 최적화하여 에너지 밀도를 200~230Wh/kg로 높일 계획이다. NCM 배터리의 경우, CATL이 개발한 셀 시스템인 하이니켈 화학 시스템의 에너지 밀도는 215Wh/kg에 달한다. 소재 시스템의 관점에서 볼 때 2024년 초고니켈+실리콘 시스템의 에너지 밀도는 400Wh/kg에 도달할 것으로 예상한다. 1세대와 2세대 나트륨 배터리의 에너지 밀도는 각각 160Wh/kg(일반 LFP 배터리와 비슷한 수준), 200Wh/kg이다.

구조 측면에서 업계 선두 기업들은 모듈이 없는 기술(CELL TO PACK, CTP)을 통해 시스템의 구조적 통합 효율성을 개선하기 시작했다. BYD의 리튬 인산철 블레이드 배터리는 셀 빔 대신 얇고 긴 칼날 모양의 셀을 사용한다. 이러한 혁신적인 구조적 변화는 안전성뿐만 아니라 배터리 시스템의 부피 효율을 40%에서 60%로 향상한다. 2021년 3월, GAC는 "매거진 배터리"를 출시했다. 이러한 매거진 배터리는 NCM 배터리를 사용하며 바늘 화재가 없고 초고 내열성, 초강력 절연 및 빠른 냉각과 같은 특성이 있다고 한다. 매거진 배터리는 현재 매우 매력적이다. 블레이드 배터리에 비해 부피 에너지 밀도는 조금 낮지만, NCM 배터리의 안전성으로 인해 인기가 높다. 블레이드 배터리와 매거진 배터리에는 리튬이온 전원 배터리의 구조 기술의 지속적인 발전을 반영하는 고유한 장점이 있다.

배터리 시장 수요는 향후 10년간 증가할 것이다. IEA의 데이터에 따르면 현재 국가별 정책에 따라 2030년에는 전 세계적으로 순수 전기 승용차 800만 대, 전기 버스 322만 대, 전기 대형 트럭 86만 대가 보급될 것으로 예상된다. 순수 전기 승용차, 전기 버스, 전기 대형 트럭의 리튬이온 배터리 용량은 각각 80, 300, 300kWh이다. 이에 따라 리튬이온 배터리의 시장 수요는 다음과 같이 증가할 것이다. 향후 10년간 5.8TWh로, 이는 엄청난 시장이다.

6.1.3 전기 선박

6.1.3.1 배경

2018년 국제해사기구(IMO)는 해운업에서 발생하는 온실가스 배출을 줄이기 위한 예비 전략을 발표했다. 이 전략에 따르면 전 세계 해운업계의 총 온실가스 배출량을 2030년까지 2008년 수준에서 최소 40%, 2050년까지 70% 감축하고, 금세기 말까지 제로로 만들겠다는 목표를 세웠다. 해운업계의 에너지 절약 및 배출량 감축에 대한 요구가 점점 더 엄격해짐에 따라 전 세계 많은 항만에서 선박의 온실가스 배출에 대한 엄격한 기준을 시행하여 선박 제조가 청정 선박으로 전환되고 있다. 전통적인 선박 동력 시스템에 비해 전기 추진은 무배출, 높은 기술 부가가치, 손쉬운 통합 및 표준화, 낮은 운영비용, 생태적 수용성 및 포괄적인 이점 등의 장점을 가지고 있다. 전기 선박은 최근 몇 년 동안 특히 크게 발전했으며 시장 규모가 빠르게 확대되고 있다(그림 6.10).

그림 6.10 예비 운송 온실가스 감축 전략.

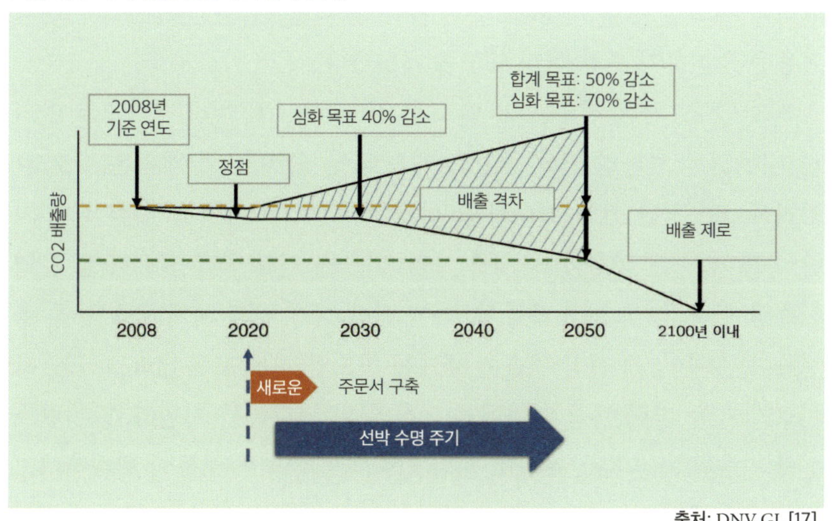

출처: DNV GL [17]

6.1.3.2 국가 지원 정책

노르웨이는 전기 선박 분야의 글로벌 리더이다. 노르웨이는 해운 산업에서 경쟁력과 핵심 입지를 강화하기 위해 2019년에 2030년까지 국내 해운 및 어업에서 배출되는 온실가스 배출량을 절반으로 줄이기 위한 녹색 해운 실행 계획을 수립했다. 노르웨이 정부는 항만 내 온실가스 배출량 감축을 촉진하기 위해 지자체 및 항만 당국과 협력하여 2030년까지 항만 내 온실가스 배출량 제로를 달성할 계획이다. 녹색 해운 실행 계획의 이행을 통해 노르웨이는 국제 해운의 친환경 운송에 선도적인 역할을 하고 있다. 이 계획에서는 모든 유형의 선박을 위한 다양한 저공해 및 무공해 기술을 설계하고 있다. 예를 들어 순수 배터리 동력 기술은 페리, 크루즈선 등 단거리 또는 기존 항로를 운항하는 선박에 적합하고, 하이브리드 동력 기술은 국제 여객선, 화물선 등 장거리를 운항하는 선박에 적합하다.

DNV GL은 배터리 전력에 대한 시제품 선급 사양, 대형 선박용 배터리 시스템 지침, 배터리 시스템 인증을 위한 새로운 도구, 배터리 준비 서비스(기술적, 경제적, 환경적 성능 분석), 배터리 추정 및 최적화 도구, 선박용 배터리 시스템 입문 과정 등 선박 추진을 위한 배터리 및 전기 기술의 적용을 촉진하기 위한 여러 도구를 개발했다.

2021년 초, 한국 정부는 '2030 그린십(GreenShip)-K 추진 전략'으로 알려진 '대한민국 친환경 선박 중장기 계획'을 발표했다. 이 계획은 주로 환경친화적인 첨단 선박 기술개발, 신기술의 산업적 적용을 위한 실험 기반 여건 개선, 한국형 선박 검증 사업 일반화, 연료 공급 인프라 및 운영 시스템 구축, 녹색 선박 대중화, 녹색 선박 시장 생태 체계 구축 등을 추진한다. 향후 녹색 선박 기술이 세계를 선도할 수 있도록 LNG, 전력, 하이브리드 등 관련 핵심 기자재의 국산화 및 고도화를 지원하고, 저탄소 선박 기술(혼합연료 포함), 무탄소 선박 기술(수소, 암모니아 등) 등의 체계적이고 종합적인 개발을 지원-추진할 계획이다. 이 계획에 따르면 선박의 온실가스 배출량을 2020년까지 20%, 2025년까지 40%, 2030년까지 70% 감축하는 것이 목표이다.

환경에 관한 관심이 높아지면서 중국 정부는 최근 몇 년 동안 선박용 디젤 엔진 배기가스 배출에 대한 새로운 요건을 마련했다. 2018년 7월, 국무원은 '푸른 하늘과의 전쟁에서 승리하기 위한 3개년 행동 계획'을 발표하여 선박용 디젤 엔진의 배기가스 배출 기준을 강화하고 배기가스 규제 구역을 확대할 것을 제안했다. 교통부는 배출 규제 구역을 확대하고 배출 기준을 점진적으로 개선하는 내용의 '선박 배출 규제 구역 시행 계획'을 발표했다. 또한 주강(Pearl River) 수운의 녹색 발전 촉진을 위한 행동 계획(2018~2020년)이 발표되었다. 그러나 이 문서는 LNG 발전 및 육상 발전 기술 적용에 초점을 맞추고 있어 배터리 구동 선박 기술 촉진에는 제한적인 역할을 하고 있다. 2019년 10월, 국가발전개혁위원회는 '산업 구조 조정 지침 카탈로그(2019)'를 발표했는데, 여기에는 '순수 전기 및 천연가스 선박, 대체 연료, 하이브리드, 플러그인 하이브리드 엔진, 최적화된 동력 조립 시스템 호환성'이 국가 장려 제품으로 추가되었다. 이 카탈로그는 2020년 1월 1일부터 공식적으로 시행되었다.

6.1.3.3 글로벌 시장 개발 현황

해양 배터리 포럼의 통계에 따르면 2021년 7월 21일 현재 전 세계에서 운항 중인 전기 선박 330척과 건조 예정인 전기 선박 160척을 포함해 490척의 전기 선박이 운항 중이거나 건조될 예정이다. 2021년부터 2027년까지 운영 중인 전기 선박의 수는 거의 변화가 없는 반면, 건조 예정인 전기 선박의 수는 2021년 160척에서 194척으로 증가하여 빠른 성장세를 보이고 있다.

2019년 Markets and Markets의 연구[17]에 따르면 전 세계 전기 선박 시장은 2019년 52억 달러에서 2030년 156억 달러로 성장하고 2025년부터 2030년까지 13.2%의 연평균 성장률을 기록할 것으로 예상된다(그림 6.11).

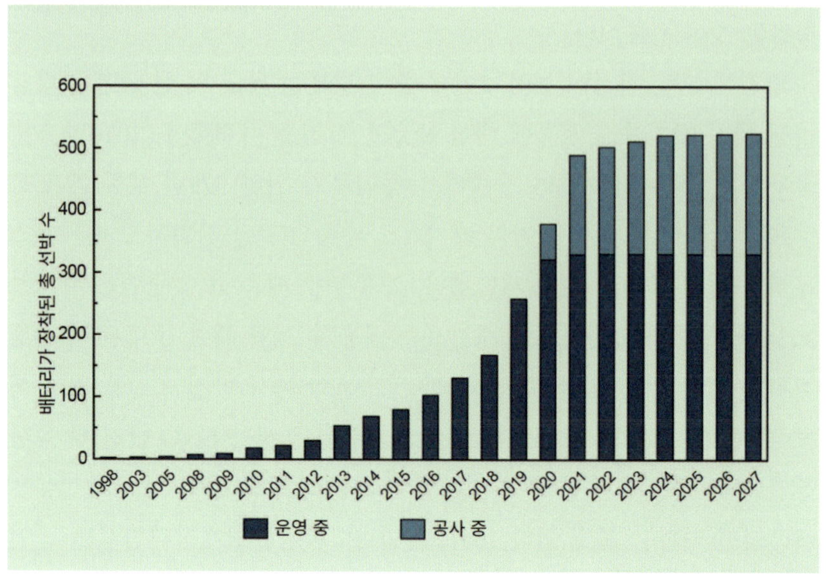

출처: DNV 웹사이트, 해양 배터리 포럼 2021 [17]

세계 최초의 대형 순수 전기 추진 선박인 '암페어(Ampere)'[18]는 노르웨이의 소유 및 운영 회사이다. 피엘스트란드(Fjellstrand)가 설계하고 건조한 DNV GL 클래스 페리는 혁신적인 추진 시스템과 매우 효율적인 선체를 갖춘 순수 알루미늄 동력 쌍동선이다. 상업 운항은 2015년에 시작되었다. 1,040kWh NCM 배터리 팩이 장착된 길이 80m의 이 선박은 차량 120대와 승객 360명을 태우고 노르웨이의 라빅(Lavik)과 오팔(Oppedal) 사이의 송 피오르드(Sonn Fjord)를 항해할 수 있다. 이 선박은 20분씩 총 34번의 항해를 할 수 있다. 항구에서 선박에 탑재된 1MWh 리튬 폴리머 배터리 팩을 완전히 충전하는 데는 10분밖에 걸리지 않는다. 선박 충전에 필요한 전력은 라빅과 오팔의 전력망 부하를 초과했기 때문에 두 항구 모두에 버퍼 배터리 팩이 설치되었다. 이 버퍼 배터리는 페리 배터리를 빠르게 충전하기 전에, 전력망에서 지속하여 충전할 수 있다.

"엘렌(Ellen)"-덴마크(2015): 엘렌은 2015년에 2,130만 유로를 들여 건조되어 2019년에 운항을 시작했다. 길이 60m, 폭 13m에 달하는 이 선박은 13~15.5노트(시속)의 속도로 운항하며 여름에는 198명, 겨울에는 147명의 승객을 태울 수 있다. 페리의 개방형 갑판에는 자동차 31대 또는 트럭 5대를 실을 수 있다. 페리의 배터리 용량은 4.3MWh이다. 완전히 충전된 배터리의 주행 거리는 22해리이다. 이 선박은 덴마크 아이르(Ayr)와 피잉샤프(Fiingshaff) 사이의 22해리 수로를 항해하는데, 이는 전 세계에서 운행 중인 다른 전기 페리보다 7배나 긴 거리이다. 엘렌의 무게와 전력 소비를 최소화하기 위해 다리는 강철 대신 알루미늄으로, 가구는 목재 대신 재생 종이로 제작되었다. 엘렌의 4.3MWh 배터리 시스템은 고에너지 G-NCM 리튬 배터리(르클랑(Leclanche)에서 공급)로, 이중 층 설계와 세라믹 분리막 등 고유한 안전 기능을 갖추고 있다. 배터리 시스템은 20개의 유닛으로 구성되며, 각 유닛은 에너지 출력을 제어하는 독립적인 컨버터에 연결된다. 엘렌은 세계 최초로 비상 발전기가 없는 전기 페리이다.

삼협(Three Gorges) 1호-중국[19]: CATL, 중국 창장 전력 유한공사(China Changjiang Power Co., Ltd.), 후베이 이창 운수 그룹 유한공사(Hubei Yichang Transport Group Co., Ltd.)가 공동 개발한 세계 최대 규모의 순수 전기 친환경 상선인 양쯔 삼협 1호의 건조가 2020년 말에 시작되었다. 1천 300석을 수용할 수 있는 이 여객선에는 총 1억 5천만 위안이 투자될 예정이다. 세계에서 가장 큰 배터리 용량, 가장 많은 승객 좌석, 가장 높은 수준의 지능을 갖춘 순수 전기 여객선이다. 배터리 용량 면에서 '삼협 1호'는 획기적인 발전을 이루었다. 이 선박에는 총출력이 7.5MWh로 전기자동차 100대 이상의 배터리 용량에 해당하는 CATL LFP 리튬이온 파워 배터리가 장착되어 있다. 하룻밤에 6시간 동안 충전하면 100km를 항해할 수 있다.

디안징(Dianjing)-중국[20]: 2021년 7월, AVIC 리튬이 지원하는 순수 전기

호화 유람선인 '디안징'이 첫 시험 운항을 완료하며 전기 선박 시장에서 AVIC 리튬의 발전을 알렸다. '디안징'은 길이 41.5m, 폭 9m, 깊이 2.3m 이다. 배터리 용량은 1,200kWh, 속도는 15.5km/h, 최대 승선 인원은 200명으로 AVIC의 리튬 모듈형 선박 전원 공급 시스템의 표준화된 제품을 탑재하고 있다. 내륙 호수에서 가장 많은 승객을 태울 수 있는 순수 전기 관광선이다. '디안징'은 바람과 파도에 잘 견디고 기울기가 매우 우수하다. 이 선박은 저소음, 무공해 등 기존 연료유 시스템에 비해 장점이 있는 순수 전기 추진 시스템을 갖추고 있다. 안정성, 편안함, 환경 수용성의 장점을 통합한 디안 호수의 훌륭한 '수상 버스'이다. 승객들은 "디안징"을 타고 디안 호수를 여행하면서 아름다운 경치를 즐기고 지역 환경을 최대한 보호할 수 있다.

6.1.3.4 전기 보트를 위한 배터리 기술

2018년 해양 배터리 포럼의 데이터에 따르면[17], 삼원계 NCM 전지는 전기 선박의 약 60%로 전기 선박에 가장 많이 사용되고 있으며, 그다음으로 LFP(LiFePO4)가 약 15%의 전기 선박에 사용되고 있다. 이는 해외에서 전기 선박이 일찍 개발되었고, 초기 LFP는 에너지 밀도가 낮아 많은 국가에서 내구성 주행 거리 요건을 충족하기 위해 삼원계 NCM 리튬 이온 전지를 사용하는 경향이 있었기 때문이다. NCM 셀 배터리의 잠재적 안전 위험을 고려할 때, 대부분의 선박용 NCM은 니켈 함량이 낮다. 자동차 리튬 배터리와 달리 선박용 리튬 배터리는 안전에 대한 요구사항이 높다. 선박, 특히 유람선이나 바지선의 경우 승객 수용 인원이 많고 배터리의 전기량이 방대하여서 화재나 폭발 시 탈출이 어렵다. 따라서 선박 배터리는 매우 낮은 사고 위험에 대한 내성. LFP 배터리는 NCM 배터리에 비해 높은 안전성, 높은 내열성, 저렴한 비용, 긴 수명 등 고유한 장점이 있다. 그래서 중국은 다른 나라와는 완전히 다른 길을 선택했다. 즉, 전기 선박의 리튬 배터리에 LFP가 사용된다.

최근 CATL은 에너지 밀도가 160kWh/kg에 달하는 1세대 나트륨 이온 배터리를 공식적으로 출시했는데, 이는 LFP 배터리와 매우 근접한 수준이다[21]. 또한 높은 집적 효율, 빠른 충전 성능, 저온에서 우수한 성능의 특성이 있어 LFP의 결함을 제거했다. CATL은 "통합 하이브리드 공유" 시스템 방식, 즉 나트륨 이온 배터리와 리튬 배터리가 배터리 모듈에서 직렬 및 병렬로 비례적으로 연결되는 방식을 제안했다. 이 방식은 해양 전력용 리튬 배터리의 기술적 경로에 대한 새로운 선택을 제공할 수 있다.

6.1.3.5 전기 보트 배터리 개발 전망

2018년까지 중국의 양쯔강과 베이징-항저우 대운하 및 기타 내륙 강 유역에는 총톤수 1억 9천 500만 톤에 달하는 6만 척 이상의 선박이 있다. 톤당 1.3kWh의 전기 요금과 50%의 전기 선박 이용률을 고려할 때 2018년 선박용 리튬 배터리 시장 수요는 100GWh를 초과할 것으로 예상된다. 그러나 2020년 중국 선박용 리튬 배터리의 실제 생산량은 75.6MWh에 불과하며 시장 규모는 9천 500만 위안에 불과하다[22].

선박용 리튬 배터리는 (i) 전기 선박의 주행 거리가 짧고 전력 공급이 느려 운영 효율이 낮으며, (ii) 전기 선박 관련 표준이 완벽하지 않고, (iii) 전기 선박에 대한 정책이 없으며, (iv) 배터리 교환 스테이션의 높은 투자 비용으로 인해 성숙한 비즈니스 모델이 확립되지 않아 시장 수요가 크고 리튬 활용률이 매우 낮다. 현재 전기 선박 시장에는 일정한 기술력과 자금력을 갖춘 일부 선도 기업들만 참여하고 있다. 향후 전기 선박 시장을 활성화하기 위해서는 산업 체인의 상류 및 하류 기업이 협력하여 핵심 기술을 돌파하고 시설 지원을 개선해야 한다.

6.1.4 에너지 저장 장치

6.1.4.1 세분화-V2G 기술

차량-전력망(Vehicle to Grid, V2G)은 리튬이온 배터리를 전력망과 매우 강력하게 통합한다. 새로운 에너지 차량, 특히 전기자동차의 급속한 성장으로 인해 충전 및 에너지 저장에 대한 엄청난 수요는 전력망에 큰 압력을 가하고 기회를 제공한다. V2G 기술은 리튬이온 전원 배터리와 전력망 간의 상호작용을 실현할 수 있다. 배터리는 전력망의 비정점 단계에서 전력망에서 충전할 수 있고, 전력망의 정점 단계에서 전력망으로 방전할 수 있으며, 일정한 수입을 얻을 수 있다. 한편으로 이러한 양방향 양성 상호작용은 그리드 단에서 전기에너지의 활용 효율을 향상하고 그리드의 안정성과 보안을 강화하며 "피크 컷(peak cut)"을 실현한다. 다른 한편으로는 자동차 소유자, 차량 운영자, 충전 및 배터리 교환소 등에 추가 수입을 가져올 수 있다.

미국의 친환경 에너지 기술 회사인 누브 코퍼레이션(Nuvve Corporation)은 V2G 기술의 선구자이다. 이 회사는 여러 대의 전기차를 가상의 중간 발전소 및 전력망에 규정을 준수하고 안전한 방식으로 연결하여 양방향 충전 및 방전을 실현하는 핵심 특허와 기술을 보유하고 있다. 2016년부터 2018년까지 덴마크 정부와 협력하여 세계 최초로 V2G 기술을 상용화한 V2G 센터를 구축하는 페이커(Paker) 프로젝트를 진행했다. 프로젝트의 첫 번째 테스트 차량 배치에는 30대의 차량이 포함된다. 차량 소유자는 계약 및 시장 가격에 따라 차량 수명(약 8년) 종료 시점에 약 1만 달러를 받게 된다. 중국 국무원 총서가 2020년에 발표한 신에너지 자동차 산업 발전 계획(2021-2035)에 따르면 신에너지 자동차와 에너지의 통합 발전을 촉진하기 위해서는 신에너지 자동차와 전력망(V2G) 에너지 간의 상호작용을 강화하고, 수명이 긴 리튬이온 파워 배터리 기술 연구를 강화해야 한다고 명시하고 있다, 소전력 DC 기술의 적용을 촉진하고, 지역

V2G 애플리케이션 시연을 장려하고, 신에너지 자동차 충전 및 방전 및 전력을 일괄 할당하고, 피크 밸리 가격(peak valley price, 전력 수요가 많은 시간대와 전력 수요가 적은 시간대에 따라 전기 요금을 차등으로 부과하는 요금제) 및 신에너지 자동차 배터리에 대한 우대 정책을 사용하고, 신에너지 차량과 전력망 에너지 간의 효율적인 상호작용, 신에너지 차량의 전기 비용 절감 및 상관관계를 증가시킨다.

최근 몇 년 동안 중국의 많은 지방과 도시에서 수요 대응을 시작하여 차량-그리드와 에너지 간의 상호작용을 적극적으로 모색하고 있다. 그중에서도 상하이가 신에너지 자동차 개발을 선도하고 있어 시범 프로젝트가 가장 모범적으로 진행되고 있다. 2020년 6월 3일, 중국 자동차 100 협회와 천연자원 보호 위원회는 공동으로『전기차-전력망 상호작용의 사업 전망-상하이의 수요 대응 시범 사례』라는 제목의 보고서를 발표했다[23]. 이 시범 프로젝트에서 리튬이온 배터리는 개인 충전소, 공공 충전소, 배터리 교환 스테이션의 세 가지 양방향 충전 플랫폼을 통해 전력망에 연결된다. 보고서에 따르면 수요 반응 부하 집중 장치의 충전소 투자비용이 고정되어 있고 응답 보상 단가가 고정되었을 때 수요 반응 참여 빈도에 따라 소득 수준이 결정된다. 추정에 따르면 연평균 응답 빈도는 10에 달하며, 수요 반응에 참여하는 전용 충전소의 내부 수익률은 27%에 달할 수 있다. 전용 충전소는 민간 충전소보다 수요 반응 참여율이 훨씬 높으며 연평균 응답 빈도는 10회, 내부 수익률은 50%에 달한다.

배터리 교환 스테이션은 강력한 충전시간 제어 기능으로 인해 민간 및 전용 충전소보다 수요 반응 참여의 경제성이 훨씬 높다. 2019년까지 상하이에는 개인 충전소 19만 개, 공공 충전소 50만 개, 전용 충전소 4만 개가 설치되었다. 파일럿 테스트 기간 민간 충전소, 전용 충전소, 배터리 교환 스테이션의 응답률은 각각 5.3%, 75%, 81.2%에 불과했다. 보고서에 따르면, 리튬이온 배터리를 V2G 기술을 통해 분산형 에너지 저장 장치로 바꾸는 것은 기술적으로 매우 가능하며, 시장 규모도 크다.

V2G 개발에서 리튬이온 파워 배터리의 수명과 에너지 밀도를 크게 개선하여 지속 가능한 비즈니스 모델을 모색하고, 점진적으로 안정적인 시장 메커니즘을 구축하고, 합리적인 인센티브 정책을 설계하고, 민간 충전소의 잠재력을 충분히 활용하고, 산업 표준 시스템을 구축해야 한다.

6.1.4.2 세분화-캐스케이드 활용

정책은 해체된 리튬이온 파워 배터리의 계단식 활용에 개발 기회를 제공한다. 해체된 전기자동차 배터리의 첫 번째 물결이 도래하면서 정부와 기업은 해체된 리튬이온 파워 배터리 리사이클링의 중요성을 깨달았다. 2012년 초 중국 국무원은 '에너지 절약 및 신에너지 자동차 산업 발전 계획(2012~2020)'을 발표했다. 이 계획에는 리튬이온 파워 배터리의 리사이클링 및 활용 관리 방법과 계단식 활용 및 리사이클링 관리 시스템을 구축하여 전문 배터리 리사이클링 기업의 발전을 장려해야 한다고 명시되어 있다. 폐 배터리는 항상 약 80%의 용량과 긴 수명을 가지고 있어 저장 장치로 사용할 수 있다. 이러한 맥락에서 많은 기업이 캐스케이드 에너지 저장 발전소 건설을 계획하고 있다.

2018년 5월 22일, 장쑤 창녕 신에너지 기술 유한회사(Jiangsu Changneng New Energy Technology Co., Ltd.)의 리튬 배터리 캐스케이드 에너지 저장 발전소가 우진 국가 첨단 기술구 혁신 산업 단지(Wujin National High-tech Zone Innovation Industrial Park)에서 완공되어 가동에 들어갔다. 이 발전소는 폐기된 리튬이온 파워 배터리를 사용하며 총용량은 10MW이다. 상하이의 한 산업 단지 에너지 센터는 만리장성 발전소에서 조립 및 테스트를 거쳐 2018년 6월에 순조롭게 출하된 50kW/150kWh 저장 컨테이너에 투자했다. 이 프로젝트의 150kWh 리튬 배터리는 모두 전기자동차의 폐리튬이온 전원 배터리로 만들었다. 포장되지 않은 배터리 팩은 캐스케이드에서 직접 활용된다. 2018년 9월 1일, 장쑤성 난퉁 루둥에서 1MW/7MWh 캐스케이드 활용을 위한 중국 산업 및 상업용 에너지 저장 장치 프로젝트가 성공적으로 가동되었다. 이 프로젝트는 수다 뉴 에너지(Xuda New Energy Co., Ltd.)와 중형 푸리(Zhongheng Puri Co., Ltd.)가 공동으로 수행했으며, 난퉁(Nantong) 전력 공급국에서 수용, 계량 및 상업적 운영을 담당했다.

에너지 저장 컨버터 및 관리 시스템 개발의 장점에 의존하여, 수다 뉴 에너지는 원래의 그룹 시리즈 에너지 저장 컨버터와 전기자동차의 폐기된 리튬이온 파워 배터리를 결합하여 캐스케이드 리튬 전기에너지 저장 시스템을 구축한다. 2019년 8월, 선전 빅 리튬이온 파워 배터리 유한공사(Shenzhen Bic Lithium-ion power battery Co., Ltd.)와 중국 남방 전력 통합 에너지 서비스 유한공사(China Southern Power Integrated Energy Service Co., Ltd.)가 공동으로 구축한 2.15MW/7.27MWh 규모의 캐스케이드 배터리 에너지 저장 프로젝트가 성공적으로 가동되었다[24]. 사용자 측 에너지 저장 프로젝

그림 6.12 캐스케이드 활용의 연간 성장 시장 규모.

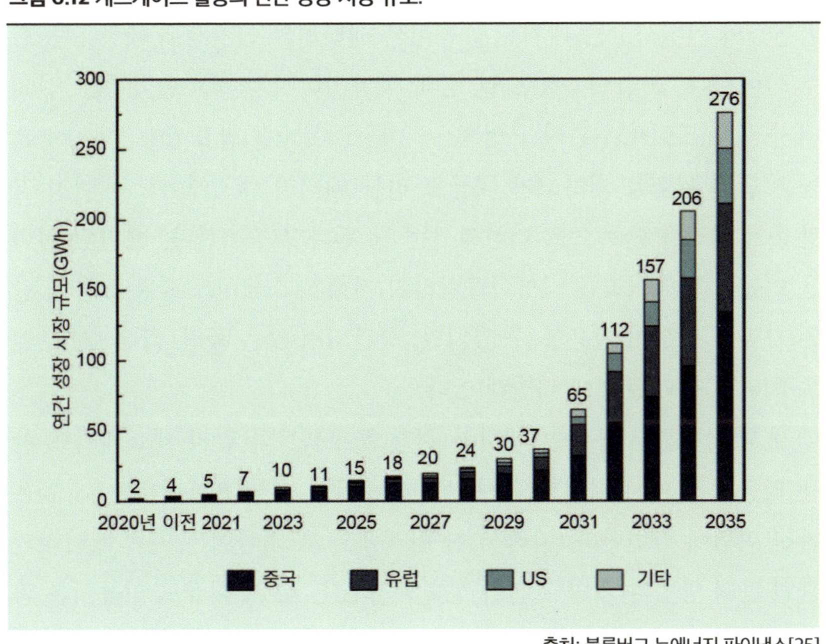

출처: 블룸버그 뉴에너지 파이낸스[25]

트로서 산업 및 상업 단지에 적용될 예정이다. 주로 피크를 차단하고 보조 전력 서비스를 제공하는 기능을 한다(그림 6.12).

블룸버그NEF[25]에 따르면, 2021년 5월까지 해체된 리튬 배터리 캐스케이드 활용 에너지 저장 프로젝트의 설치 용량은 5.5GWh에 달했다.

2030년 이후에는 폐 리튬이온 배터리 규모가 급격히 증가할 것으로 예상되며, 2035년에는 캐스케이드 활용 제품의 연간 공급량이 276GWh에 달할 것으로 전망된다. 안전사고가 빈번하게 발생하면서 폐 리튬이온 파워 배터리의 계단식 활용도가 저점에 도달했다.

최근 몇 년 동안 전 세계 전기화학 에너지 저장 발전소에서 많은 안전사고가 발생했다. 2021년 4월, 베이징 펑타이(Fengtai) 구의 한 에너지 저장 발전소에서 화재가 발생했다. 진화 작업 중 갑작스러운 폭발로 인해 소방관 2명이 사망하고 다른 소방관 1명이 다치었으며 발전소 직원 1명이 실종되었다. 2021년 7월, 호주 테슬라의 빅토리아 배터리 프로젝트에서 화재가 발생했다. 화재를 진압하는 데 4일이 걸렸다. 에너지 저장 발전소의 안전사고는 폐기된 리튬이온 배터리의 안전성에 대한 의문으로 이어졌다. 2021년 6월 22일, 중국 국가에너지국(NEA) 종합부는 "신에너지 저장 프로젝트 관리 규범(임시, 초안)"(이하 규범)을 발표했다. 이 강령은 높은 안전 위험을 피하고자 대규모 리튬 배터리 캐스케이드 에너지 저장 프로젝트를 단독으로 건설해서는 안 된다고 강조한다. 폐기된 전력용 리튬이온 배터리를 리사이클링하기 전에 캐스케이드 활용을 통해 잔존 가치를 충분히 활용할 수 있지만, 일관되지 않은 품질, 짧은 수명, 열폭주 위험 등의 문제에 직면해 있다.

새 배터리를 사용하는 에너지 저장 프로젝트와 달리 캐스케이드 활용 리튬이온 파워 배터리를 사용하는 에너지 저장 프로젝트는 더 높은 안전 위험에 직면한다. 따라서 현 단계에서 폐 리튬이온 파워 배터리의 관련 관리 방법과 기술 조건이 성숙하지 않은 경우, 대규모 리튬이온 파워 배터리 캐스케이드 활용 에너지 저장 프로젝트는 안전 위험이 매우 커 효과적으로 통제하기 어렵다. 안전 위험을 피하는 효과적인 방법은 대규모 리튬이온 파워 배터리 캐스케이드 활용 에너지 저장 프로젝트를 건설하지 않는 것이다. 이 규범은 원칙적으로 배터리 일관성 관리 기술을 돌파하고 리튬이온 파워 배터리의 성능 모니터링 및 평가 시스템이 완성 될 때까지 대규모 리튬이온 파워 배터리 캐스케이드 활용 에너지 저장 프로젝트를 건설해서는 안 된다고 규정하고 있다. 배터리 성능을 정기적으로 평가하고, 모니터링하고, 더 자주 감독해야 한다.

향후 폐기된 리튬이온 파워 배터리 캐스케이드의 활용을 위해서는 안전이 전제되어야 한다. 불완전한 통계에 따르면 2011년 이후 전 세계 에너지 저장소에서 32건의 화재 또는 폭발이 발생했다. 이 저장소에 사용된 배터리는 모두 새 배터리이다. 기존 조건에서 폐기된 리튬이온 파워 배터리의 안전을 보장하는 것은 불가능하다고 생각할 수 있다. 한편으로는 폐기된 리튬이온 파워 배터리의 수가 급격히 증가한다. 다른 한편으로는 안전에 대한 더 엄격한 요구사항이 제시되고 있다. 따라서 리튬이온 파워 배터리의 일관된 관리를 기술적으로 돌파하고 리튬이온 파워 배터리의 성능 모니터링 및 평가 시스템을 구축 및 개선하는 것이 매우 시급하다.

6.1.4.3 에너지 저장 배터리의 발전 전망

배터리 소재 측면에서 고주파 충전 및 방전 시 리튬이온 파워 배터리의 아주 매우 긴 내구 수명과 같은 핵심 기술에서 돌파구를 마련할 필요가 있다. 사용 단계에서 리튬이온 파워 배터리는 모바일 에너지 저장 장치로서 발전 터미널과 깊이 통합되어 전력망의 건강하고 질서 있는 발전에 도움이 된다. 앞으로 큰 발전 기회를 가져올 것으로 예상된다. 시장 측면에서는 V2G 기술의 홍보와 적용을 지원하여 대부분의 자동차 소유자가 수익을 창출하고 차량 대 그리드가 지속 가능하고 건강하게 상호 작용하고 발전할 수 있도록 새로운 비즈니스 모델이 필요하다. 원칙적으로 폐 리튬이온 배터리는 안전이 보장된다는 전제하에 저장 시설에서 사용할 수 있다.

6.2 새로운 비즈니스 모드 개발

6.2.1 이륜 차량의 배터리 교환 모드

6.2.1.1 업계 수요에 따른 배터리 교환 모드 개발 추진

6.2.1.1.1 즉시 배송 (2B)

이륜 전기자동차는 음식 배달, 특급 배달, 심부름 등 빠르게 성장하는 중국의 즉시 배송 산업에 종사하는 1천 300만 명의 사람들에게 가장 중요한 교통수단이다. 통계에 따르면, 정규직 배달원들의 자전거 주행 거리는 일반적으로 하루에 100km 이상이지만, 현재 중국의 일반 이륜 전기차의 주행 거리는 약 50km이다. 많은 배달원이 배터리 수명을 늘리기 위해 차량에 더 크고 무거운 배터리를 장착해야 했고, 이는 안전 문제로 이어졌다.

이륜 전기자동차의 배터리 교환 모드는 이 문제를 아주 잘 해결할 수 있다. 실제로 배터리 교환 모드에서 충전시간을 절약함으로써 각 배달원이 하루에 10건의 주문을 더 처리할 수 있음이 입증되었다. 주문당 평균 배송비 6위안을 기준으로 배달원은 추가로 2천 위안을 벌고 매달 300위안의 배터리 교환 서비스 수수료만 내면 된다. 따라서 단말기 2B 사용자의 경우 배터리 교환 모드는 더 높은 노동 수입을 의미한다. 향후 배터리 교환 모드의 보급률은 50%에 달할 것으로 예상된다.

6.2.1.1.2 공유 경제(2B)

공유 경제의 발전은 이륜 전기자동차의 배터리 교환 모드도 활성화했다. 중국의 공유 자전거 수는 2019년 말까지 100만 대에 달했으며 2025년에는 800만 대를 돌파할 것으로 예상된다[26]. 공유 오토바이의 주행 거리를 연장하는 가장 효과적인 방법은 확실히 이 시나리오에서 보급률이 100%인 배터리 교환 모드이다. 공유 충전 뱅크와 마찬가지로 공유 이륜 전기자동차는 고정된 장소에서 픽업 및 반납된다. 운영 및 유지 보수 담당자는 백그라운드 모니터링 시스템을 통해 차량의 잔여 전기량을 파악하고, 전기량이 부족한 차량의 배터리를 교환하고, 교환된 배터리를 교환 캐비닛에 넣어 충전한다.

6.2.1.1.3 개인 사이클링(2C)

중국은 자전거 왕국에서 전기 자전거 왕국으로 바뀌었다. 대형 개인용 차량 시장에서는 배터리 교환 모드의 보급률이 매우 낮고, 배터리 교환 모드가 자가 충전 모드보다 비용이 높아서 현재로서는 자가 충전이 여전히 지배적이다. 많은 양의 사회적 자본이 투자되어 배터리 교환 모드의 비용 절감, 더 많은 장점, 더 큰 시장 공간으로 이어진다. 예비 추정에 따르면 배터리 교환 모드의 보급률은 향후 25%에 달할 것으로 예상된다(그림 6.13).

6.2.1.2 새로운 국가 표준으로 배터리 교환 모드 향상

위에서 언급한 새로운 국가 표준은 이륜 전기자동차의 개발에 큰 영향을 미치고 배터리 교환 모드의 부상을 간접적으로 촉진했으며 차량 안

그림 6.13 배터리 교환 전기 이륜차의 예상 보급률

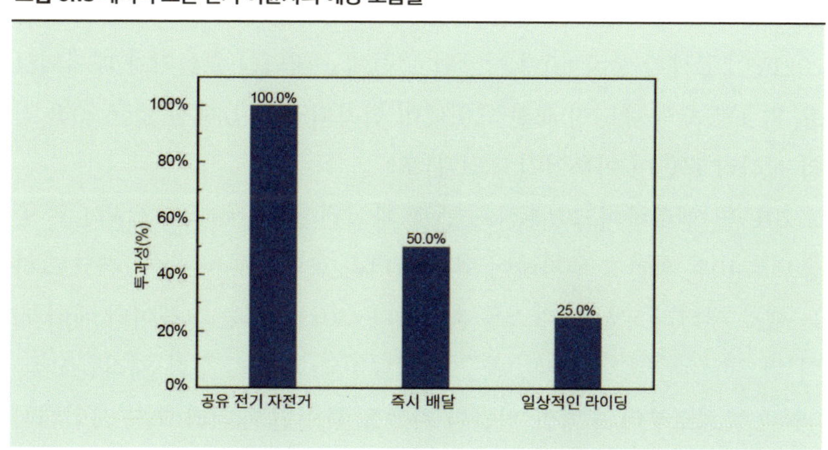

전에 대한보다 엄격한 요구사항을 제시했다. 사람들은 차체가 가볍고 강도가 충분하다는 전제하에 배터리 수명을 연장할 수 있는 방법을 찾기 시작한다. 배터리 교환 모드는 이러한 요구를 잘 충족시킬 수 있다. 하나의 휴대전화와 하나의 앱으로 1분 안에 배터리를 교환할 수 있어 무제한 주행 거리를 달성할 수 있다.

6.2.1.3 배터리 교환 캐비닛-거대한 블루오션 시장 형성

중국의 휴대폰 공유 충전 은행의 발전 과정과 마찬가지로 이륜 전기자동차의 공유 전원 패키지인 배터리 교환 캐비닛 시장도 경쟁적으로 형성되고 있다. 거대한 블루오션 시장이 형성되고 있다

통계에 따르면 중국의 배터리 교환 캐비닛 수요는 100만 개에 달할 것으로 예상된다. 1만 5천 위안의 단가를 기준으로 할 때 해당 시장 규모는 150억 위안에 달할 수 있다[27]. 전력 스왑 작동 측면에서 C 단자의 양은 매우 커서 거의 3억 대에 달한다. 일일 충전 빈도 1억 회, 연간 충전 빈도 1억 회를 기준으로 하면 365억, 충전당 2~3위안의 충전 수수료로 추정되는 시장 규모는 700억~1천억 위안이다.

2018년 말에는 e-배터리 교환을 위한 라운드 B에서 3억 위안이 넘는 자금이 조달되었고, 이듬해 5월에는 라운드 B+에서 수천만 달러가 조달되었으며, 2020년에는 라운드 C1에서 여러 건의 자금이 조달되었다. 2021년 2월까지 중국 60개 이상의 도시에 e-배터리 교환기가 배치되었고, 약 1만 개의 배터리 교환 캐비닛이 설치되었으며, 매일 평균 60만 건의 배터리 교환이 이루어지고 있다[28].

2019년 헬로바이크(Hellobike), 앤트 파이낸셜(Ant Financial), CATL은 공동으로 10억 위안을 투자하여 헬로 배터리 교환(Hello Power swap)라고도 하는 헬로 배터리 교환 서비스를 출시했다. 2021년에는 그레이터 베이 지역 펀드(Greater Bay Area Fund), 판구 캐피탈(Pangu Capital), 무화 캐피탈(Muhua Capital) 등으로부터 수백만 위안의 자금을 하얼빈 배터리 교환 사업에서

조달했다. 2021년 6월 말까지 헬로 배터리 교환은 중국 전역 200개 이상의 도시에 있는 2천 개 이상의 매장에 배포되었다[29].

2019년 3월, EQI는 텐센트(Tencent), NIO, 카이후이(Kaihui), 뉴 코그니션 유나이티드(New Cognition United)로부터 1억 위안을 투자받았다. 현재 EQI는 30개 이상의 도시에서 약 1만 개의 배터리 교환 캐비닛에 배치되었다[30]. 다른 배터리 교환 사업자로는 레이펑 전력 스왑(Leifeng power swap), 플라이 브라더 전력 스왑(Fly Brother power swap), 장페이 전력 스왑(Zhang Fei power swap) 등이 있어 번영하는 모습을 보인다.

6.2.1.4 배터리 교환 이륜 전기자동차를 위한 배터리 기술

현재 시중에 판매되는 이륜 전기자동차는 일반적으로 부피와 무게가 큰 납축 배터리를 사용한다. 현재로서는 납축 배터리가 시장을 지배하고 있지만, 경량 리튬이온 배터리는 거부할 수 없는 경향이다.

리튬 배터리는 높은 에너지 밀도, 긴 사이클 수명, 작은 부피와 무게, 배터리 교환 시나리오에 대한 적용 가능성 등 기존 납축 배터리에 비해

그림 6.14 중국 이륜 전기자동차에서 리튬 배터리가 차지하는 예상 비율 차량 [31]

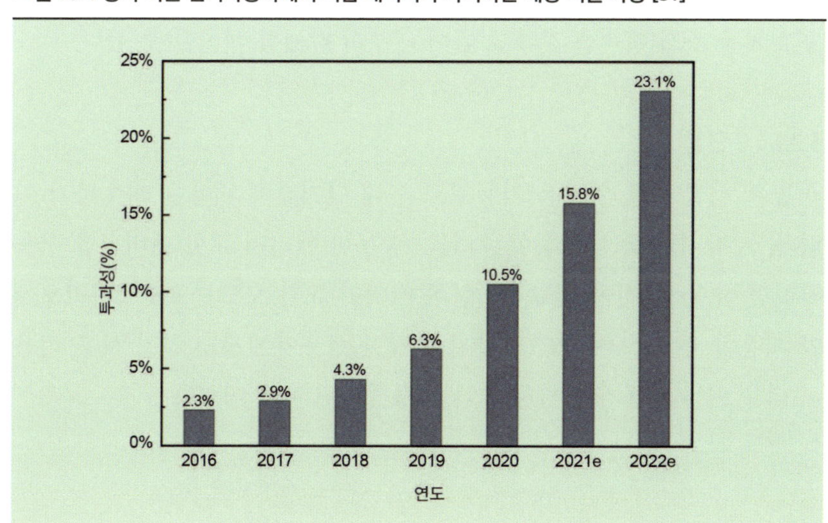

많은 장점을 가지고 있다. 최근 몇 년 동안 중국 이륜 전기자동차의 리튬 배터리 시장 보급률은 계속 상승하고 있다(그림 6.14). 통계[31]에 따르면 2020년 중국의 이륜 전기차 생산량은 총 4,834만 대로 연간 27.2%의 성장률을 기록했다. 중국의 리튬 배터리 이륜차 총생산량은 1,136 만대이며 보급률은 23.5%, 연간 성장률은 84.7%이다. 2022년에는 리튬 이륜 전기자동차의 시장 점유율이 23.1%를 넘을 것으로 예상된다. 리튬 배터리를 납축 배터리로 대체하는 것이 일반적인 추세이다.

6.2.1.5 배터리 교환 모드의 장단점

6.2.1.5.1 장점

(i) 배터리 교환 모드는 이륜 전기자동차의 편의성과 내구 주행 거리를 향상한다. 배터리 교환 캐비닛의 인기로 사람들은 차량 배터리 충전에 대해 걱정하지 않을 것이다. 휴대폰 하나만 있으면 '10초 배터리 교환'이 현실화하고 언제 어디서나 무제한 주행 거리를 달성할 수 있으며, (ii) 배터리 교환 모드는 이륜 전기자동차의 안전성을 향상하고, 대부분의 화재 사고는 배터리 충전 중에 발생하기 때문에 배터리 교환 캐비닛이 있으면 사고 위험을 줄일 수 있다. 현재 배터리 교환 캐비닛은 안전성이 높고 자동 소화 장비를 갖추고 있어 내부의 화재를 제어할 수 있다.

6.2.1.5.2 단점

(i) 높은 건설 비용과 낮은 가동률로 인해 단기간에 비용을 회수하기 어렵다. 시장 수요를 뒷받침할 수 있는 충분한 배터리 교환 캐비닛을 구축하려면 아직 갈 길이 멀고, (ii) 현재 배터리 교환 모드는 2B 시나리오에만 적용할 수 있으며, 2C 단말기의 일반 사용자에게는 일일 사용 비용이 너무 비싸 사용자가 사용 습관을 형성하기 매우 어렵다.

6.2.2 배터리 교환 전기자동차

6.2.2.1 배터리 교환 전기자동차의 역사

차량-배터리 분리는 배터리와 차량의 물리적 분리를 의미할 뿐만 아니라 배터리 소유권 분리를 의미하기도 한. 물리적 분리는 배터리 교환을 위해 배터리를 차체에서 분리하고 특정 장치를 통해 리튬이온 전원 배터리를 단시간에 신속하게 교체하는 것이다. 소유권 분리는 리튬이온 배터리의 소유권과 사용권을 분리하여 리튬이온 배터리를 배터리 자산 관리 회사가 소유하고 사용자가 임대료를 지불하고 사용하는 모바일 서비스 상품으로 만드는 것을 말한다.

6.2.2.1.1 경로 탐색자: 베터 플레이스

이스라엘의 베터 플레이스(Better Place)는 2007년에 처음으로 차량-배터리 분리를 상업적으로 운영하려고 시도했지만, 당시의 시장 상황은 배터리 교환 모드의 작동을 뒷받침하기에 충분하지 않았다. 한편으로는 신에너지 자동차가 개발 초기 단계에 있었고 시장 규모도 작았다. 반면에 배터리 교환 스테이션을 구축하려면 막대한 투자가 필요했다. 차량-배터리 분리형 비즈니스 모델의 선구자였던 베터 플레이스는 2013년 5월 파산을 선언했다.

6.2.2.1.2 후계자: 테슬라

비록 상업적으로는 실패했지만, 비교적 완벽한 섀시 배터리 교환 기술과 운영 경험을 후임자에게 남겼다. 그 후 미국의 자동차 제조업체인 테슬라가 베터 플레이스의 섀시 아이디어를 바탕으로 90초 전력 스왑 기술을 개발했다. 하지만 이후 테슬라(Tesla)는 배터리 교환이 더 이상 기술적인 문제는 아니지만, 일관되지 않은 배터리 표준, 높은 배터리 교환 스테이션 구축 비용, 낮은 운영 효율성, 긴 비용 회수 주기 등의 문제를 해결하기 어렵다는 것을 알게 되었다. 결국 테슬라는 배터리 교환을 포기하고 고속 충전으로 전환했다.

6.2.2.1.3 프로모터

올톤(Aulton)과 NIO(중국 기업). 기술 모델이 비즈니스 모델을 가져와도 시장 수요와 자본 투자가 충분하지 않으면 비즈니스 모델을 구현할 수 없다. 분명히 중국은 차량-배터리 분리라는 비즈니스 모델을 추진하기에 가장 적합한 국가이다. 중국 최대의 전력 스왑 서비스 제공업체인 올톤 신에너지(Aulton New Energy)는 20년 동안 택시, 버스, 차량 호출 및 물류 차량에 관한 연구를 진행해 왔다. 2021년 5월 12일, 올톤의 카이 동칭(CAI Dongqing)은 5년 이내에 1천만 대 이상의 차량에 서비스를 제공할 수 있는 배터리 교환 스테이션 1만 개를 건설하는 데 투자한다는 2021~2025년 개발 계획을 발표했다. 이는 의심할 여지없이 현재 중국에서 가장 야심에 찬 배터리 교환 프로젝트이다.

2020년 8월, NIO는 혁신적인 비즈니스 모델인 '서비스형 배터리'를 공식 출시하고 개인 사용자를 위한 전기자동차 문제를 해결하겠다고 다짐했다. 2021년 7월 9일, 상하이에서 제1회 NIO 파워 데이가 개최되었다. NIO는 현장에서 NIO Power의 개발 역사와 핵심 기술을 공유하고 2025년 NIO Power의 배터리-교환 스테이션 배치 계획을 발표했다[32]. 더 많은 사용자에게 더 나은 충전 서비스를 제공하기 위해 NIO는 충전 및 배터리 교환 네트워크 구축에 박차를 가할 것이다. NIO는 2021년에 배터리 교환 스테이션의 총수를 500개에서 700개 이상으로 늘릴 예정이다. 2022년부터 2025년까지 중국 시장에 매년 600개의 새로운 발전소를 건설할 예정이다.

2025년 말에는 중국 외 지역에 약 1천 개의 배터리 교환 스테이션을 포함하여 전 세계에 4천 개 이상의 배터리 교환 스테이션을 보유하게 될 것이다. 또한, NIO는 니오 파워(NIO Power)의 충전 및 전력 스왑 시스템과

BaaS 서비스를 업계에 전면 개방하고 니오 파워의 배터리 교환 스테이션을 업계 및 스마트 전기자동차 사용자들과 공유할 것이라고 발표했다.

6.2.2.2 배터리 교환을 대중화하는 정책

배터리 교환 차량 사용자는 보조금 혜택을 누릴 수 있다. 2019년 6월 이후 신에너지 자동차는 "보조금 이후 시대"에 접어들었다. 보조금의 점진적인 감소는 소비자의 구매 비용을 증가시키고 신에너지 자동차의 시장 경쟁력을 약화했다. "차량-배터리 분리"의 배터리 교환 모드는 비용을 절감하기 위해 "베어 차량 판매"에 대한 새로운 아이디어를 제공한다. 2020년 4월, 재정부, 공업정보화부, 과학기술부, 국가발전개혁위원회는 공동으로 '신에너지 자동차 보급 및 응용을 위한 재정 보조금 정책 개선에 관한 통지'를 발표해 신에너지 승용차의 사전 보조금 가격은 30만 위안 이하로 하되, 배터리 교환 차량은 사전 보조금 가격에 제한을 두지 않는다고 규정했다.

배터리 교환 스테이션은 새로운 인프라 일부이다. 2020년 5월, 중국 전국인민대표대회(전인대)와 정치협상회의(정협)에서 발표된 정부 업무 보고서의 신 인프라 건설에 따르면 "충전소 건설"이라는 문구가 "충전소, 배터리 교환소 등을 추가한다"로 변경되었다. 배터리 교환소, 5G, 인공지능, 빅데이터 센터가 새로운 인프라 일부가 되었다. 이는 중국 정부가 배터리 교환 모드와 차량-배터리 분리 모드를 완전히 인정했음을 반영한다. 2020년 11월, 국무원 판공실은 충전 및 전력 스왑 인프라 강화와 배터리 교환 모드 적용 장려를 강조하는 '신에너지 자동차 산업 발전 계획(2021~2035년)'을 공식 발표했다. 국가적 요청에 따라 베이징, 상하이, 하이난, 지난, 톈진은 현지 상황에 따라 일련의 시행 정책과 시스템을 발표하고 충전 및 전력 스왑 인프라 건설을 강화했으며 배터리 교환 모드의 파일럿 테스트를 시행했다.

6.2.2.3 배터리 자산 관리 회사

배터리 자산 관리 회사는 배터리 은행이다. NIO가 처음 시작한 이러한 회사는 BaaS 서비스의 일부이다. 모든 대형 자동차 회사는 자체 배터리 자산 관리 회사를 설립하여 리튬이온 파워 배터리를 중앙에서 관리하고 아래 그림과 같이 전체 수명 주기에서 자산 운영 가치를 얻는다. 관리에는 주로 배터리 임대, 구매, 운영, 에너지 저장(차량-그리드 간), 캐스케이드 활용, 해체, 리사이클링 등이 포함된다.

6.2.2.4 장점과 단점

6.2.2.4.1 장점

(i) 배터리 교환은 에너지 보충 속도를 크게 향상하고 주유와 같은 충전을 실현하며 주행 거리에 대한 걱정을 크게 덜어준다. (ii) 배터리 교환 모드는 전기자동차의 구매 및 사용 비용을 줄여 전기자동차 판매 향상에 도움이 된다. (iii) 배터리 교환은 안전성을 향상한다. 전기차는 충전 중에 항상 자연 발화하기 때문에 배터리 교환 운영자는 통합 관리 및 표준화된 운영을 통해 위험 가능성을 줄일 수 있으며, (iv) 배터리 교환 모드는 배터리가 사용자 소유가 아니기 때문에 리튬이온 배터리의 회수 채널을 단일화하여 폐기된 리튬이온 파워 배터리가 자격이 없는 개인 작업장에 들어가는 것을 방지할 수 있다.

6.2.2.4.2 단점

(i) 배터리에 대한 통일된 표준이 없어 자동차 기업마다 배터리 구조와 인터페이스를 다르게 설계하여 배터리 교환 모드의 보급을 제한하고, (ii) 배터리 교환 스테이션의 건설 및 운영비용이 높을 뿐만 아니라 불충분하고 비합리적으로 분산되어 비표준적인 방식으로 관리되기 때문에 내구 주행 거리에 대한 우려를 크게 해소하지 못하고 있다.

6.2.2.5 배터리 교환 모드에서 폐기된 리튬이온 배터리의 리사이클링 경로

배터리 교환 모드는 배터리의 캐스케이드 활용, 재생 및 리사이클링을 촉진하는 데 도움이 된다. 한편으로는 기존 비즈니스 모델에서는 많은 소비자로부터 리튬이온 배터리를 회수하기가 어렵다. 배터리 교환 모드는 폐기된 리튬이온 파워 배터리의 리사이클링률을 높이고, 더 많은 폐기 배터리를 도입하며, 캐스케이드 활용을 통해 충전-배터리 교환-핑-에너지 저장의 폐쇄 루프를 형성할 수 있는 고유한 장점을 가지고 있다. 반면에 리튬이온 파워 배터리 간의 성능과 사양의 차이로 인해 폐기된 셀의 성능 매개변수가 일관되지 않아 캐스케이드 활용률에 영향을 미친다. 예를 들어, 전압의 차이와 내부 배터리 팩 사이의 저항은 시스템의 실제 가용 용량을 감소시키고 전류와 전압을 불안정하게 만들어 장기간 작동 시 배터리 신뢰성과 안전성을 크게 떨어뜨린다.

배터리 교환 모드에서는 리튬이온 파워 배터리를 과학적으로 균일하게 관리, 충전 및 방전할 수 있으며, 남은 용량과 남은 수명을 효과적으로 평가할 수 있다. 또한, 차량-배터리 분리 모드에서 사용되는 리튬이온 파워 배터리는 에너지 밀도, 작업 강도 및 작업 시나리오가 비교적 통일되어 있어 해체된 배터리의 상태와 용량이 일정하여 리튬이온 파워 배터리의 케이스 활용 및 배터리 팩의 자동 해체에 도움이 된다. 이를 통해 재사용 시 배터리의 신뢰성과 안전성을 보장하고 가치를 극대화할 수 있다.

6.2.3 배터리 교환 전기 트럭

6.2.3.1 배터리 교환 대형 트럭에 대한 수요

현재 리튬이온 배터리 기술로는 전기 대형 트럭이 단기간에 승용차 수준의 1회 충전으로 이상적인 주행 거리를 달성하는 것이 불가능하다. 전기 대형 트럭의 주행 거리를 극대화하기 위해 자동차 제조업체는 배터리 탑재량을 늘려야 한다. 현재 제너럴 일렉트릭의 대형 트럭은 배터리 무게가 2~3톤에 달해 적재 용량이 크게 줄어든다. 순수 전기 대형 트럭은 일반적으로 도심의 흙먼지 운송, 광산 지역, 공장 지역 및 항구의 단거리 이동과 같이 고정된 경로, 단거리 및 빈도가 높은 시나리오에서 이동한다. 충전시간을 단축하고 차량의 운영 효율을 개선하기 위해 다양한 제조업체에서 급속 충전 모드 또는 초고속 충전 모드를 지원하는 전기 대형 트럭을 개발했다.

2021년 6월, 다임러 트럭은 약 1시간 만에 급속 충전 모드에서 배터리의 전기량을 20%에서 80%까지 끌어올릴 수 있는 최초의 양산형 메르세데스-벤츠 e악트로스 순수 전기 대형 트럭을 출시했다[33]. 대형 배터리와 급속 충전 기술에도 불구하고 전기 대형 트럭의 주행 거리에 대한 우려는 완벽히 해소되지 않았다. 또한 잦은 급속 충전은 리튬이온 배터리의 성능 저하를 가속화하고 안전사고의 위험을 높인다. 무엇보다도 전기 대형 트럭은 배터리의 존재로 인해 기존 연료 대형 트럭에 비해 초기 구매 비용이 2~3배 이상 높다. 따라서 배터리는 전기 대형 트럭의 보급과 적용에 있어 큰 걸림돌이 될 수밖에 없다.

6.2.3.2 대형 트럭 파워 스와핑의 경제적 이점

전력 스와핑 대형 트럭은 자가 충전 대형 트럭보다 구매 가격이 훨씬 저렴하다. 표6.2의 국영 전력공사 데이터에 따르면, 전력 스와핑 대형 트럭은 차체가 달라서 5년 안에 기존 연료 버전 6 × 4 트랙터보다 사용 비용이 약 10% 낮아질 것으로 예상된다[34].

두 가지 일반적인 사용 시나리오를 분석한 결과, 전기 대형 트럭은 연료 대형 트럭보다 비용이 약 15% 낮다. 구매 및 운영의 전체 수명 주기에서 전기 대형 트럭은 기존 연료 차량보다 12~14%의 비용이 절감된다. 일반적으로 '차량-배터리 분리' 방식은 전체 수명 주기에서 상당한 환경적 이점이 있다(표 6.3).

표 6.2 6×4 트랙터와 파워 스와핑 대형 트럭의 5년간 구매 및 사용 비용 비교.

프로젝트	유조차	파워 스와핑 대형 트럭	노트
구매 가격(10K CNY)	36.00	40.00	—
구매 세금(10K CNY)	3.19	0.00	전기 자동차는 구매 세금을 면제받을 수 있다.
엔진 유지보수 5년(10K CNY)	2.40	0.00	각 자전거의 기존 엔진 유지보수에 따르면 매번 20,000km, 유지보수당 1천 위안, 연간 80,000km 주행, 즉 4천 800위안/년
5년 요소 요금	2.50	0.00	사이클 당 800km 당 10kg의 요소 소비량에 따라 비용은 다음과 같다. 50위안, 연간 운전 80,000km, 즉, 5천 위안/년
합계(10K CNY)	44.09	40.00	—
5년 동안 차량 당 비용 절감 (10K CNY)	4.09		—
차량 50대 비용 (10K CNY)	204.50		—
절약 비율	9.28%		—

출처: 주 전력 투자 그룹[34]

6.2.3.3 배터리 교환 대형 트럭의 적용 시나리오

전기 대형 트럭은 주행 거리가 제한적이고 배터리 교환 스테이션이 부족해 석탄광석, 도시 클링커, 생활 쓰레기, 컨테이너, 벌크 화물 운송과 제철소 및 광산 내부 운송 등 단거리 과부하 및 저속 운송에만 적용되고 있다. 배터리의 주행 거리가 늘어나고 충전 및 배터리 교환 스테이션이 구축됨에 따라 향후 파워 스와핑 전기 대형 트럭의 적용 시나리오는 더욱 확대될 것이다.

6.2.4 배터리 교환 전기 선박

6.2.4.1 배터리 교환 전기 선박 탐사

전기 선박은 그 특성상 많은 수의 리튬이온 배터리를 탑재하는 경우가

표 6.2 6×4 트랙터와 파워 스와핑 대형 트럭의 5년간 구매 및 사용 비용 비교.

사례 1: 모래 및 자갈 운송 프로젝트(지역적 단기 덤핑)-60단계
- 차량 50대+282kWh 배터리 57세트당 전기 요금은 0.4위안/kWh이다.
- 차량은 300일 동안 운행되며, 차량당 일일 평균 최소 주행 거리는 304km이다.
- S06-2400KW 배터리 빈 4세대 표준 교환 스테이션 포함 (전체 스테이션은 역은 400만 위안의 투자로 간주)

연료 및 전기 경제성 비교(CNY)			
파워 스와핑 대형 트럭		대형 트럭에 연료 공급	
기본 전기 요금(위안/kWh)	0.40	유가(위안/ℓ)	6.00
배터리 즉, 충전소 임대료(위안/kWh)	0.75	km당 연료 소비량(l/km)	0.40
km당 배터리 방전량(kWh/km)	2.00	-	-
km당 통합 전력 소비량(kWh/km)	1.40	-	-
에너지 소비량 측정			
km당 에너지 소비 지출(위안/km)	2.06	-	
km당 배터리 및 충전소 대여료(위안/km)	1.50		
km당 기본 전기 요금(위안/km)	0.56		
차량 50대의 에너지 소비 절감 효과-60단계(10k)		775.20	
연료 및 전기 비용 절감률		14.17%	

사례 2: 대형 제철소(현장 과부하 강재 낙하)-60단계
- 차량 50대+282kWh 배터리 57세트당 전기 요금은 0.4위안/kWh이다.
- 차량당 하루 평균 최소 주행 거리는 121.6km이며, 차량은 300일 동안 운행된다.
- S06-2400KW 배터리 빈 4세내 표준 교환 스테이션 포함(전체 스테이션은 400만 위안의 투자로 간주)

연료 및 전기 경제성 비교(CNY)			
파워 스와핑 대형 트럭		대형 트럭에 연료 공급	
기본 전기 요금(위안/kWh)	0.40	유가(위안/ℓ)	5.50
배터리 즉, 충전소 임대료(위안/kWh)	0.75	km당 연료 소비량(l/km)	1.20
km당 배터리 방전량(kWh/km)	5.00	-	-
km당 통합 전력 소비량(kWh/km)	4.50	-	-

에너지 소비량 측정			
km당 에너지 소비 지출 (위안/km)	5.55	km당 에너지 소비 지출 (위안/km)	6.60
km당 배터리 및 충전소 대여료(위안/km)	3.750		
km당 기본 전기 요금 (위안/km)	1.80		
차량 50대의 에너지 소비 절감 효과-60단계(10k)		957.60	
연료 및 전기 비용 절감률		15.91%	

출처: 주 전력 투자 그룹[34]

많다. 배터리를 효율적이고 안전하게 충전하는 방법은 전기 선박 개발의 걸림돌이 되고 있다. 이륜차와 자동차 분야에서 배터리 교환 모드가 빠르게 발전함에 따라 전력 스왑 선박이 관심사가 되었다.

실제로 2016년 초 중국의 한 기업은 운항 중인 전기 선박의 배터리 교환 문제를 해결하기 위해 동적 또는 정적 모드에서 리튬이온 파워 배터리 팩을 교환할 수 있는 특허 선박[35]을 설계했다. 이 선박은 모선(母船)과 리튬이온 파워 배터리 선박으로 구성된다. 독립적인 전력 시스템으로서 리튬이온 파워 배터리는 모선을 떠나 해상 배터리 교환 스테이션으로 이동하여 충전하고, 새로운 리튬이온 배터리는 원격 제어를 통해 모선과 결합하여 배터리 교환을 완료한다. 이 기술은 널리 사용되지는 않았지만, 선박의 배터리 교환 모드에 대한 아이디어를 제공한다.

2021년 6월 26일, 중국 최초의 64TEU 순수 리튬이온 동력 배터리 컨테이너선인 구오촹(Guochuang)이 공식적으로 진수되었다[36]. 이 선박은 2018년 국가 중점 연구 개발 계획에 따른 "통합 운송 및 지능형 운송"의 특별 실증 프로젝트인 것으로 알려졌다. 핵심 기술 중 하나는 고정 도크에서 배터리 교환을 지원하기 위한 통합 모듈 이동식 전원 공급 시스템에 의한 배터리 교환이다. 이 기술은 수상 운송 장비에 리튬이온 전원 배터리를 적용하는 데 있어 획기적인 기술이다.

2021년 7월 10일, 세계 인공지능 컨퍼런스 2021[37]의 지능형 선박 혁신 포럼 'AI 파워 오션'에서 중국 선박 중공업(China Shipbuilding)은 모듈형 선박 전원 시스템 표준화 제품인 컨테이너 리튬이온 전원 배터리 유닛(S-CUBE, SDARI 컨테이너형 유틸리티 배터리 모듈)을 발표했다. S-CUBE는 중국 선급협회(CCS)의 승인을 받은 LFP 배터리와 20피트 표준 컨테이너를 캐리어로 사용하여 범용 모듈형 전원 공급 시스템을 구성한다. S-CUBE의 최대 용량은 1,540kWh이며, 컨테이너 4개만 있으면 3천t 화물선이 200km를 항해할 수 있다. S-CUBE는 선박과 배터리를 들어 올리고 분리하여 배터리 모듈을 빠르고 안전하게 전력망에 연결 및 분리하여 교환할 수 있는 자동 표준 인터페이스를 갖추고 있으며, 표준화된 설계 개념과 안전하고 신뢰할 수 있는 시스템 설계는 선박-배터리 분리 모드의 기초이다. S-CUBE로 대표되는 통합 및 표준화된 전력 모듈의 출현은 선박 분야의 배터리 교환 시스템 구축을 촉진하고 선박의 운영 효율을 향상할 것이다.

6.2.4.2 선박용 리튬이온 배터리의 주류, LFP

선박용 전력에는 안전, 수명, 신뢰성 등에 대한 엄격한 요구사항이 있다. LFP 배터리는 이러한 측면에서 NCM 배터리보다 우수하여서 선박용 리튬이온 전원 배터리의 주류이다.

중국에서는 선박용 리튬 배터리는 CSS의 인증을 받아야 한다. 현재 CSS는 조선 분야에서 LFP 개발에 유리한 조건을 제공하는 정사각형 LFP 배터리만 인정하고 있다. 현재 CATL, 이웨이 리튬 에너지(Yiwei Lithium Energy), 고션(Gotion), 펑후이 에너지(Penghui Energy), 스타잉 테크놀로지(Star Ying Technology)가 CSS의 인증을 받았다.

GGII[38]에 따르면, 2019년 0.035%, 2022년 0.55%, 2025년 18.5%의 보급률을 기준으로 2025년까지 전기선박용 리튬 배터리 시장 규모는 35.41GWh에 이를 것으로 예상된다.

6.2.4.3 제안 사항

새로운 발전 기회에 따라 선박 분야에서 배터리 교환 모드의 적용을 적극적으로 탐색하고 추진할 필요가 있다. 조선 산업과 리튬 배터리 산업은 다음과 같은 발전 방향에 주목해야 한다: (i) 전기 선박의 수요 특성을 정확하게 파악하고 전기 선박의 선체 구조, 인터페이스 및 안전 표준화를 촉진하고, (ii) 리튬이온 파워 배터리 모듈 구조, 인터페이스, 안전 및 성능의 표준화를 촉진하고 선박에서 리튬이온 파워 배터리 사용을 표준화한다. (iii) 항만 내 충전 및 전력 스왑 시설의 운영 방식을 혁신하고 투자를 늘리며 배터리 교환 인프라 건설을 강화하고, 특히 대규모 에너지 저장 장치 역할을 할 뿐만 아니라 선박에 전력을 공급하는 해상 풍력 발전기를 결합한다. 또한 배터리 교환 모드 실증 노선을 구축하여 전기 선박의 건전한 발전을 촉진하고 유도하기 위해 국가 차원의 통일된 계획과 지침이 필요하다.

6.3 요약

파워 배터리 기술의 급속한 발전으로 다양한 응용 시나리오가 생겨났다. 그러나 적용 시나리오는 주로 이륜 전기자동차, 전기자동차 및 전기 선박을 포함한 전기 운송 도구 분야에 중점을 둔다. 배터리는 안전성, 내구 주행 거리, 서비스 수명 등에서 주요 기술적 병목 현상이 발생한다. 이러한 문제를 해결하기 위해 시장 수요에 따라 다양한 비즈니스 모델이 등장했다. 차량 배터리 분리배출 비즈니스 모델은 폐차된 전력 배터리의 리사이클링에 도움이 되고 문제를 해결할 수 있다. 앞으로 배터리는 현재보다 더 크고 세분되고 분산된 응용 시나리오에 직면하게 될 것이며, 필연적으로 더 다양한 기술 경로와 비즈니스 모델로 이어질 것이다. 배터리를 표준화하고 리사이클링 경로를 중앙 집중화 및 표준화 하는 것은 피할 수 없는 흐름이 될 것이다.

참조

1 National Bicycle Electric Bicycle Quality Supervision and Inspection Center (2017). China Electric Bicycle Quality Safety White Paper (P20-50). https://baijiahao.baidu.com/s?id=1704158361209851437.html (accessed 08 June 2022)

2 Ministry of Industry and Information Technology of the People's Republic of China 2021. Economic operation of bicycle industry from January to August 2021. https://www.miit.gov.cn/gxsj/tjfx/xfpgy/qg/index.html (accessed 08 June 2022).

3 Qianzhan Industrial Research Institute (2020). Global electric bicycle industry market status quo and competitiv 0744220 e pattern analysis market size of nearly \$20 billion. https://www.sohu.com/a/413558904_473133 (accessed 08 June 2022).

4 GF Securities Research and Development Center (2021). Transportation Equipment II Industry Competition Pattern Optimization, Product Wisdom Transformation https://m.hibor.com.cn/wap_detail.aspx?id=8f016126b6bba3e05e2c0e9643e3d02c.html.

5 Help high-tech manufacturing enterprises to speed up. General Administration Of Customs. P. R. China, 2021. http://www.customs.gov.cn/ (accessed 08 June 2022).

6 Financial World (2020). Sales both at home and abroad, electric bicycle market enters global acceleration mode. https://baijiahao.baidu.com/s?id=1671703193215706188&wfr=spider&for=pc (accessed 08 June 2022).

7 nternational Energy Agency (2021). Global EV Outlook 2021. www.iea.org.

8 The Ministry of Public Security of the People's Republic of China (2020). Policyescort, sales blowout, electric bicycle market press the "accelerator".

https://www.mps.gov.cn/ (accessed 08 June 2022).

9 China Electric Vehicle Charging Infrastructure Promotion Alliance (2021). By the end of 2021, the cumulative number of national charging infrastructure is 1947000 units. http://www.evcipa.org.cn/ (accessed 08 June 2022).

10 BYD Official Website (2021). BYD Qin plusdmi super hybrid has a maximum endurance of 1200 km and fuel consumption of 100 km is as low as 3.8 L. https://www.byd.com/cn/index.html.

11 Yutong Bus (2022). Impact on China's bus industry | Yutong Bus: sincerely, 2021 is a beautiful trip. https://www.yutong.com/ (accessed 02 June 2022).

12 Sina Finance (2021). Norway has become the first country to reverse the trend with electric cars powered by petrol. https://baijiahao.baidu.com/s?id=1 688277724607442203&wfr=spider&for=pc (accessed 08 June 2022).

13 European Environment Agency (2021). Research on carbon peak and carbonne utralization path in transportation field. https://www.eea.europa.eu/ (accessed 08 June 2022).

14 Ministry of Ecology and Environment of the People's Republic of China. Analysis on market status and development trend of China's urban public transport industry in 2021. https://www.mee.gov.cn/ (accessed 08 June 2022).

15 Ministry of Ecology and Environment of the People's Republic of China (2021). China Mobile Source Environmental Management Annual Report.

16 Ministry of Transport of The People's Republic of China (2021). Statistical Bulletin on Transport Industry Development 2020.

17 Det Norske Veritas (2020). Shipping greenhouse gas emission reduction strategy. https://www.dnv.com/ (accessed 08 June 2022).

18 International Ship Network (2021). 9 ferries promote Norway's development of electric ferries in the world. http://www.eworldship.com/ (accessed 08 June 2022).

19 "Three Gorges" 1, a number of technological breakthroughs-the world's largest electric ship officially started, 2020. https://www.sohu.com/

a/440812303_190663(accessed 08 June 2022).

20 GGLB (2021). The CALB electric ship "Dianjing" was successfully piloted. https://baijiahao.baidu.com/s?id=1706524230162702873&wfr=spider&for= pc (accessed 08 June 2022).

21 CATL (2021). The first generation of sodium ion battery appears! Energy density up to 160 wh/kg, mixed with lithium battery. https://www.catl.com/ (accessed 08 June 2022).

22 EVTank, Ivey Institute for Economic Research, China Battery Industry Research Institute (2021). China Electric Ship Industry Development White Paper.

23 China Automobile 100 Association, Natural Resources Defense Council (2020).Business Prospects of Electric Vehicle Interaction with Power Grid: A Pilot Case of Demand Response in Shanghai.

24 Battery China CBEA (2019). BAK Battery and South Grid Integrated Energy have launched the first domestic battery pack cascade utilization energy storage project. https://baijiahao.baidu.com/s?id=1641111216418242309& wfr=spider&for=pc (accessed 08 June 2022).

25 Bloomberg New Energy Finance (2021). Spent power battery echelon utilization part I: technology and application. https://chuneng.bjx.com.cn/ news/ 20210713/1163487.shtml (accessed 08 June 2022).

26 Meituan Motorcycle, Wuhan Traffic Development Strategy Research Institute (2020). Observation Report of Shared Electric Bike Travel in 2020.

27 Zhongtai Securities (2020). Shared Mopeds Will Soon Have a Large Space for Battery Replacement Services.

28 Beijing News (2020). E-motor e-swap layout two-wheeled ecology, entered the field of motorcycles. https://baijiahao.baidu.com/ s?id=1686238136271232180&wfr= spider&for=pc (accessed 08 June 2022).

29 First Electric Network (2021). Hello trip's small ha gets hundreds of millions of yuan in financing for power exchange. https://www.maiche.com/media/

m1201/.

30 The Economic Observer (2021). Electric vehicle battery swap platform Yiqi Swap completed hundreds of millions of yuan in Series B financing, led by Tencent. https://baijiahao.baidu.com/s?id=1627674080606815934&wfr=spi der&for=pc (accessed 08 June 2022).

31 EVTank, Ivey Institute for Economic Research, China Battery Industry Research Institute (2021). China Electric Two-Wheeler Industry Development White Paper (P12-15).

32 NIO (2021). Layout plan of Wei Lai NiO power 2025 exchange station. https://www.nio.cn/ (accessed 08 June 2022).

33 Xinmin Evening News. Mass-produced Mercedes-Benz eActros pure electric truck debuts with a cruising range of 400 kilometers. https://baijiahao.baidu. com/ s?id=1704158361209851437.html (accessed 08 June 2022).

34 State Power Investment Group (2020). Introduction of Intelligent Power Exchange Heavy Card of State Power Investment. (P6-8).

35 Guangzhou Xuantong Energy Conservation Technology Co., Ltd (2021). http:// www.gz-xuantong.com/ (accessed 08 June 2022).

36 Government Affairs: China Maritime. Taizhou Maritime Safety Administration maintains the safe launching of the first domestic inland pure battery-powered container ship. https://m.thepaper.cn/baijiahao_13343725 (accessed 08 June 2022).

37 China State Shipbuilding Corporation Ltd (2021). Promote the "electrification" of ships! Shanghai Shipbuilding Institute takes the lead in research and development of container type power battery unit. http://www.cssc.net.cn/ (accessed 08 June 2022).

38 Guosheng Securities Research Institute (2021). The Gloomy Time Is Gone with the Wind, Sailing to the Sea and then Embarking.

7.1 고급 배터리 리사이클링 시스템

다 쓴 전력용 리튬이온 배터리(LIB)의 리사이클링은 복잡하고 어려운 산업이다. 전력용 리튬이온 배터리 생산의 표준화 부족, 리사이클링 시스템 미비, 리사이클링 과정에 대한 규제 부족으로 인해 폐 전력용 리튬이온 배터리의 분해가 어렵고 리사이클링 기술의 통일이 어려우며 안전하고 환경친화적인 대규모 배터리 생산 기술이 아직 부족하다. 현재 영세하고 혼란스러운 리사이클링 시장과 대량의 폐 배터리 발생이 예상되는 상황에서 배터리 리사이클링 기술은 시급히 개선되어야 한다.

7.1.1 경제적인 환경 배출 기술

현재 대부분의 배터리 리사이클링 업체는 염산 방전 방식을 사용하고 있다. 이 방전 기술은 비용이 저렴하다는 경제적 이점이 있지만 전해액 누출과 폐수 처리 비용이 많이 든다는 단점이 있다. 실제로 폐수 처리 부문의 설비 투자 및 운영비용을 고려하면 염산 방전 기술은 경제적 이점이 높지 않다. 대용량 방전이 가능한 배터리 방전 기술은 아직 연구 중이다. 안전하고 친환경적인 배터리 방전 기술은 개별 셀을 안전한 수준까지 빠르게 방전시켜 배터리 운송, 분해, 파쇄를 쉽게 한다.

7.1.2 고전류 배터리 분해 장비

분해의 주요 목적은 전극 분말, 구리 및 알루미늄 포일과 같은 배터리 내 유가 성분을 물리적으로 분리하고 전해질 및 폴리비닐리덴 플루오르화물(polyvinylidene fluoride, PVDF) 바인더와 같은 배터리 내 유해 성분을 폐기하는 것이다. 배터리 구성 요소의 변환 메커니즘, 배터리 분해 과정에서 각 구성 요소의 물리적 해리 및 분리 특성에 관한 연구는 매우 중요하다. 높은 유량, 높은 안전, 친환경 배터리 해체 세트 개발을 위해서는 과학적인 공정 흐름 설계, 맞춤형 파쇄 및 선별 장비 제조, 효율적인 오염 물질 처리 솔루션 계획이 필요하다.

7.1.3 희귀금속을 위한 고효율 분리 시스템

특정 유가 금속(니켈, 코발트, 망간, 리튬), 미확인 조성 비율(LCO, LMO, NCA, NCM111, NCM523, NCM622, NCM811), 미확인 불순물 조성(칼슘, 철, 알루미늄, 마그네슘, 실리콘, 불소, 유기물, PVDF 등)을 포함하는 삼원계 배터리의 경우 폐 배터리에서 유가 금속을 효율적으로 회수하기 위해 적용할 수 있는 하이드로메탈러지(Hydrometallurgy) 공정 개발이 계속 도전과제로 남아 있다. 기존의 니켈-코발트-리튬 분리 및 정제 공정과 장비를 기반으로 향후 리사이클링 공정은 배터리 소재의 구성, 특히 불순물 성분의 조성에 따라 유가 금속-불순물을 효율적으로 분리하는 공정이 되어야 한다. 공정 최적화 및 특성 분리 공정 설계를 통해 적용성이 높고 효율적인 금속 분리 공정을 개발할 수 있다.

7.1.4 저가 ú 배터리/부품의 고부가가치화

LFP, LMO, LTO와 같은 저부가가치 전력 LIB의 경우 공정이 짧고 부가가치가 높은 공정 기술을 개발해야 한다. 현재 리튬 회수에 중점을 둔 공정을 기반으로 철, 망간, 티타늄 및 기타 금속에 대한 종합적인 회수 기술개발은 더 연구할 가치가 있다. 리사이클링 공정에서 생산되는 대량의 흑연 재료에 대해 전처리, 불순물 제거 및 개질을 수집하는 통합 공정의 개발은 흑연의 자원 활용을 촉진할 것이다.

7.1.5 안전 및 오염방지

사용한 리튬이온 배터리는 일종의 유해 폐기물이다. 기존의 방전 기술로는 여전히 배터리의 완전한 방전을 달성할 수 없다. 다 쓴 배터리의 전처리 과정에서 다량의 흑연과 금속 분진이 배출된다. 게다가 전해질에는 크고 복잡한 유기 물질뿐만 아니라 $LiPF_6$ 및 기타 유해 물질이 포함되어 있다. 따라서 사용한 리튬 배터리는 절대적으로 안전한 환경에서 자동적이고 효율적으로 처리해야 한다. 또한 하이드로메탈러지는 다량의 복합 유기물을 생성하므로 폐수 처리 및 리사이클링에 대한 추가적인 고려가 필요하다.

7.2 리사이클링을 위한 친환경 배터리 설계

리튬이온 배터리의 수명 주기 전반에 걸쳐 탄소 발자국 추적 관리를 수립하고 강화하면 자재 생산부터 조립 및 제조, 배터리 사용, 리사이클링에 이르는 전체 프로세스에서 탄소 배출량을 모니터링하고 추적하는 데 도움이 될 수 있다. 데이터 분석을 통해 탄소 배출이 많은 연결 고리를 파악하고 프로세스를 최적화할 수 있다. 친환경 배터리 설계는 전력 LIB의 전체 수명 주기에서 탄소 배출을 줄이는 데 매우 중요하다. 배터리의 환경적 특성(분해성, 리사이클링성, 유지보수성, 재사용성 등)을 우선하여 고려하고 설계 목표로 삼는다. 배터리의 기본 성능, 수명, 품질을 보장하는 동시에 배터리의 자원 및 에너지 활용도를 최대한 높여야 한다. 잠재적인 환경오염 및 오염 처리 비용을 줄이면 전체 수명 주기 동안 배터리가 환경에 미치는 부정적인 영향을 줄일 수 있다.

최첨단 리튬 배터리 소재 및 부품이 직면한 환경적 과제는 주로 소재 생산에 필요한 높은 에너지 소비(코발트, 흑연, 금속 산화물), 불소화 및 독성 화합물(전해질, 음극 바인더, 금속 산화물), 비싼 폐기 비용(음극에 사용되는 유기 용매), 낮은 리사이클링률 등이다(그림 7.1). 앞서 언급한 문제를 바탕으로 이상적인 친환경 배터리 설계 솔루션은 리튬 배터리 원재료 선택, 재료 생산, 배터리 제조 및 리사이클링뿐만 아니라 친환경 재료/공정과 관련된 환경적 이점 및 경제적 제약을 고려해야 한다.

그림 7.1 LIB 자료와 그 요소가 직면한 주요 생태학적 과제.

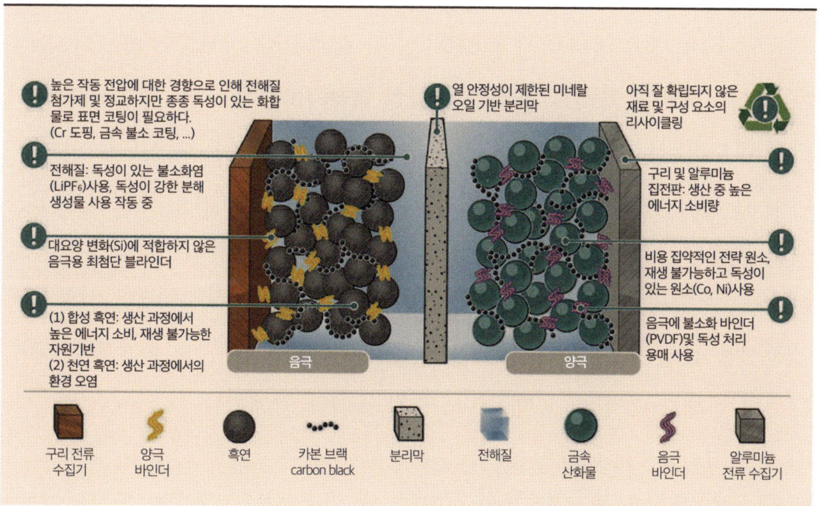

출처: 뒤넨(Dühnen) 외. [1]/존 와일리 앤 선즈(John Wiley & Sons)/CC BY 4.0

7.2.1 배터리 원자재

흑연은 리튬 배터리에 가장 일반적으로 사용되는 음극재로, 주로 천연 흑연과 합성 흑연으로 구성된다. 합성 흑연 소재의 지속 가능성을 향상하기 위해 탄소 기반 음극 소재의 열분해를 위한 전구체로 바이오매스 또는 산업 폐기물을 사용하는 것이 점차 주목받고 있다. 우(Wu) 등[2]은 흑연, 실리콘 나노 와이어, 리튬 금속의 세 가지 음극 재료가 환경에 미치는 영향을 비교 분석한 결과, 비 용량이 높은 음극 재료가 배터리의 환경 영향을 낮출 수 있다는 사실을 발견했다.

그 결과 비 용량이 높은 실리콘 음극이 배터리의 부정적인 환경 영향을 줄이기는 하지만, 제조 과정에서 탄소 배출량이 매우 높다는 것을 알 수 있었다. 따라서 실리콘 음극을 제조하기 위해 바이오매스(예: 왕겨)를 기반으로 한 실리콘 음극 또는 해체된 실리콘 웨이퍼를 개발하는 것도 향후 연구의 중요한 방향이다[3]. 또한, 리튬-금속 음극은 기존 흑연 및 실리콘-탄소 음극에 비해 환경에 미치는 영향이 가장 적어 차세대 친환경 배터리 소재로 매우 유망한 소재이다.

현재 일반적으로 사용되는 탄산염 유기 전해질은 가연성 및 휘발성이 있고 열 안정성이 제한되어 있어 사용 시 위험하고 리사이클링성이 낮다. 안전성은 전해질 최적화 설계의 중요한 측면이다. 충전 및 방전 과정에서 리튬 덴드라이트에 의한 저항 과열, 과충전, 단락과 같은 요인으로 인해 배터리 간 온도가 급격히 상승하여 열 폭주가 발생하기 쉽다. 전해질은 고온에서 분해되어 가스를 방출하여 배터리를 훼손하고 심지어 화재나 폭발로 이어질 수 있다. 전해질에 화학물질과 난연제를 첨가하면 배터리의 작동 안전성을 높일 수 있지만, 전해질 구성이 복잡해져 회수 효율이 떨어진다. 이온성 액체는 "친환경 용매"이다. 유기 용매에 비해 이온성 액체는 회수하기 쉬우며, 폐기된 리튬이온 배터리의 전해질 회수율을 향상할 것으로 기대된다. 따라서 리튬 배터리에 적합한 저비용 이온성 액체를 탐색하고 개발하는 것 또한 미개척 영역 연구 방향이다.

PVDF는 우수한 전기화학적 안정성과 결합 특성으로 인해 리튬 배터리 음극 재료의 바인더로 널리 사용된다. 하지만 PVDF는 몇 가지 유기 용매에만 용해될 수 있다는 단점이 있다. 현재 상용 용매로 사용되는 NMP는 비싸고 독성이 있어 배터리의 생산 및 리사이클링 비용이 커진다. 생산 비용을 절감하고 제조 및 리사이클링 안전성을 높이기 위해 카복시메틸 셀룰로오스(carboxymethyl cellulose, CMC)와 스티렌-부타디엔 고무(styrene-butadiene rubber, SBR)를 포함한 여러 수용성 바인더가 음극재 제조 공정에 사용하기 위해 연구되고 있다. 그러나 대부분 양극재에서 수용성 바인더는 물에 민감하고 고전압에서 수용성 바인더가 불안정하여서 양극재에 수용성 바인더를 사용하는 것은 매우 제한적이다. 리사이클링의 관점에서 볼 때, 사용 중 바인더의 안정성과 수명이 다했을 때의 용해성 사이에는 이분법적인 대립이 존재한다. 바인더의 선택은 배터리의 성능에 영향을 미칠 뿐만 아니라 배터리 소재의 분리 및 리사이클링 용이성과도 직접적인 관련이 있다. 따라서 바인더가 없는 자립형 전극의 개발은 점차 중요한 미래 추세가 되고 있다.

현재 삼원계 소재(NCM 및 NCA)는 다른 소재에 비해 전반적인 기공률이 우수하며, 주요 상용 리튬 배터리 양극 소재로 사용되고 있다. 리튬 배터리의 핵심 원재료인 리튬, 코발트, 니켈과 같은 금속은 리튬 배터리 원가의 3분의 1을 차지할 정도로 양극재와 밀접한 관련이 있다. 특히, Co와 Ni는 모두 발암성 생식 독성 물질로 분류된다. 게다가 코발트는 배터리 생산 비용의 주요 요인이다. 중앙아프리카의 일부 지역에서는 표준 이하의 채굴 조건과 아동 노동 사용과 같은 윤리적, 환경 관련 문제를 일으키는 코발트 채굴이 이루어지고 있다. 따라서 배터리 원재료의 추적성을 위해 '지속 가능성' 라벨(탄소 발자국, 윤리적 발자국 등)을 설정하는 것이 현재 실현할 수 있는 접근 방식이다. 기술적으로 성숙한 양극재 중 가장 지속 가능한 소재는 LFP와 LMO 소재이다. 에너지 밀도가 시장 수요에 미치지 못하지만, 수명 주기 관점에서 볼 때 LFP 및 LMO 배터리는 여전히 미래 시장에서 성장할 여지가 있다. 또한, 저 코발트 및 무 코발트 양극재(LNMO, LMR-NCM 등)도 잠재적인 미래 양극재로서 점차 주목받고 있다[4].

저렴한 금속(나트륨, 칼륨, 칼슘, 마그네슘, 알루미늄, 아연 등) 또는 유기 활성 물질을 기반으로 하는 "포스트 리튬" 배터리 기술은 리튬 자원 부족을 줄일 수 있는 큰 잠재력을 보여주었다. 배터리 기술의 혁신은 재료 공급 문제를 완화할 뿐만 아니라 배터리 구조 설계에도 큰 영향을 미칠 것이다. 예를 들어, 새로운 듀얼 이온 배터리[5]는 동일한 음극 및 양극 집전체와 활성 소재를 사용한다. 이러한 대칭적인 셀 구조는 셀 제조 공정을 크게 단순화하여 셀 생산 및 리사이클링 비용을 절감할 수 있다.

7.2.2 재료 생산

배터리 소재 비용의 상당 부분은 소재 합성 공정에 의해 결정된다. 현재 대부분의 양극재는 고온 고상 합성을 통해 제조되지만, 이 방법은 에너지 소비와 비용이 많이 든다. 따라서 물(용매) 열 합성, 초음파 및 마이크로파 보조 합성, 이온 열 합성 등 저온 합성 방법이 개발되고 있다. 최근 연구에 따르면 이온 열법은 전극 재료의 형태를 효과적으로 조절할 수 있는 것으로 나타났다. 예를 들어, 거의 200°C의 반응 온도에서 이온 열법으로 얻은 인산염과 규산염은 우수한 형태를 가진 특정 구조를 나타낸다. 고온 고상 합성에 비해 이온 열법의 반응 온도는 약 500°C 정도 낮다[6]. 또한, 300°C에서 20분 동안 고체 상태 반응으로 합성할 수 있는 새로운 리튬 기반 배터리 소재인 $LiFeSO_4F$와 같은 일부 새로운 리튬 기반 배터리 소재가 이온 열 반응으로 합성되었다[37]. 이온 열 방식은 이온성 액체를 반응 매체로 사용하기 때문에 비경제적인 것처럼 보이지만, 이온성 액체를 간단하게 회수할 수 있으므로 환경친화적인 접근 방식이기도 하다. 또한 연구자들은 생물학적 과정을 모방하여 상온에 가까운 온도에서 배터리 소재를 합성하는 기술을 연구했다. 예를 들어, 벨처(Belcher)의 연구팀[8]은 유전자 조작 바이러스를 템플릿으로 사용하여 상온에서 $FePO_4$ 단일벽 탄소 나노튜브를 빠르게 제조했다. 그러나 이 방법은 현재 리튬 기반 배터리 소재의 합성에는 사용할 수 없다. 이 방법은 확장 가능성이 높아서 저비용 리튬 소재 합성에 새로운 방향을 제시한다. 결론적으로, 저에너지 합성 방법을 사용하고 독성 용매의 사용을 피하는 것은 소재 생산 공정의 탄소 발자국을 최적화하는 효과적인 방법이다[9, 10].

7.2.3 배터리 생산

7.2.3.1 단일 배터리

배터리 셀의 준비 과정 측면에서 최적화된 설계는 주로 셀의 에너지 밀도와 전력 밀도 향상에 중점을 둔다[11]. 다공성 전극 모델을 기반으로 라마데시건(Ramadesigan) 등[12]은 전극 공극 분포를 차별화하여 전극의 전압 손실을 줄였다. 전극 다공성을 조정함으로써 특정 수의 활성 물질에 대해 옴 저항을 15~33% 감소시켜 전극의 에너지 저장 및 전송 능력을 증가시키는 것이 가능했다. 골몬(Golmon) 등[13]은 리튬 배터리의 용량을 증가시키기 위해 최적화된 전극 배치를 가진 멀티 스케일 리튬 배터리의 전산 모델을 제안했다. 전극 입자의 국소 다공성 및 입자 반경을 제어함으로써 전극 입자 응력 수준을 제한하면서 리튬 배터리의 용량을 최대화할 수 있다. 최적화 결과는 최적의 기능 구배 전극이 균일한 다공성 및 입자 반경 분포 상황에 비해 배터리의 기공률을 향상할 수 있음을 보여주었다. 특정 전력 밀도 요구사항을 충족한다는 전제하에 추에(Xue) 등[14]은 최대 배터리 에너지 밀도를 달성하기 위한 리튬 배터리 설계의 수치적 체계를 제안했다. 베넷(Bennett)[15]은 음극과 양극의 비가역적인 용량 손실 차이를 고려하여 음극과 양극의 실험 데이터를 기반으로 단일 셀 용량 정합 방법을 제안하고 음극과 양극 정합 후 결과 단일 셀의 방전 전압을 미리 결정했다. 또한 다양한 공정 방법의 선택, 공정 최적화 및 독성 및 유해 물질 제어를 통해 제조 공정에서 배터리의 환경 성능을 향상할 수 있다.

최근 연구에 따르면 전극 사이의 고분자 분리막을 구조화하여 전극 활성 물질의 효율적인 분리를 실현할 수 있는 것으로 나타났다. 리(Li) 등[16]은 분리막을 음극과 양극 사이에 교대로 감겨 있는 일종의 Z-폴드 형태로 설계했다. 전지의 음극과 음극 조각은 클램프와 일련의 스키머가 장착된 진공 이송 장치 세트를 통해 완벽하게 분리할 수 있다(그림 7.2).

7.2.3.2 배터리 팩

배터리 팩의 구조적 수준에서는 형상(토폴로지, 치수, 배열 등)을 최적화하고 분해/조립 지향 설계 방법과 장치 부품을 사용하여 서비스 유지보수 및 수명 종료 리사이클링 시 배터리 팩의 분해 성능을 개선할 수 있다[17].

그림 7.2 리튬 배터리 다이어그램에서 음극, 양극 및 분리막을 분리하는 장치.

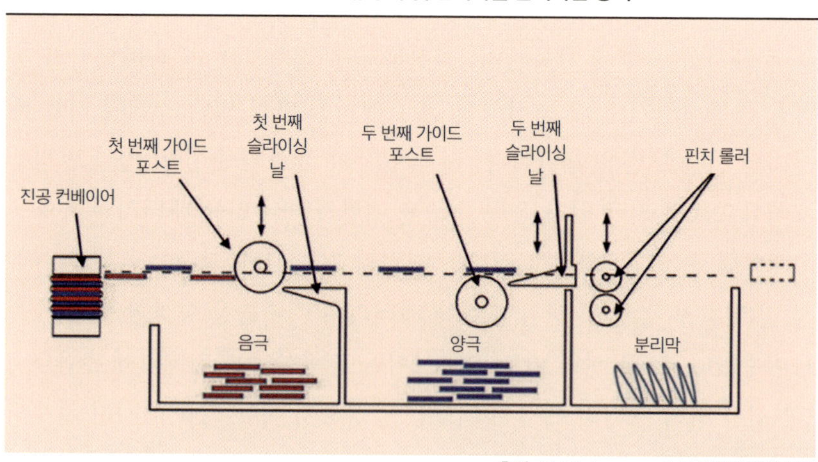

출처: 톰슨(Thompson) 외. [9]/왕립 화학회

그림 7.3은 새로운 단순화된 배터리 팩 구조를 보여준다[9]. 전극 커넥터 탭의 형상을 변경하여 같은 극성의 전극을 서로 연결한다. 이렇게 하면 수명이 다한 배터리를 절단할 때 음극판과 양극판을 간단하게 분리할 수 있고, 폴리머 분리막을 쉽게 리사이클링할 수 있다. 중국 배터리 제조업체인 비야디(BYD)는 최근 길고 얇은 블레이드 배터리를 개발했다[18]. 이 독특한 구조는 개별 모듈과 바인더가 필요하지 않으며 배터리 팩의 구조적 강도를 높여준다. 이러한 모듈이 필요 없는 셀 투 팩(Cell to Pack, CTP) 패키징 기술의 등장으로 배터리 분해가 더 쉬워지고 로봇 자동 결합 조립 및 분해 라인 설계가 쉬워졌다.

배터리 생산의 표준화를 확립하는 것도 리사이클링 효율을 높이기 위한 중요한 단계이다. 배터리 셀의 구조는 원통형, 사각형 셀, 소프트 팩이 시장에서 일반적으로 사용되는 구조이다. 규격 통일은 효율적인 배터리 리사이클링을 위해 매우 중요하다. 또한 배터리 팩의 모듈식 연결과 패키지 디자인의 표준화는 배터리 분해를 위한 통일된 도구의 사용을 쉽게 한다[19]. 또한 음극재와 양극재, 전해질 등의 구성 성분에 대

그림 7.3 배터리 제거의 개략도(점선은 절단 지점을 나타냄).

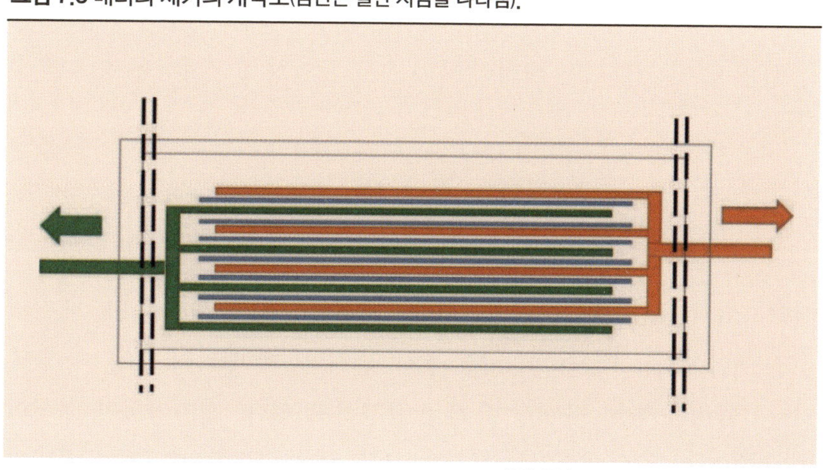

출처: 톰슨(Thompson) 외. [9]/왕립 화학회

한 정보 표시를 포함한 배터리 포장 라벨의 개선이 필수적이다. 분해하기 전에 서로 다른 유형의 배터리를 분리하면 서로 다른 물질의 교차 오염 위험을 피할 수 있다.

7.2.3.3 배터리 관리 시스템

배터리 시스템 수준에서는 배터리 관리 시스템과 냉각 시스템의 최적화에 중점을 둔다. 배터리 수명은 배터리 화학, 충전 및 방전 방법(최대 충전 전압, 충전 전류, 충전 승수 등), 작동 온도 및 사이클 수와 관련된 다양한 요인에 따라 달라진다[20]. 배터리 관리 시스템에는 배터리 용량 감소에 대한 정보를 제공하기 위해 배터리 충전 및 방전 매개변수 모니터링이 포함되어야 하며, 배터리 이상 징후를 적시에 경고할 수 있는 고장 진단 기능도 있어야 한다.

실험 및 실제 테스트 데이터를 기반으로 두배리(Dubarry) 외[21]는 배터리 수명을 정확하게 예측하기 위해 배터리 성능 분석 모델을 개발했다. 그 결과 배터리의 냉각 시스템은 일반적으로 전기자동차의 에너지 소비를 증가시키지만 극한의 열 조건으로 인한 열 폭주 및 배터리 성능 저하를 완화할 수 있음을 보여주었다. 자렛(Jarrett)과 김(Kim)[22]은 배터리 냉각판의 최적화 설계를 연구했다. 최적화된 냉각판은 냉매 압력 강하, 평균 셀 온도 및 리튬이온 배터리 팩의 온도 균일성 요구사항을 충족할 수 있다.

7.2.4 배터리 패스포트(Passport)

배터리의 추적성, 모니터링 및 관리를 개선하기 위해 새로운 EU 배터리 규정 초안에서는 배터리의 시장 출시 및 사용, 폐 배터리 수거, 처리 및 리사이클링을 위한 라벨링 요건을 규정하고 있다. 전기자동차 배터리와 충전식 산업용 배터리를 포함한 모든 경량 운송용 배터리는 배터리

그림 7.4 배터리 패스포트를 위한 GBA 플랫폼 비전 [23].

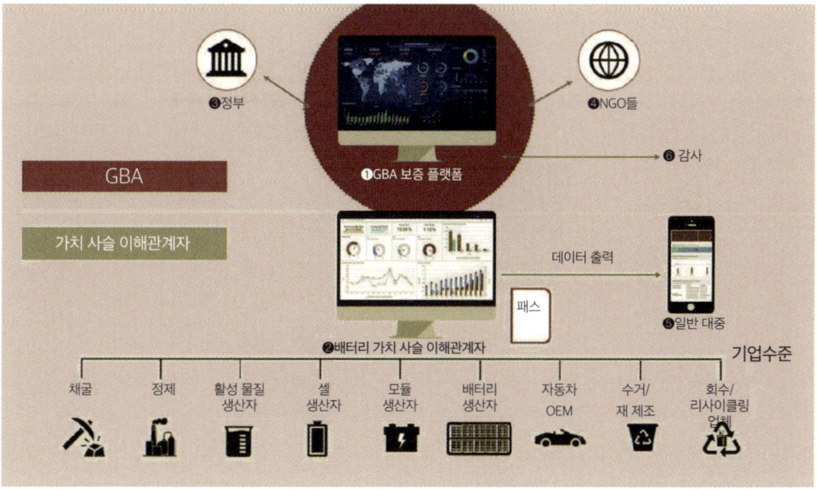

출처: jannoon028/Adobe Stock, burntime555/Adobe Stock

에 인쇄된 QR 코드 형태의 전자 문서, 즉 배터리 패스포트를 별도로 장착해야 한다. 배터리 패스포트는 단말기 권한에 따라 단말기로 스캔하여 배터리 모델 및 특성과 같은 기본 정보부터 배터리 폐기 방법, 배터리 화학 성분과 같은 민감한 정보까지 다양한 수준의 내용을 확인할 수 있다.

글로벌 배터리 연맹(Global Battery Alliance, GBA)은 배터리 수명 주기를 시각적으로 추적 관리할 수 있는 배터리 패스포트 운영 플랫폼을 구축할 것을 제안한다(그림 7.4). 오크 리지 국립연구소(Oak Ridge National Laboratory)는 리사이클링 단계에서 더 효율적인 관리를 위해 배터리 패스포트를 권장한다(그림 7.5).

배터리 캐스케이드 활용의 타당성은 미성숙한 산업 표준, 효과적인 배터리 감지 및 분류 기술의 부족, 불충분한 시장 감독으로 인한 안전 위험으로 인해 여전히 논란의 여지가 있다. 그러나 배터리 패스포트의 구축과 홍보를 통해 배터리 전체 수명 주기의 모든 데이터를 출처까지 추적할 수 있어 캐스케이드 활용 산업의 표준화되고 대규모화된 시장

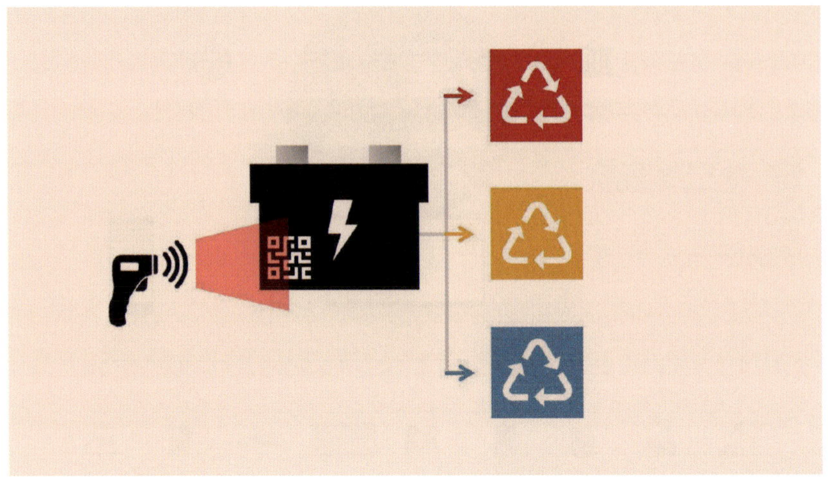

출처: 미국 에너지부 오크 리지 국립연구소 제공

운영을 위한 강력한 토대가 마련되었다. 향후 캐스케이드 활용 기술은 폐 전력 LIB 회수의 중요한 부분이 될 것이며, 분해 리사이클링 기술과 함께 신에너지 자동차 산업 체인의 친환경, 저탄소 및 지속 가능한 발전에 공동으로 이바지할 것이다.

참조

1 Duhnen, S., Betz, J., Kolek, M. et al. (2020). Toward green battery cells: perspective on materials and technologies. Small Methods 4 (7): 2000039.

2 Wu, Z. and Kong, D. (2018). Comparative life cycle assessment of lithium-ion batteries with lithium metal, silicon nanowire, and graphite anodes. Clean Technologies and Environmental Policy 20 (6): 1233-1244.

3 Jagdale, P., Nair, J.R., Khan, A. et al. (2021). Waste to life: low-cost, self-standing, 2D carbon fiber green Li-ion battery anode made from end-of-life cotton textile. Electrochimica Acta 368: 137644.

4   Andre, D., Kim, S.J., Lamp, P. et al. (2015). Future generations of cathode materials: an automotive industry perspective. Journal of Materials Chemistry A 3 (13):6709-6732.

5   Placke, T., Heckmann, A., Schmuch, R. et al. (2018). Perspective on performance, cost, and technical challenges for practical dual-ion batteries. Joule 2 (12):2528-2550.

6   Recham, N., Armand, M., Laffont, L., and Tarascon, J.-M. (2008). Eco-efficient synthesis of LiFePO4 with different morphologies for Li-ion batteries. Electrochemical and Solid-State Letters 12 (2): A39.

7   Ati, M., Sathiya, M., Boulineau, S. et al. (2012). Understanding and promoting the rapid preparation of the triplite-phase of LiFeSO4F for use as a large-potential Fe cathode. Journal of the American Chemical Society 134 (44): 18380-18387.

8   Lee, Y.J., Yi, H., Kim, W.-J. et al. (2009). Fabricating genetically engineered highpower lithium-ion batteries using multiple virus genes. Science 324 (5930): 1051-1055.

9   Thompson, D.L., Hartley, J.M., Lambert, S.M. et al. (2020). The importance of design in lithium ion battery recycling-a critical review. Green Chemistry 22 (22):7585-7603.

10   Mendil, M., De Domenico, A., Heiries, V. et al. (2018). Battery-aware optimization of green small cells: sizing and energy management. IEEE Transactions on Green Communications and Networking 2 (3): 635-651.

11   De, S., Northrop, P.W., Ramadesigan, V., and Subramanian, V.R. (2013). Modelbased simultaneous optimization of multiple design parameters for lithium-ion batteries for maximization of energy density. Journal of Power Sources 227:161-170.

12   Ramadesigan, V., Methekar, R.N., Latinwo, F. et al. (2010). Optimal porosity distribution for minimized ohmic drop across a porous electrode. Journal of the Electrochemical Society 157 (12): A1328.

13   Golmon, S., Maute, K., and Dunn, M.L. (2012). Multiscale design optimization of lithium ion batteries using adjoint sensitivity analysis. International Journal for Numerical Methods in Engineering 92 (5): 475-494.

14 Xue, N., Du, W., Gupta, A. et al. (2013). Optimization of a single lithium-ion battery cell with a gradient-based algorithm. Journal of the Electrochemical Society 160(8): A1071.

15 Bennett, W.R. (2012). Considerations for estimating electrode performance in Li-ion cells. In: 2012 IEEE Energytech, 1-5. IEEE https://doi.org/10.1109/EnergyTech.2012.6304635.

16 Li, L., Zheng, P., Yang, T. et al. (2019). Disassembly automation for recycling end-of-life lithium-ion pouch cells. JOM Journal of the Minerals Metals and Materials Society 71 (12): 4457-4464.

17 Gaines, L., Dai, Q., Vaughey, J.T., and Gillard, S. (2021). Direct recycling R&D at the ReCell Center. Recycling 6 (2): 31.

18 BYD Company Ltd. (2020). BYD's new blade battery set to redefine EV safety standards. http://www.byd.com/en/news/2020-03-30/BYD%27s-New-Blade-Battery-Set-to-Redefine-EV-Safety-Standards (accessed 19 June 2020).

19 Soo, V.K. (2018). Life Cycle Impact of Different Joining Decisions on Vehicle Recycling. Canberra: The Australian National University.

20 Song, T., Li, Y., Song, J., and Zhang, Z. (2014). Airworthiness considerations of supply chain management from Boeing 787 Dreamliner battery issue. Procedia Engineering 80: 628-637.

21 Dubarry, M., Svoboda, V., Hwu, R., and Liaw, B.Y. (2007). A roadmap to understand battery performance in electric and hybrid vehicle operation. Journal of Power Sources 174 (2): 366-372.

22 Jarrett, A. and Kim, I.Y. (2011). Design optimization of electric vehicle battery cooling plates for thermal performance. Journal of Power Sources 196 (23): 10359-10368.

23 Global Battery Alliance (2020). Global Battery Alliance Battery Passport:

Giving an identity to the EV's most important component. https://www.globalbattery.org/ media/publications/wef-gba-battery-passport-overview-2021.pdf (accessed 29 June 2021).

24 Oak Ridge National Laboratory (2021). Recycling-a batteries passport [EB/OL]. https://www.ornl.gov/news/recycling-batteries-passport.html.